普通高等教育“十一五”国家级规划教材
21 世 纪 建 筑 工 程 系 列 规 划 教 材

建筑工程专业课程设计实训指导

第 2 版

主　编　邬　宏　乔志远
副主编　刘晓平　刘冬梅
参　编　李仙兰　唐丽萍　李琛琛　付丽文
　　　　胡玉玲　高　春　王秀英　吴玉斌
主　审　张智钧

机械工业出版社

本书立足于建筑工程专业对实践性教学环节的要求，注重理论联系实际，重点讲解基本概念、基本原理和基本方法，以适应高等职业教育的特点。全书包括建筑设计篇（住宅楼建筑设计实训、教学楼建筑设计实训）、结构设计篇（单向板肋形楼盖设计实训、砖混结构设计实训、钢屋架设计实训、地基与基础设计实训、框架结构设计实训）、施工预算篇（住宅楼施工组织设计实训、高层钢筋混凝土结构施工技术设计实训、建筑工程概预算实训、建筑工程施工质量验收实训）。

本书按照国家最新相关规范编写，可作为应用型本科及高职高专土木工程、建筑工程专业的教材，也可作为相关专业工程技术人员的参考书。

图书在版编目（CIP）数据

建筑工程专业课程设计实训指导/郛宏，乔志远主编.
—2版.—北京：机械工业出版社，2009.5（2017.7重印）
普通高等教育“十一五”国家级规划教材. 21世纪
建筑工程系列规划教材
ISBN 978-7-111-27039-3

Ⅰ.建… Ⅱ.①郛… ②乔… Ⅲ.建筑工程-课程
设计-高等学校-教材 Ⅳ.TU-41

中国版本图书馆CIP数据核字（2009）第079259号

机械工业出版社（北京市百万庄大街22号 邮政编码100037）
策划编辑：李俊玲 覃密道 责任编辑：王靖辉
版式设计：霍永明 责任校对：陈立辉
封面设计：王伟光 责任印制：李 洋
北京振兴源印务有限公司印刷
2017年7月第2版·第4次印刷
370mm×260mm·20印张·2插页·502千字
标准书号：ISBN 978-7-111-27039-3
定价：46.00元

前　言

课程设计是专业课教学的实践性教学环节之一，本教材将建筑工程专业主要专业课的课程设计加以适当组织，内容上力求系统、完整，同时考虑到高职高专教育的特点，更注重实用性，既体现了各门课程的教学要求，又考虑了建立较完整的工业与民用建筑的设计概念。

本书根据编者长期教学实践经验，结合国家规范《建筑结构可靠度设计统一标准》（GB 50068—2001）、《建筑结构荷载规范》（GB 50009—2001）、《建筑结构抗震设计规范》（GB 50011—2001）、《混凝土结构设计规范》（GB 50010—2002）、《砌体结构设计规范》（GB 50003—2001）、《建筑地基基础设计规范》（GB 50007—2002）、《建筑工程施工质量验收统一标准》（GB 50300—2001）编写。

本书各课程设计的内容均包括设计任务书、设计指导书和设计成果等几个部分，力求将理论教学与设计实践相结合，培养学生初步的设计计算能力，使他们掌握必要的构造设计方法，企盼能在学生进行课程设计的过程中起到引导、辅导和参考作用。

书中的设计方法和成果并不是（也不应该是）固定不变的模式，读者完全可以按照自己的领会自主地完成课程设计。本书中的建筑、结构、施工组织、工程预算的设计实例分别结合不同地区的实际情况采用了不同的设计题目，指导教师也可以根据实际情况将这几部分设定为同一个题目让学生自主完成设计。

本书由邬宏、乔志远任主编，负责统稿、定稿，刘晓平、刘冬梅任副主编，哈尔滨学院张智钧任主审。具体参加编写工作的人员有：内蒙古建筑职业技术学院邬宏、乔志远（第三章）；新疆建设职业技术学院刘晓平（第四章、第七章）；南京化工职业技术学院刘冬梅（第一章）；内蒙古建筑职业技术学院李琛琛（第二章）；哈尔滨学院高春（第五章）；沈阳建筑职业技术学院付丽文（第六章）；内蒙古建筑职业技术学院李仙兰（第八章）；呼和浩特职业学院吴玉斌、内蒙古建筑职业技术学院王秀英（第九章）；内蒙古建筑职业技术学院唐丽萍（第十章）；内蒙古建筑职业技术学院胡玉玲（第十一章）。

本书在编写过程中，得到了编者所在院校领导和教材编写委员会的大力支持，在此表示深切的谢意。

由于编者编写水平和能力所限，书中难免有不当之处，恳请各位读者批评指正。

编　者

目　录

前言

建筑设计篇

第一章　住宅楼建筑设计实训 …… 1
　第一节　住宅楼建筑设计任务书 …… 1
　第二节　住宅楼建筑设计指导书 …… 2
　第三节　设计成果 …… 7
第二章　教学楼建筑设计实训 …… 18
　第一节　教学楼建筑设计任务书 …… 18
　第二节　教学楼建筑设计指导书 …… 18
　第三节　设计成果 …… 23

结构设计篇

第三章　单向板肋形楼盖设计实训 …… 42
　第一节　单向板肋形楼盖设计任务书 …… 42
　第二节　单向板肋形楼盖设计指导书 …… 42
　第三节　设计成果 …… 46
第四章　砖混结构设计实训 …… 53
　第一节　砖混结构设计任务书 …… 53
　第二节　砖混结构设计指导书 …… 55
　第三节　设计成果 …… 56
第五章　钢屋架设计实训 …… 62
　第一节　钢屋架设计任务书 …… 62
　第二节　钢屋架设计指导书 …… 62
　第三节　设计成果 …… 66
第六章　地基与基础设计实训 …… 74
　第一节　墙下条形基础设计任务书 …… 74
　第二节　墙下条形基础设计指导书 …… 74
　第三节　墙下条形基础设计成果 …… 75
　第四节　柱下钢筋混凝土独立基础设计任务书 …… 79
　第五节　柱下钢筋混凝土独立基础设计指导书 …… 79
　第六节　柱下钢筋混凝土独立基础设计成果 …… 80
第七章　框架结构设计实训 …… 84
　第一节　框架结构设计任务书 …… 84
　第二节　框架结构设计指导书 …… 85
　第三节　设计成果 …… 85

施工预算篇

第八章　住宅楼施工组织设计实训 …… 100
　第一节　住宅楼施工组织设计任务书 …… 100
　第二节　住宅楼施工组织设计指导书 …… 101
　第三节　设计成果 …… 103
第九章　高层钢筋混凝土框架结构施工技术设计实训 …… 110
　第一节　高层钢筋混凝土框架结构施工技术设计任务书 …… 110
　第二节　高层钢筋混凝土框架结构施工技术设计指导书 …… 112
　第三节　设计成果 …… 117
第十章　建筑工程概预算实训 …… 118
　第一节　预算课程设计任务书 …… 118
　第二节　预算课程设计指导书 …… 118
　第三节　建筑工程施工图预算成果 …… 121
　第四节　工程量清单的编制 …… 142
第十一章　建筑工程施工质量验收实训 …… 144
　第一节　建筑工程施工质量验收实训任务书 …… 144
　第二节　建筑工程施工质量验收实训指导书 …… 144
　第三节　实训成果 …… 146
附录　等截面等跨连续梁在常用荷载作用下的内力系数 …… 149
参考文献 …… 155

建筑设计篇

第一章　住宅楼建筑设计实训

第一节　住宅楼建筑设计任务书

一、设计题目

单元式多层住宅设计。

二、设计资料

华东地区某城市某小区内住宅楼，层数为五层；防火等级为三级；结构为砖混结构；套型类别为三类；室内外高差为300mm；抗震设防烈度为七度；房间组成及要求为：居室（包括卧室和起居室等，卧室之间不相互穿套）、厨房（每户独用，内设案台、灶台、洗菜池，考虑厨房的储藏功能）、卫生间（每户独用，内设蹲位、面盆、淋浴喷头或浴盆）、储藏设施（根据具体情况设置搁板、吊柜、壁柜等）、阳台（生活阳台一个，服务阳台根据具体情况确定）、其他房间（如书房、储藏室等，可根据具体情况设置）。

三、设计内容及深度要求

本设计中的所有图样均严格按国家《房屋建筑制图统一标准》（GB/T 50001—2001）及《建筑制图标准》（GB/T 50104—2001）进行绘制。图幅自行确定，要求布局合理。该设计按初步设计阶段和施工图设计阶段两阶段进行。

1. 初步设计阶段内容

1）标准层单元平面图（比例1:100）。

2）两单元组合平面示意图（比例1:500）。

3）剖面图（比例1:100）。

4）两单元组合立面图（比例1:100）。

5）简要说明。

2. 施工图设计阶段内容

（1）单元平面图（比例1:100）

1）墙体及其纵横向定位轴线及编号。

2）门窗定位、定尺寸及其编号；门的开启方向；各功能房间的名称。

3）楼梯、踏步、平台、栏杆扶手及上下行箭头。

4）家具和设备，卫生间的浴盆、大便器、洗面池等；厨房的灶台、案台、洗菜池等。

5）底层平面的散水、室外台阶、花池、坡道、阳台等的位置及细部尺寸；标准层的雨篷、阳台等的位置及细部尺寸；详图或标准图集的索引号。

6）底层平面图在剖切位置上的剖切符号，图面上角或下角的指北针。

7）尺寸标注。外墙尺寸：第一道为门窗洞口、窗间墙、墙垛等细部尺寸；第二道为轴线尺寸（轴线间尺寸）；第三道为总尺寸（外墙边缘尺寸），即住宅的总长度和总宽度。内墙尺寸：墙厚；非轴线内墙与轴线的关系；内墙上的门窗洞口尺寸、墙厚；壁柜、通风道、垃圾道等的尺寸及与相邻轴线的位置关系；墙上预留洞的位置、大小、洞底标高等。

8）标高标注。底层平面图中的室内地面标高±0.000；室外地坪标高；标准层所代表各层的标高；有坡度的房间，如卫生间、阳台等楼地面的坡度；与底层平面图和标准层平面图中楼地面有高差的功能区的标高。

9）各工种对土建要求的坑、台、水池、地沟、电表箱、消火栓、雨水管等的位置和尺寸。

10）图名线、图名及比例。

（2）剖面图（比例1:100）

1）剖面图至少有一个剖切在有楼梯处；剖到的墙体的竖向定位轴线与平面图中剖切符号指示方向要一致；图名线、图名标注及比例。

2）室外地面、各层楼面、层顶、檐口、女儿墙、门窗洞口、圈梁、过梁、雨篷、楼梯梯段、平台、栏杆扶手、台阶或坡道、散水、阳台、墙裙、踢脚板以及其他剖到和看到的建筑构造位置和尺寸。

3）尺寸标注。外部尺寸：第一道为以楼层表面和休息平台面为分界线的外墙门窗洞口、洞口上下墙段等的高度尺寸；第二道为层间尺寸（室外地坪至室内地坪、n层楼面到$n+1$层楼面、顶层楼面到檐口或女儿墙等的高度尺寸）；第三道为总高尺寸（室外地坪至女儿墙压顶上皮或檐口上表面的高度尺寸）。内部尺寸：室内的门窗洞顶及窗台高度、吊柜等高度（如各层同一高度，只标注其中一层）。

4）标高标注。标注室外地坪、楼地面、门窗洞口顶、楼梯平台、檐口下表面（坡屋顶）、女儿墙压顶上表面或挑檐下表面（平屋顶）、阳台上表面、雨篷底面等处的标高。

5）其他。如屋面坡度的注写、文字说明、详图索引符号等。

（3）立面图（比例1:100）

1）房屋两端轴线、各立面上投影看到的建筑物、构件轮廓线，门窗洞口、檐口、阳台、雨篷、雨水管等投影线，其中门窗洞口处用细实线画出门窗的分格线。

2）立面上的构配件及装饰细部做法用引出线及文字进行说明或用详图索引符号引出

说明。

3）各部分用料及做法，如檐口、雨篷、花格线、勒脚等的说明及索引。

4）尺寸及标高标注。尺寸：标注层高及总高度两道尺寸，其他细部尺寸视需要而定。标高：建筑物顶部标高、各不同水平高度的门窗洞口标高。

5）图名线、图名及比例。

（4）屋顶平面图（比例1:100）

1）所有投影线（细实线）。

2）各转角部分定位轴线及其间距，四周出檐尺寸及屋面各部分的标高。

3）屋面排水方向、坡度及各坡度交线，天沟、檐沟、泛水、出水口、水斗的位置、规格、用料说明或详图索引号。屋面防水层上设有隔热层时，屋顶平面仍主要表示防水层构造及排水方案设计，隔热层根据需要绘出局部图形。

4）屋面检修孔或出入口，出屋面管道、烟囱、女儿墙等位置、尺寸、用料做法说明或详图索引号。

5）图名线、图名及比例。

（5）详图（根据需要绘制，比例1:10、1:20）

1）屋顶详图。选择与排水、防水、隔热构件有关的主要构造节点绘制详图，如泛水、檐沟、分仓缝、女儿墙等的详图。

2）外墙大样。窗台、窗顶、窗过梁、勒脚、散水、防潮层、内外墙装修构造等。

3）楼梯详图。楼梯平面图、剖面图；栏杆扶手、踏步构造等详图或其详图索引号。

详图要有详细的用料做法说明，并把有关的结构构件位置、形状或建筑部位的构造关系表达清楚。

（6）建筑说明书及门窗表　建筑说明书包括工程概况的简要说明、结构特征的简要介绍、建筑各组成部分的构造做法的说明等；门窗表包括门窗数量和尺寸的汇总及所用材料的说明等。

第二节　住宅楼建筑设计指导书

一、初步设计

（一）住宅的功能分析

住宅的功能就是满足家庭生活的各种要求。按其功能，住宅空间可分为三部分：居住空间部分——卧室、起居室（厅）、书房、儿童室等；辅助空间部分——厨房、餐厅、卫生间、储藏室等；交通联系空间部分——过厅、过道、户内小楼梯等。普通住宅的套型分为四类，其居住空间个数和使用面积不宜小于表1-1的规定。

表1-1　套型分类（GB 50096—1999）

套　型	居住空间数/个	使用面积/m^2	套　型	居住空间数/个	使用面积/m^2
一类	2	34	三类	3	56
二类	3	45	四类	4	68

注：表内使用面积均未包括阳台面积。

通过分析任务书、查找建筑防火等规范、调查研究及以往的设计经验，暂对本住宅设计作如下设定：砖混结构；套型类别为三类；防火等级为三级。

（二）平面设计

1. 单一空间设计

（1）起居室（厅）　首先应依据当地人们的习惯和喜好确定起居室（厅）的形状，布置家具，再参照所用家具的尺寸及人们使用家具、完成活动所需尺寸确定起居室（厅）的大小和面积，最后验核设计成果是否满足任务书、设计依据及相关规范的要求。其中，具体尺寸应符合模数要求。此外，起居室（厅）使用面积不应小于$12m^2$；起居室（厅）内的门洞布置应综合考虑使用功能要求，遵循“减少直接开向起居室（厅）的门的数量”的原则；起居室（厅）内布置家具的墙面直线长度应大于3m；无直接采光的起居室（厅）的使用面积不应大于$10m^2$。由此，可得出符合各项要求的起居室典型平面布置示例，如图1-1所示。

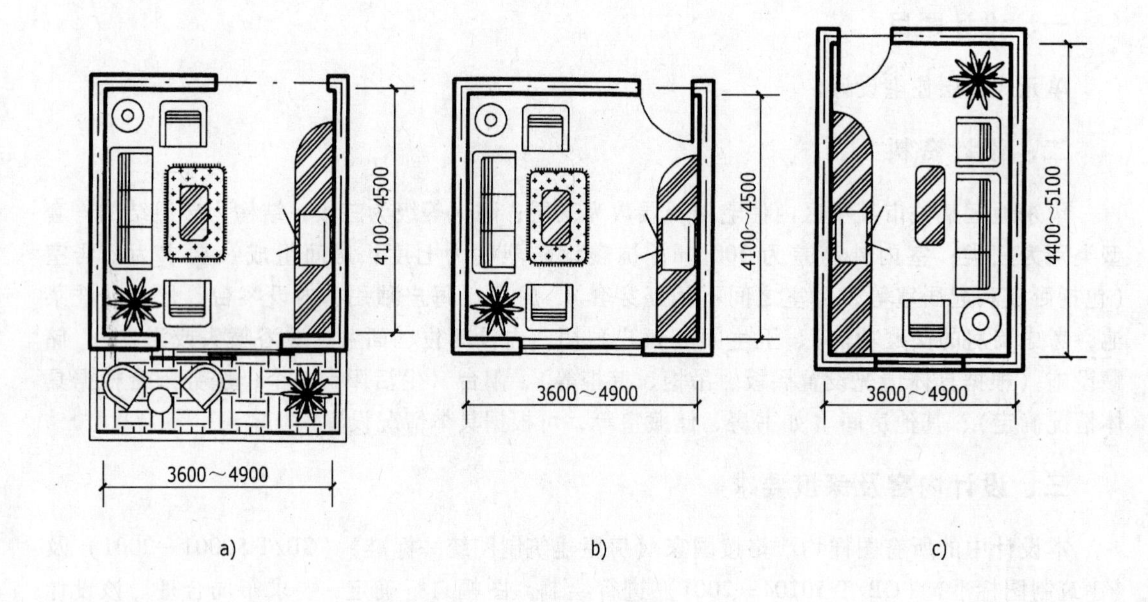

图1-1　起居室典型平面布置示例

a）带阳台的中型起居室　b）不带阳台的中型起居室　c）大型起居室

起居室可兼用餐、睡眠、学习等功能，平面布置应考虑不同使用活动的室内功能分区。此外，起居室还可以与户内的过厅及交通相结合，允许穿套布置。

（2）卧室　卧室有主卧室和次卧室之分，设计步骤同起居室。其中，卧室的布置应考虑其面积、形状、门窗和床的位置、活动面积等因素，且尽量考虑床沿内墙布置的可能性，以充分发挥卧室面积的使用效能，注意卧室之间不应穿越。卧室使用面积应满足下列规定：双人卧室不小于$10m^2$；单人卧室不小于$6m^2$；兼起居的卧室不小于$12m^2$。

通过上述步骤，可得到如图1-2所示的卧室平面示例。对于图1-2a中开间的控制尺寸有三个来源：满足睡眠功能要求的开间尺寸；满足学习或工作活动兼顾走道要求的开间尺寸；满足不影响学习及工作等活动的门开启的开间尺寸。取以上三个尺寸之中的大者，并且不小于2100mm（床的长度尺寸+必要的缝隙尺寸）。进深尺寸由床的尺寸、写字台的尺寸、家具（壁柜）尺寸及其使用尺寸、家具间必要的缝隙尺寸的总和得出，至少为 3100mm（床的宽度尺寸 + 写字台的常规尺寸 + 壁柜尺寸 + 使用壁柜尺寸 + 缝隙尺寸）。再依据上述列举的住宅主要规范协调，并考虑其他可能的小卧室家具布置方案，得出图 1-2a、b、c 设计方案中所示的单人卧室的开间、进深的尺寸范围。双人卧室方案以此类推，其布置示意如图 1-2d、e 所示。

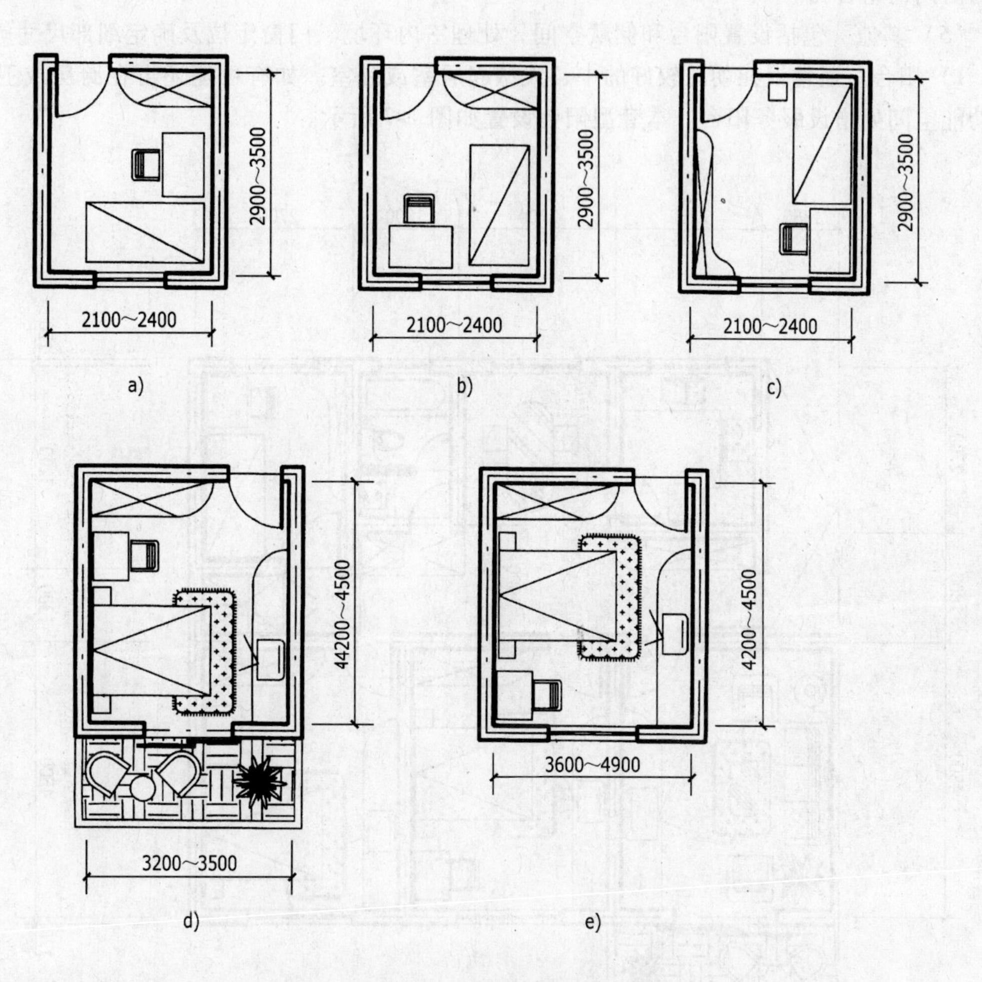

图 1-2　卧室平面示例

a）、b）、c）单人卧室　d）带阳台的双人卧室　e）不带阳台的双人卧室

（3）厨房　厨房的面积、形状和尺寸的确定取决于设备大小、布置及其操作程序。厨房使用面积应满足下列规定：一类和二类住宅不小于 $4m^2$；三类和四类住宅不小于 $5m^2$。厨房应设置洗涤池、案台、炉灶及抽油烟机等设备或预留位置，按炊事操作流程排列，操作台净长不应小于 2.1m。单排布置设备的厨房净宽不应小于 1.5m；双排布置设备的厨房，两排设备间的净距不应小于 0.9m。常见的厨房布置形式有一列形、并列形、曲尺形和 U 形等，如图 1-3 所示。

厨房的设计步骤为：根据任务书要求及调查所得的相关信息，确定厨房必备设备，选择厨房布置形式，依据设备大小及布置形式确定厨房形式、大小及面积，调整方案以满足规范要求。由于任务书对厨房布置形式无特殊要求，可把厨房布置的四种形式都作为厨房单体设

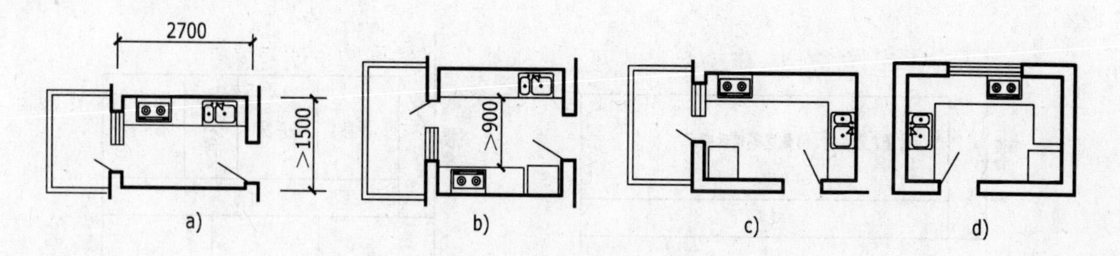

图 1-3　厨房布置形式示例

a）一列形　b）并列形　c）曲尺形　d）U 形

计成果，以便单体组合时择优选取。

（4）卫生间　卫生间的面积、形状、尺寸决定于卫生间的设备多少及其大小、人体活动与卫生设备组合尺寸、门开启方式等因素。设计步骤同厨房设计。

在设计时应注意：第四类住宅宜设两个或两个以上卫生间。每套住宅至少应配置三件卫生洁具。不同洁具组合的卫生间使用面积应满足下列规定：设便器、洗浴器、洗面器三件卫生洁具的不小于 $3m^2$；设便器、洗浴器两件卫生洁具的不小于 $2.5m^2$；设便器、洗面器两件卫生洁具的不小于 $2m^2$；单设便器的不小于 $1.1m^2$（浴厕分设的标准较高的住宅中）。无前室的卫生间的门不应直接开向起居室（厅）或厨房。室内应设置洗衣机的位置，要求有专用的给水接口和电源插座等，洗衣机位置可设在卫生间以外的空间。卫生间不应直接布置在下层住户的卧室、起居室或厨房的上层，可布置在本套的卧室、起居室和厨房的上层，并均有防水、隔声和便于检修的措施。

（5）楼梯间　应符合现行国家标准《建筑设计防火规范》（GB 50016—2006）、《高层民用建筑设计防火规范》（GB 50045—1995）的有关规定。住宅楼梯间的形状、大小、面积与住宅的层高、楼梯踏步的尺寸、人们搬运家具及上下楼梯的活动尺寸等因素有关。楼梯梯段净宽不应小于 1.1m，六层及六层以下的住宅，一边设有栏杆的梯段净宽不应小于 1.0m。楼梯平台净宽不应小于楼梯梯段净宽，且不得小于 1.2m。住宅楼梯间的宽度通常为 2.4 ~ 2.7m。楼梯间的长度与建筑层高、楼梯踏步尺寸等有关。在本设计中，楼梯间的尺寸暂定为 2.7m（宽度）×4.8m（长度）。

2. 套型设计

房间的大小和形状基本确定后，依据“明厨、明卫、明厅（起居室）、明卧”的原则，把房间组合起来就是套型设计的内容。具体步骤为：

（1）确定住宅的各类房间数　根据表 1-1 的规定，可知三类套型为三居室，可设计住宅为一厨、一卫；单元组合为一梯两户，建筑面积初定为 $100m^2$。

（2）房间朝向　依据各个房间的功能、人们的生活习俗及调查的资料，通常把居住空间即卧室、起居室、儿童房等房间设计在朝阳（南）的方向，而把厨房、卫生间、储藏室、楼梯等辅助房间设计在朝阴（北）的方向，如图 1-4 所示。

（3）房间排序　卧室与书房要求干扰小，应远离楼梯布置；厨房宜布置在套内近入口处，利于管线布置及厨房垃圾清运，保证户内做到洁污分区。各房间排序如图 1-5 所示。

（4）房间尺寸调整　房间尺寸调整的目的是使套型面积符合任务书要求，使房间组合利于结构布置。

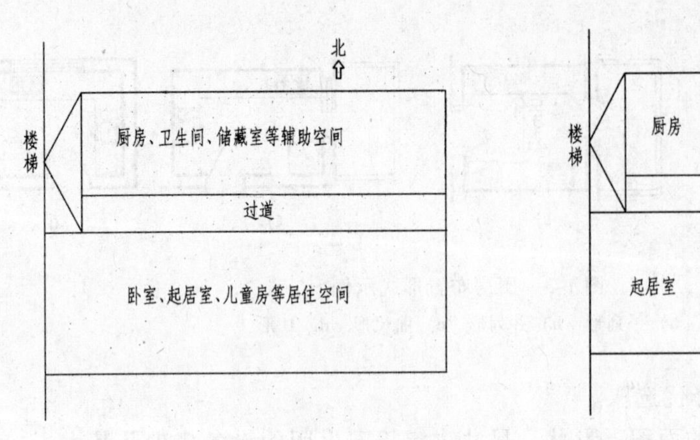

图 1-4　户内各个房间的朝向　　　　图 1-5　户内各个房间的排序

开间调整：依据图 1-1、图 1-2，取朝南的三个房间（起居室、儿童室、主卧室）的开间分别为 3.9m、3.6m、3.6m。套型南向的纵向长度为$(3.9+3.6+3.6)\text{m}=11.1\text{m}$。依据上述对厨房、卫生间的要求及图 1-3 所示，取北向的厨房、卫生间、备用房间及楼梯间的开间依次为 2.55m、1.8m、2.7m、1.35m，并且把南向与北向纵向长度之差 2.7m，$(11.1-2.55-1.8-2.7-1.35)\text{m}=2.7\text{m}$ 作为餐厅的开间设计，以增加横向刚度，并使结构规整，便于单元组合，如图 1-6 所示。据此方法还可获得其他的调整结果，在此不一一列举。

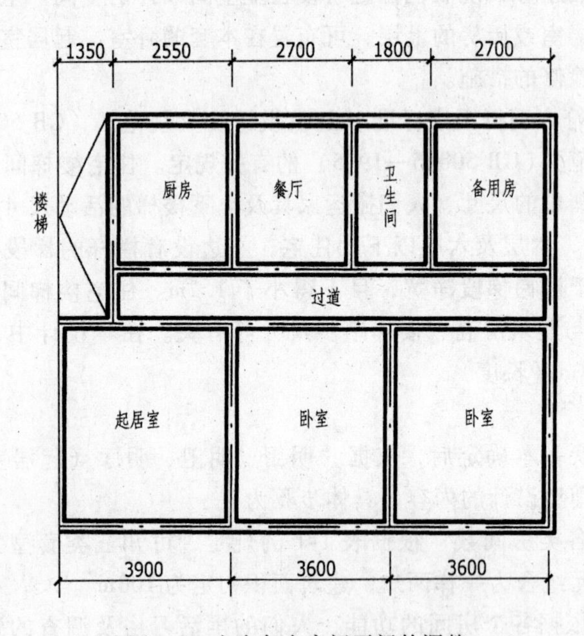

图 1-6　户内各个房间开间的调整

进深调整：在套型纵向建筑总长一定的情况下，图 1-6 中的各个房间进深的调整取决于套型横向总建筑长度控制尺寸是否大于南向房间控制进深、北向房间控制进深、过道控制尺寸三者之和。此时横向总建筑长度控制尺寸约为 9.0m（等于套型建筑面积 100m^2 除以纵向总建筑尺寸 11.22m）。依据图 1-1、图 1-2，南向房间控制进深为 4.5m，此时北向房间及过道的控制尺寸为 4.5m。依据图 1-3、图 1-4 及上述对厨房卫生间面积要求及其各自开间的尺寸、套内入口过道的净宽不宜小于 1.2m，考虑入口处壁柜的设置和结构规整等因素，北向厨房、卫生间的进深调整为 2.7m、2.6m；考虑北向备用房间的使用（图 1-1a、b、c）及过道净尺寸不小于 1.0m，备用房间进深取 3.2m，过道为 1.3m；实际需要的横向总建筑尺寸为 9.24m（其中 0.24m 为墙厚）。考虑暂定的套型建筑面积 100m^2 与任务书中要求的上限 110m^2 的差额及阳台的面积、楼梯可能的面积，各房间的进深符合任务书的要求。图 1-7 为套内房间的组合图。

（5）其他　包括设置阳台和储藏空间；处理室内环境、门窗定位及确定细部尺寸等。

1）阳台。通常设在朝向较好的中、大型起居室或卧室。如有可能还可在厨房或卫生间等功能空间处增设服务阳台。本套型阳台设置如图 1-7 所示。

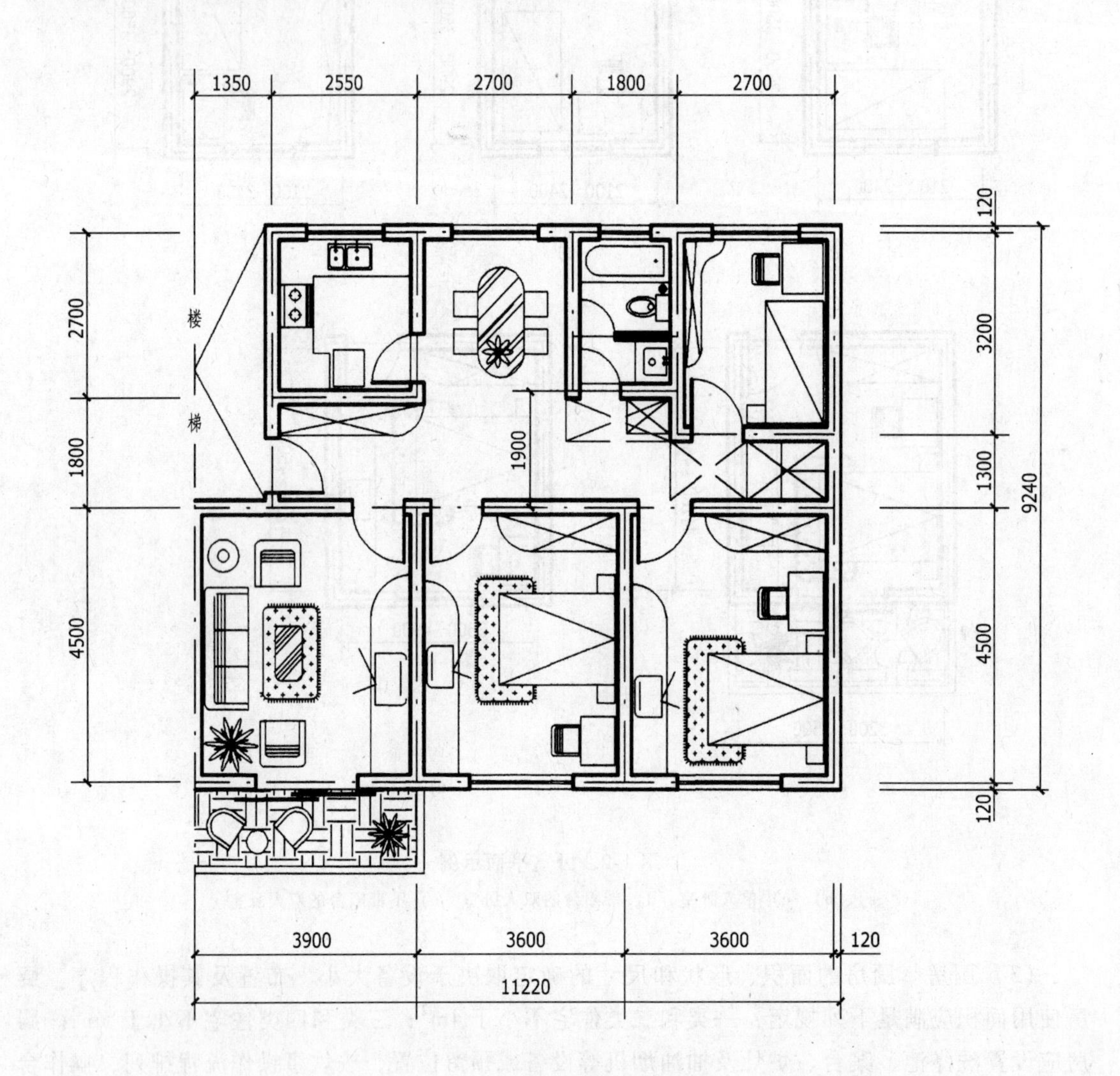

图 1-7　套内房间的组合图

2）储藏空间。包括储藏室、吊柜、搁板、壁柜等。其中吊柜净高不应小于 0.35m；壁柜净深不宜小于 0.45m。设计壁柜时，应注意壁柜门的开启方向、方式，尽量保证壁柜、室内使用面积的完整；注意壁柜的防尘、防潮及通风处理，靠外墙、卫生间、厕所的壁柜内部应采取防潮、防结露的构造措施。本套型储藏空间的设置如图 1-7 所示。

3）室内环境。包括日照、天然采光、自然通风、保温、隔热、隔声。

每套住宅至少应有一个居住空间能获得日照，当一套住宅中居住空间总数超过四个时，其中宜有两个居住空间能获得日照。

住宅采光标准应符合表1-2的规定。卧室、起居室应有自然通风。单朝向住宅应采取通风措施。采用自然通风的房间的通风开口面积应符合下列规定：卧室、起居室、明卫生间的通风开口面积不应小于该房间地板面积的1/20；厨房的通风开口面积不应小于该房间地板面积的1/10，并不得小于$0.6m^2$。严寒地区住宅的卧室、起居室应设通风换气设施，厨房、卫生间应设自然通风风道。

表1-2　住宅室内采光标准（GB 50096—1999）

房间名称	侧面采光	
	采光系数最低值（%）	窗地面积比值（A_c/A_d）
卧室、起居室（厅）、厨房	1	1/7
楼梯间	0.5	1/12

注：1. 窗地面积比值为直接天然采光房间的侧窗洞口面积A_c与该房间地面面积A_d之比。

2. 本表系按Ⅲ类光气候区单层普通玻璃钢窗计算，当用于其他光气候区时或采用其他类型窗时，应按现行国家标准《建筑采光设计标准》的有关规定进行调整。

3. 离地面高度低于0.50m的窗洞口面积不计入采光面积内。窗洞口上沿距地面高度不宜低于2m。

住宅应保证室内基本的热环境质量，采取冬季保温和夏季隔热、防热以及节约采暖和空调能耗的措施。

住宅的卧室、起居室宜布置在背向噪声的一侧。电梯不应与卧室、起居室紧邻布置。凡受条件限制需要紧邻布置时，必须采取隔声、减振措施。

4）门窗。门窗的定位受建筑构造、家具布置、自然通风、房间内外交通、功能区使用面积要求等因素的影响。如无特殊要求，窗通常布置在相应房间的外墙居中部位，向外开启，内墙窗户建议用推拉窗。门洞一般设置在距离垂直于门扇的墙体轴线0.24m处，住宅户门应采用安全防卫门，向外开启的门不应影响交通。门窗的尺寸大小受地区气象条件、风俗习惯、室内环境要求、建筑构造等因素的影响。各部位门洞的最小尺寸应符合表1-2及表1-3的要求。此外，对于面向走廊或凹口的窗，为避免视线干扰、影响交通，一般采用推拉窗。

表1-3　门洞最小尺寸（GB 50096—1999）

类　别	洞口宽度/m	洞口高度/m
公用外门	1.20	2.00
户（套）门	0.90	2.00
起居室（厅）门	0.90	2.00
卧室门	0.90	2.00
厨房门	0.80	2.00
卫生间门	0.70	2.00
阳台门（单扇）	0.70	2.00

注：1. 表中门洞口高度不包括门上亮子高度。

2. 洞口两侧地面有高低差时，以高地面为起算高度。

（6）校核　校核图1-7住宅单元平面设计是否符合任务书及相关规范的要求。

3. 单元组合

单元是指以一座楼梯为中心，周围设有若干套住房的住宅。如图1-7所示，该住宅是一梯两户型，此外还有一梯一户、一梯三户、一梯四户等单元式住宅。单元组合是指以一种或几种单元拼接成不同大小、体形的多种组合体。图1-8为本住宅设计的三种单元组合形式。单元组合应满足建筑规模、规划、建设单位、立面形状、节能、住宅拟建地的形状特征等要求。

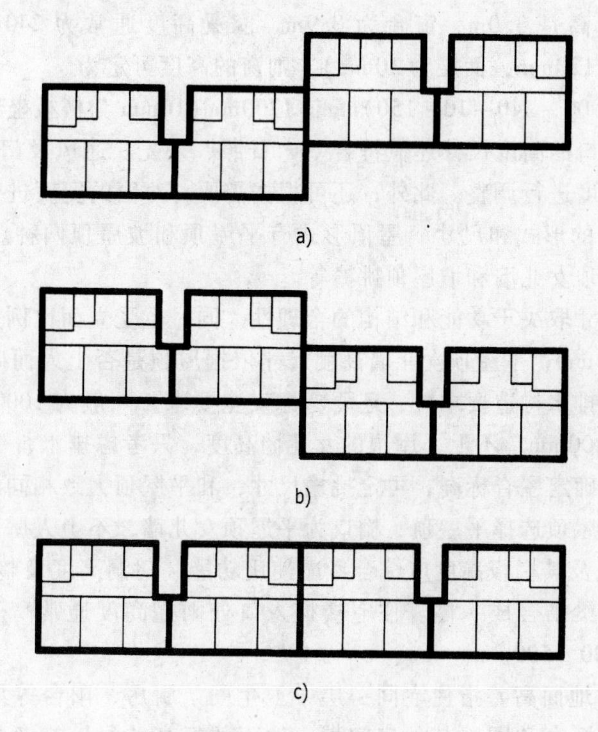

图1-8　单元组合形式

a）组合一　b）组合二　c）组合三

（三）剖面设计

建筑剖面设计的主要任务是确定建筑物各部分在高度方向上的尺寸、建筑的层数，进行建筑空间组合，处理室内空间并加以利用等。

1. 房间的剖面形状

房间的剖面形状分为矩形和非矩形两类。综合考虑房间的使用要求和特点、具体的物质技术条件、经济因素及艺术效果，住宅的房间通常采用矩形。

2. 住宅各部分高度的确定

住宅各部分高度的确定主要包括房间净高和层高的确定；室内窗台高度的确定；门窗洞口尺寸的调整；雨篷高度的确定；地面高差的确定，室内外地面高差的确定。

（1）房间净高及层高　房间净高是指室内楼地面到顶棚（梁）底面之间的垂直距离；层高是指n层楼面（或地面）至$n+1$层楼面之间的垂直距离。一般住宅净高不低于2.7m，该设计中的结构形式是砖混结构，采用墙体承重，在墙上直接搁板，层高取3.0m。

（2）窗台高度　窗台高度一般不应低于0.9m；外窗窗台距楼面、地面的净高低于0.9m

时，应有防护措施，窗外有阳台或平台时可不受此限；底层外窗、阳台门及下沿低于2.0m，且紧邻走廊或公共上人屋面的门和窗，应采取防护措施。住宅房间中窗台的高度通常取0.9m，如与立面处理矛盾，可根据立面需要对窗台高度作进一步调整。

（3）窗洞口高度的调整　由于住宅层高较低，门窗过梁通常会连着圈梁或部分与圈梁重叠，因此，在建筑设计中常把窗过梁与圈梁合二为一。一般情况下，当层高、窗台高度确定后，可估算圈梁的高度及楼板层的厚度，然后计算窗洞口高度。即

$$窗洞口高度 = 层高 - 窗台高度 - 圈梁高度及楼板层厚度$$

在本设计中，层高是3.0m，窗台为0.9m，圈梁高度通常为240mm，楼板层厚度为150mm（其中板厚为120mm，面层为30mm），则窗的高度可定为

$$(3000-900-240-10-150)\text{mm}=1700\text{mm}（10\text{mm} 为楼板坐浆尺寸）$$

由此得出的窗洞口的高度尺寸还应符合室内日照、采光、通风及门窗最小尺寸的要求，否则，还应对窗的高度进行调整。此外，还可根据需要，对窗的宽度进行调整。

（4）屋顶、檐口的形式和尺寸　屋顶形式有平屋顶和坡屋顶两种。常见屋顶檐口形式有平屋顶挑檐、平屋顶女儿墙和坡屋顶挑檐等。

平屋顶挑檐的尺寸取决于功能和结构的合理性，同时也受立面比例关系的制约。一般挑檐的宽度为400～800mm；平屋顶女儿墙高度尺寸依据屋顶是否上人而确定，上人屋顶的女儿墙高度除考虑满足排水构造要求外，还要考虑安全要求，一般为1000～1200mm，幼儿园女儿墙高度至少为1200mm，不上人屋顶的女儿墙高度，只考虑排水，一般为500～600mm；坡屋顶根据屋面坡度确定屋脊标高，再定挑檐尺寸，和平屋顶大致相同。

本住宅设计中的屋顶选择平屋顶，檐口为平屋顶女儿墙，不上人屋面。

（5）雨篷　雨篷及其栏板高度应综合考虑使用功能、门洞高度及整个建筑的立面效果。通常将雨篷与门洞过梁结合成一体。住宅楼梯入口处雨篷高度通常高于门洞200mm左右；雨篷栏板的高度取300～500mm。

（6）地面高差　地面高差指住宅同一层中卫生间、厨房、阳台等易于积水或需要经常冲洗房间的楼、地面标高和同层其他房间楼、地面的标高差异。前者要求比楼、地面约低20～50mm，以防积水外溢。通常取30mm作为住宅设计中楼、地面高差。

（7）室内外地面高差　室内外地面设高差主要用于防止室外雨水流入室内，防止建筑物因沉降而使室内地面标高过低，住宅中常用于楼梯入口满足净高要求的处理上。对于住宅来说，室内外地面高差通常为300～600mm。取300mm作为本住宅设计的室内外高差。

3. 建筑层数的确定

对于砖混结构的住宅，一般以6层以下为宜，其中5～6层的房屋比较经济；当建筑物的耐火等级为三级时，最多允许建5层。依据任务书中所给的条件，综合考虑建筑的使用要求、结构和材料的要求、城市规划、建筑防火及经济条件要求等影响建筑物层数的因素，确定本住宅设计的层数为5层。

4. 建筑剖面空间的组合和利用

（1）剖面空间的组合　剖面空间的组合可分两种情况：层高相同或相近的房间的组合及层高相差很大的房间的组合。对于本住宅设计，同一层中的各个房间的层高相同，因无其他特殊要求，剖面的空间组合可直接把相同功能空间逐层向上叠加，直至达到所定的建筑层数或高度为止。

（2）空间的利用　建筑物内空间的利用包括夹层空间的利用、房间内空间的利用、走道及楼梯间空间的利用等。本住宅设计中的空间利用情况如图1-8所示。

（四）立面设计

建筑的立面图反映的是建筑的外部形象。它是由门窗、墙柱、阳台、雨篷、屋顶、檐口、台阶、勒脚等许多构部件组成的。建筑的立面设计是在满足房间的使用要求和技术经济的条件下，运用建筑造型和立面构图的一些规律，紧密结合平面、剖面的内部空间组合，恰当地调整、确定这些构部件的尺寸、大小、比例、关系、材料质感和色彩等，设计出与总体协调、与内容统一、与内部空间相呼应的，具有一定艺术效果的建筑立面。因此，建筑立面设计应反映出建筑的使用性质、内部空间及组合的情况及自然条件和民族特点，还应适应基地环境和建筑规划的总体要求。

（五）面积计算

住宅建筑设计应计算平均每套建筑面积和使用面积系数，按以下计算式进行计算：

$$平均每套建筑面积 = \frac{总建筑面积}{总套数}$$

$$使用面积系数 = \frac{总套内使用面积}{总建筑面积} \times 100\%$$

套内使用面积包括卧室、起居室、过厅、过道、厨房、卫生间、厕所、储藏室、壁柜等户内面积的总和；跃层住宅中的楼梯按自然层数的面积总和计入使用面积；不包含在结构面积内的烟囱、通风道、管道井均计入使用面积；内墙面的装修厚度均计入使用面积。

（六）装修及材料

住宅的装修主要包括墙面、楼地面及顶棚等部位的装修。考虑到建筑成本及住户对住宅进行二次装修的普遍性，住宅设计中的装修通常为一般性装修。

（1）墙面　墙面通常采用涂料类装修，外墙面根据立面设计效果，可在挑檐、雨篷、阳台等部位采用面砖等材料。

（2）楼地面与顶棚　根据功能需要，卫生间、厨房通常采用防滑地砖地面；其他采用一般水泥砂浆地面。顶棚通常采用直接式，涂料饰面。

（3）门窗　一般采用铝合金或塑钢窗、木门。

二、施工图的设计

（一）建筑施工图的内容及相关规定、注意事宜

1. 内容

建筑施工图简称“建施”。它的任务是为施工服务，主要表达建筑物的总体布置、外部造型、内部布置、细部构造、内外装修以及一些固定设备、施工要求、材料做法等。

2. 建筑施工图的有关规定

建筑施工图应符合国家制图标准《房屋建筑制图统一标准》及《建筑制图标准》。

3. 绘制建筑施工图的注意事宜

初步设计得到建设单位及相关部门认可并审核通过或修改后，方可进行施工图的设计，并应在整个施工图的绘制过程中力求依据初步设计成果及任务书要求深度按制图标准绘制平面施工图。对于建筑零构件构造尽可能采用适合本地区的标准构造图集。

（二）设计说明

设计说明主要对设计总概况、设计意图、经济技术指标以及图样中未能详细注写的施工

做法、应注意事项作具体文字说明，力求言简意赅。

（三）平面图设计

平面图设计内容包括墙体厚度的设计，门窗的型号、准确位置、具体尺寸的确定，楼梯间尺寸的计算，确定房间固定设备位置和尺寸，确定室外台阶、散水、雨篷等的详细尺寸。

（1）墙体厚度　主要从满足承重要求、保温要求等方面考虑。对于本住宅的砖混结构，承重墙或外墙及楼梯间墙的厚度至少为240mm，非承重墙不宜低于120mm；对于有保温要求的北方地区，外墙墙厚至少为370mm。

砖墙段长度小于1000mm时，其长度应符合砖模数。并符合抗震设计规范要求。

（2）门窗的型号与尺寸　依据初步设计所定的门窗洞口尺寸，尽量选用当地或国家的标准图集，协调后，统一编号，并用门窗表表示其具体内容。如未选标准图集，应出大样图。

（3）楼梯间尺寸　根据初步设计中已确定的层高和楼梯间的开间和进深尺寸进行楼梯的设计。确定楼梯形式、踏步尺寸、每层踏步数、楼梯净宽、平台净宽和标高、梯段水平投影长度、平台净宽等。如果初步设计中所定尺寸不满足计算要求，则做相应调整，再逐一定出有关尺寸。

（4）其他尺寸　确定房间内固定设备的位置、大小和尺寸及室内外台阶、散水、雨篷等准确位置及其详细尺寸，选用当地和国家的标准图集或自行设计，并注明图集索引号或详图索引号。

依据上述成果及任务书的要求深度，按制图标准绘制建筑平面施工图。

（四）剖面图设计

住宅的建筑剖面要求剖到楼梯间及有高低错落的部位。

设计内容包括：确定剖切位置；确定剖切到的外墙及室内相关建筑构件的构造、定位、尺寸；确定楼地面、顶棚、墙面、踢脚、屋顶、防潮层、勒脚、散水等的具体做法；依据初步设计成果，进一步核实内外墙中窗台、过梁、圈梁（或承重梁）、楼板在高度方向的构造关系，并确定各自的类型、形状、材料；核对楼梯间在高度方向上的相关尺寸及标高，包括梯段尺寸，各楼层平台、休息平台、平台梁标高。

依据上述成果及任务书的要求深度，按制图标准绘制建筑剖面施工图。

（五）立面图设计

设计内容包括：与平面图相对照，核对雨水管、雨篷、室外台阶、阳台等位置及做法；与剖面图相对照，核对各部分的高度尺寸及标高数值，如室内外高差、勒脚、窗台、门窗高度及总高尺寸等；确定门窗的立面形式，如其立面形式要有局部修改，应另选标准图集或画详图说明；确定立面装饰材料做法、色彩以及分格艺术处理的详细尺寸。

依据上述成果及任务书的要求深度，按制图标准绘制建筑立面施工图。

（六）详图设计

在建筑平、立、剖面中未能表达清楚的一些局部构造、房屋设备位置及构造、建筑装饰处理等应专门绘制详图。

（1）局部构造详图　通常有墙身剖面详图、楼梯详图、门窗详图、阳台详图等。

（2）房屋设备详图　通常包括卫生间、厨房、浴室、盥洗室、厕所等设备的位置及其构造等。

（3）建筑装饰处理详图　通常指出入口的大门、吊顶、花饰、隔断等部位的处理。

对于住宅中的详图设计，应根据具体需要，尽量选用国家和地方的建筑构造通用图集，否则，要自行设计。

三、参考资料

1. 规范和标准

《住宅设计规范》（GB 50096—1999）

《建筑设计防火规范》（GB 50016—2006）

《高层民用建筑设计防火规范》（GB 50045—1995）

《民用建筑设计通则》（JGJ 37—1987）

《建筑制图标准》（GB/T 50104—2001）

《房屋建筑制图统一标准》（GB/T 50001—2001）

《建筑模数协调统一标准》（GBJ 2—1986）

《建筑楼梯模数协调标准》（GBJ 101—1987）

2. 通用图集

《建筑设计资料集》第2版1、2、3集

《01SJ606》及《02SJ603》、《03SJ601-2》等门窗通用图集

3. 参考书

《房屋建筑学》

第三节　设计成果

住宅楼建筑施工图如图1-9～图1-18所示。

设计说明

1. 设计依据：建设单位及有关领导部门审批文件；城建局、规划局、消防局、电管局、市政工程管理局等有关部门审批文件；国家颁发的有关建筑规范及规定。

2. 总则：凡设计及验收规范对建筑物所用材料规格、施工要求等有相关规定者，本说明不再重复，均按相关规定执行；设计中采用标准图、通用图，不论采用其局部节点或全部详图，均应按各图要求全面施工；本工程施工时，必须与结构、电气、水暖通风等专业的图样配合施工。

3. 设计标高及标注：本图尺寸除标高以 m 为单位外，其余尺寸以 mm 为单位；室内标高 ±0.000 相当于的绝对标高由甲方单位提供，图中标高除屋顶标高为结构标高外，其余皆为建筑标高。

4. 墙体用 MU7.5 标准机制砖及 M5.0 水泥混合砂浆砌筑。

5. 墙身防潮层：20mm 厚 1:2 水泥砂浆掺 5% 防水剂，设于此区域室内地坪以下 60mm 处。

6. 建筑构造。外墙：12mm 厚 1:3 水泥砂浆打底，6mm 厚 1:2 水泥砂浆抹面，满涂乳胶腻子两遍，刷外用白色乳胶漆两遍；内墙：14mm 厚 1:1:6 水泥石灰砂浆打底，6mm 厚 1:2 水泥砂浆随抹随平；地面：素土分层夯实；（200mm/步）、80mm 厚 C15 素混凝土垫层，刷素水泥浆一道，20mm 厚 1:2 水泥砂浆随抹随平；楼面：预制楼板，刷素水泥浆一道，20mm 厚 1:2 水泥砂浆随抹随平；顶棚：10mm 厚 1:1:6 水泥石灰麻刀砂浆打底，7mm 厚 1:2 水泥砂浆随抹随平；屋顶：20mm 厚 1:3 水泥砂浆找平层，冷底子油一遍，热沥青一遍，1:10 水泥蛭石起坡层（最薄处为 30mm 厚），20mm 厚 1:3 水泥砂浆找平层、三毡四油防水层，1:0.5:10 水泥石灰砂浆砌 115mm×240mm×180mm 高砖墩纵横中距 500mm，1:0.5:10 水泥石灰砂浆将 495mm×495mm×35mm 预制钢筋混凝土架空板砌在砖墙上，板缝用 1:3 水泥砂浆勾缝。

7. 门窗：平开门立樘位置与开启方向的墙面平，窗框居中；门窗材料见门窗表，加工安装严格按照国家现行的施工及验收规范执行。

8. 落水管：落水管及水斗选用 UPVC 材料，雨水管管径为 ϕ100mm。

9. 散水：80mm 厚碎石垫层、100mm 厚 C15 混凝土、12mm 厚水泥砂浆抹面。30m 设一道伸缩缝，缝内填沥青麻丝。

图纸目录

序 号	图 纸 内 容	序 号	图 纸 内 容
1	建筑施工说明　图纸目录　门窗表	6	①~⑬立面图
2	底层平面图	7	⑬~①立面图
3	标准层平面图	8	1—1 剖面图　楼梯剖面图
4	屋顶平面图	9	2—2 剖面图　窗大样
5	Ⓐ~Ⓕ立面图　Ⓕ~Ⓐ立面图	10	楼梯平面图

门 窗 表

序 号	编 号	数 量	洞口尺寸$\left(\frac{长}{mm}\times\frac{高}{mm}\right)$	备 注
1	M1	40	900×2000	01SJ606-QBM1
2	M2	10	900×2000	详见 01SJ606-FHM. A. 0920
3	M3	10	800×2000	仿 01SJ606-QBM3-0920
4	M4	20	700×2000	详见 01SJ606-0720
5	TLM1	10	1800×2000	仿 01SJ606-QBM1-020
6	C1	20	1800×1700	铝合金窗详见建施-7 定做
7	C2	10	1200×1700	铝合金窗详见建施-7 定做
8	C3	10	900×1700	铝合金窗详见建施-7 定做
9	C4	7	1200×600	铝合金窗详见建施-7 定做
10	C5	20	1500×1700	铝合金窗详见建施-7 定做

图 1-9

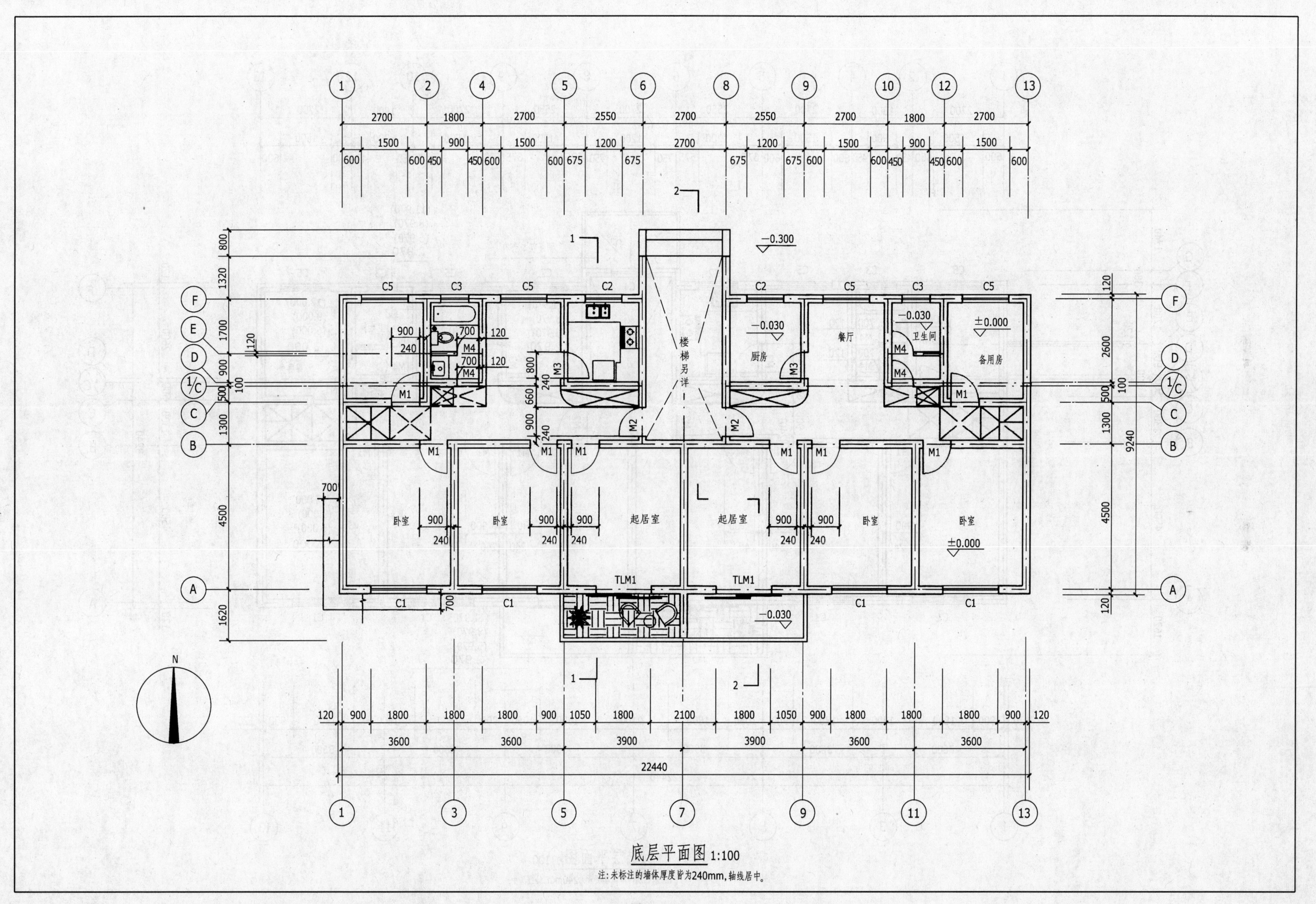

底层平面图 1:100

注：未标注的墙体厚度皆为240mm，轴线居中。

图 1-10

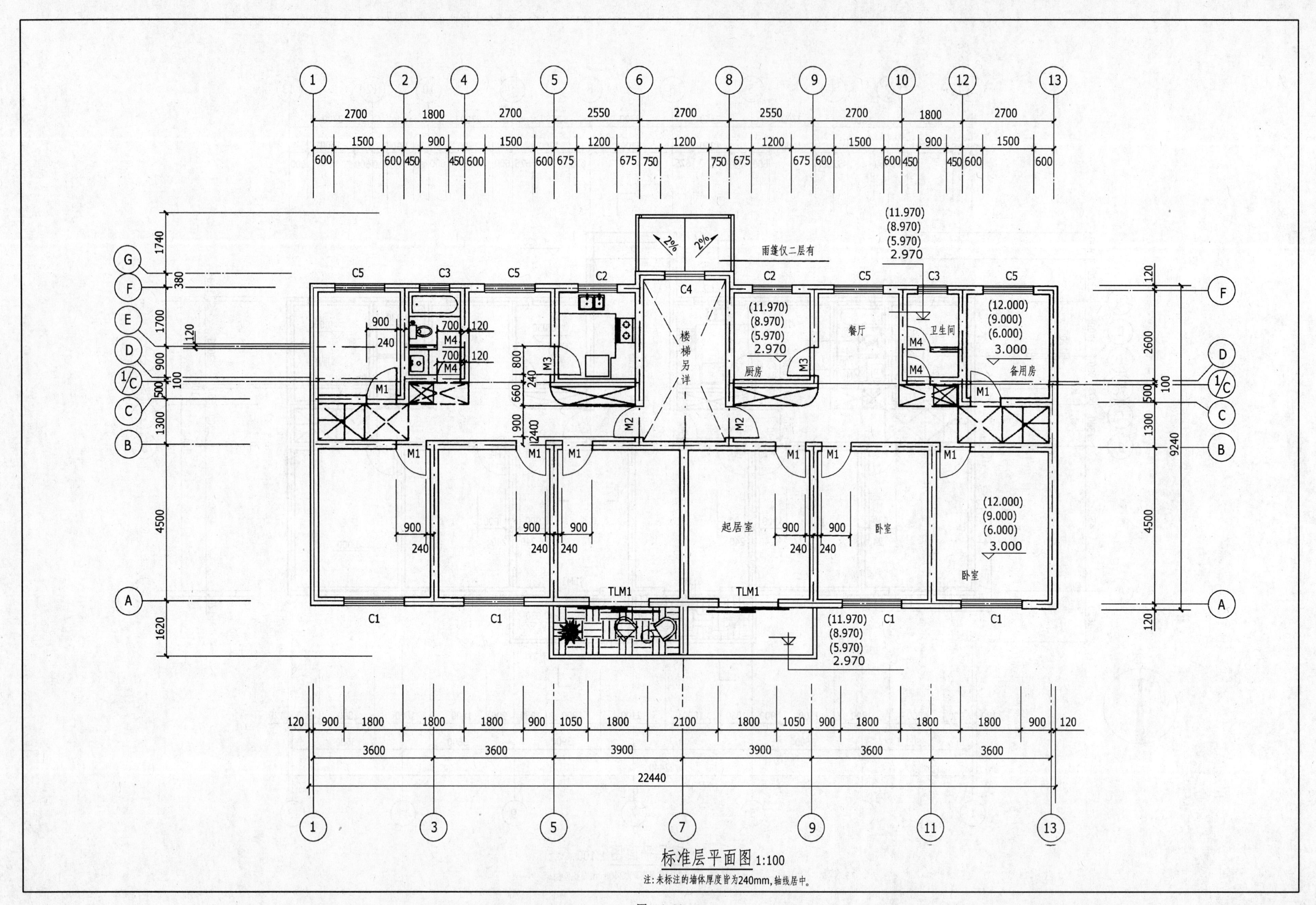

标准层平面图 1:100
注:未标注的墙体厚度皆为240mm,轴线居中。
楼梯另详
雨篷仅二层有
厨房
餐厅
卫生间
备用房
起居室
卧室
卧室

图 1-11

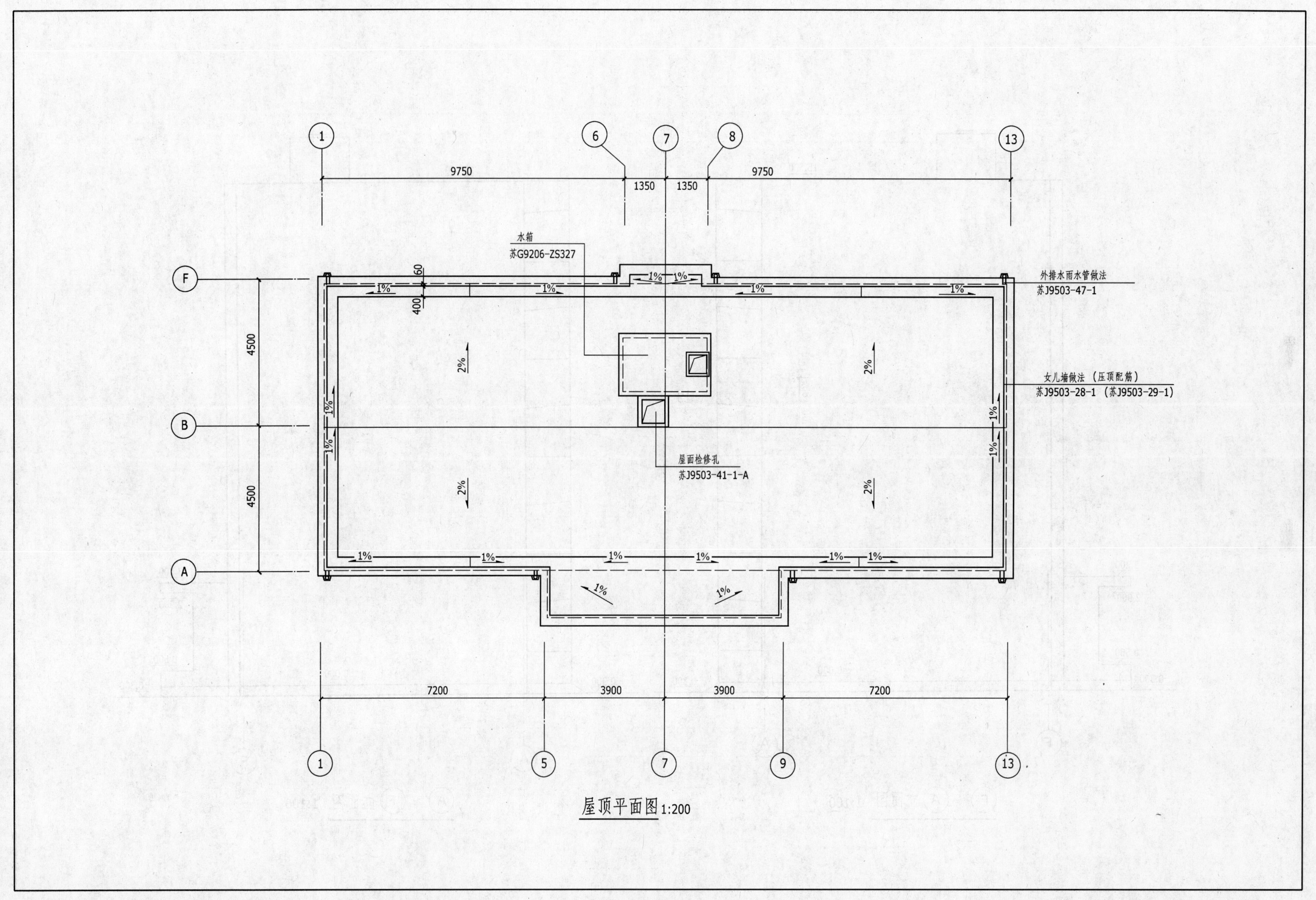

1
6
7
8
13
9750
1350
1350
9750
水箱
苏G9206-ZS327
60
400
F
B
A
4500
4500
1%
2%
外排水雨水管做法
苏J9503-47-1
女儿墙做法（压顶配筋）
苏J9503-28-1（苏J9503-29-1）
屋面检修孔
苏J9503-41-1-A
7200
3900
3900
7200
1
5
7
9
13
屋顶平面图1:200

图 1-12

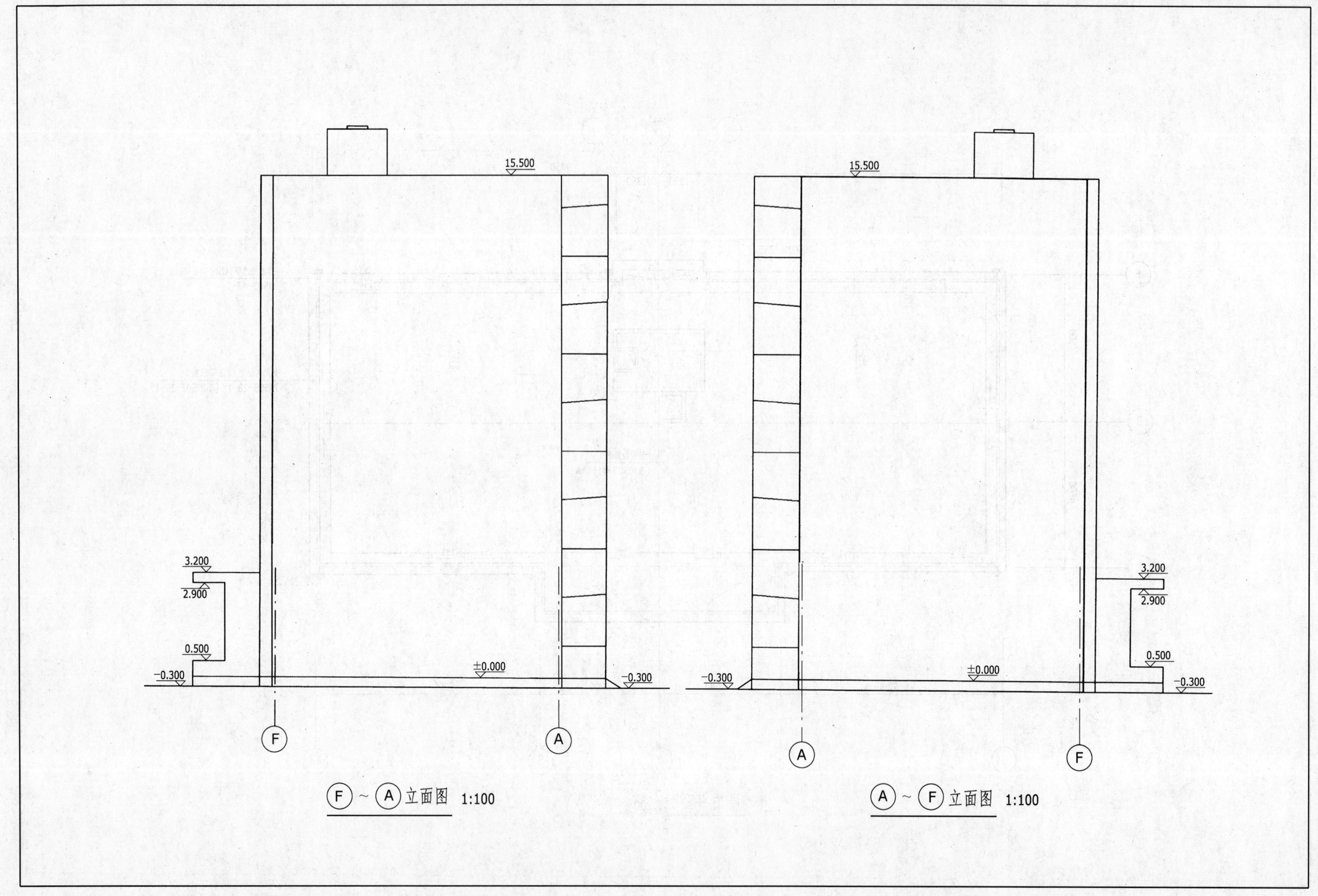
15.500
3.200
2.900
0.500
−0.300
±0.000
−0.300
F
A
F ~ A 立面图 1:100
15.500
−0.300
±0.000
3.200
2.900
0.500
−0.300
A
F
A ~ F 立面图 1:100

图 1-13

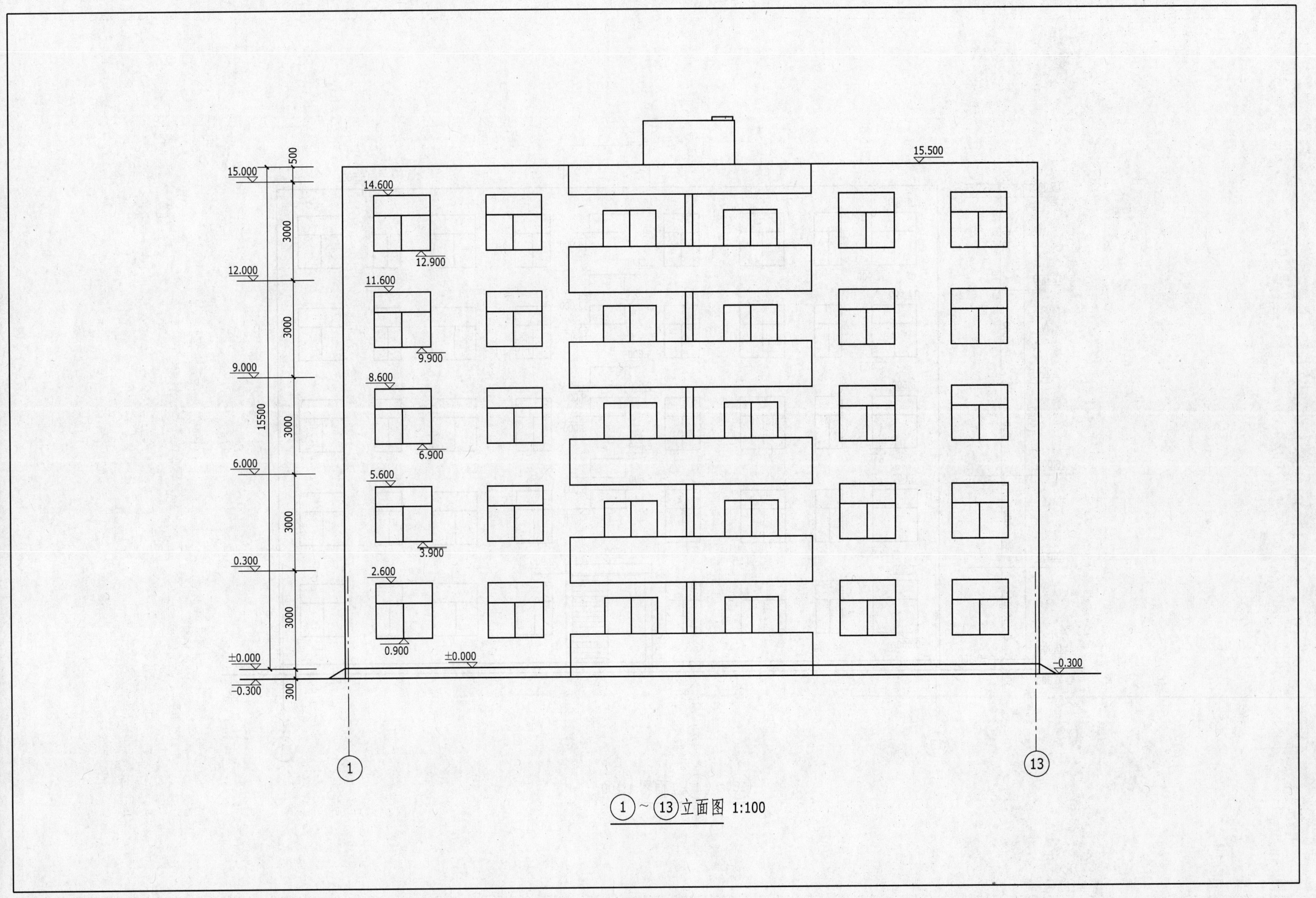
15.500
15.000
14.600
12.900
12.000
11.600
9.900
9.000
8.600
6.900
6.000
5.600
3.900
0.300
2.600
0.900
±0.000
±0.000
−0.300
−0.300
500
3000
3000
3000
3000
3000
300
15500
1
13
①~⑬立面图 1:100

图 1-14

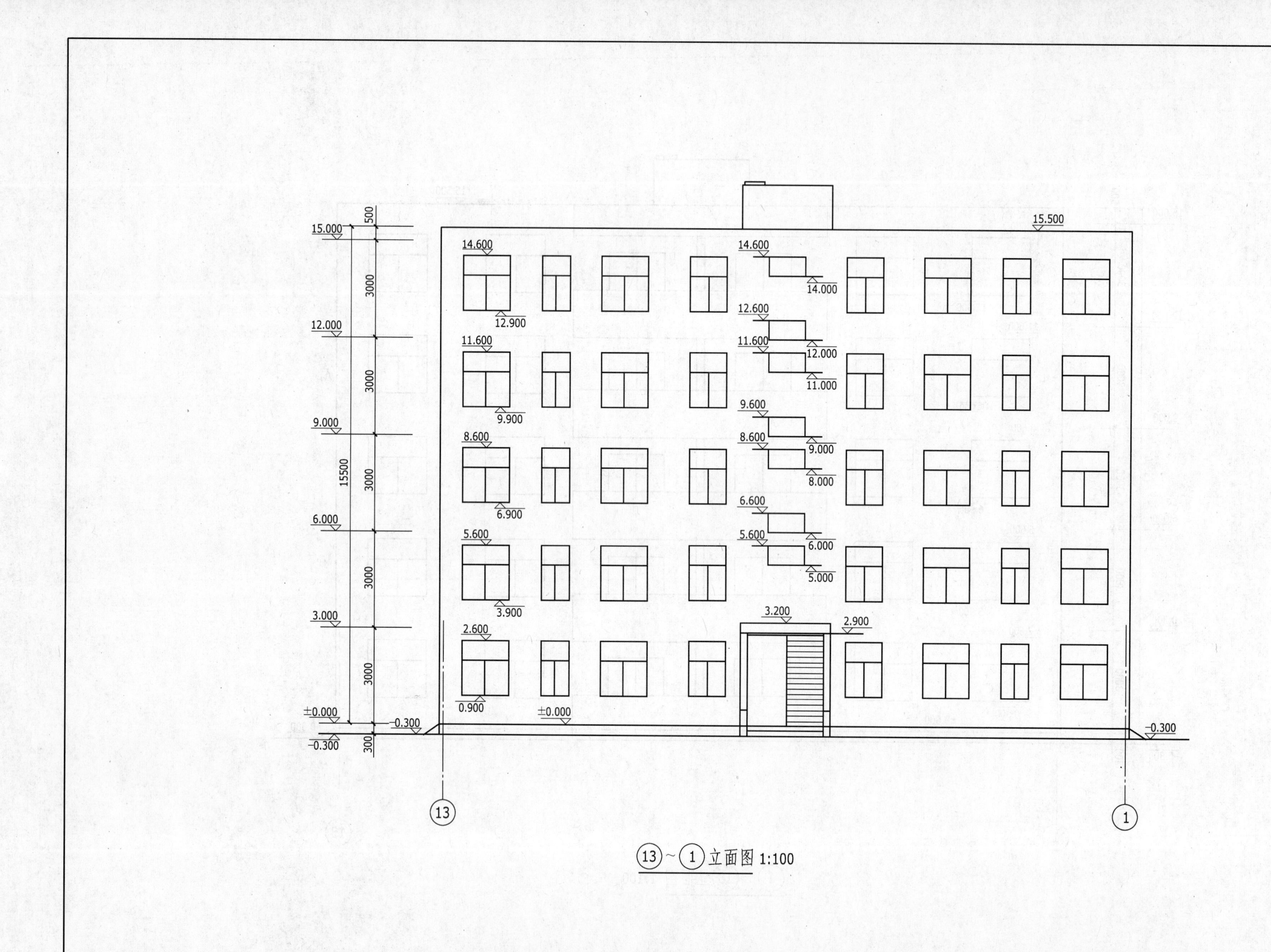
15.000
12.000
9.000
6.000
3.000
±0.000
-0.300
500
3000
3000
3000
3000
3000
15500
300
-0.300
15.500
14.600
12.900
11.600
9.900
8.600
6.900
5.600
3.900
2.600
0.900
±0.000
14.600
14.000
12.600
12.000
11.600
11.000
9.600
9.000
8.600
8.000
6.600
6.000
5.600
5.000
3.200
2.900
-0.300
13
1
13 ~ 1 立面图 1:100

图 1-15

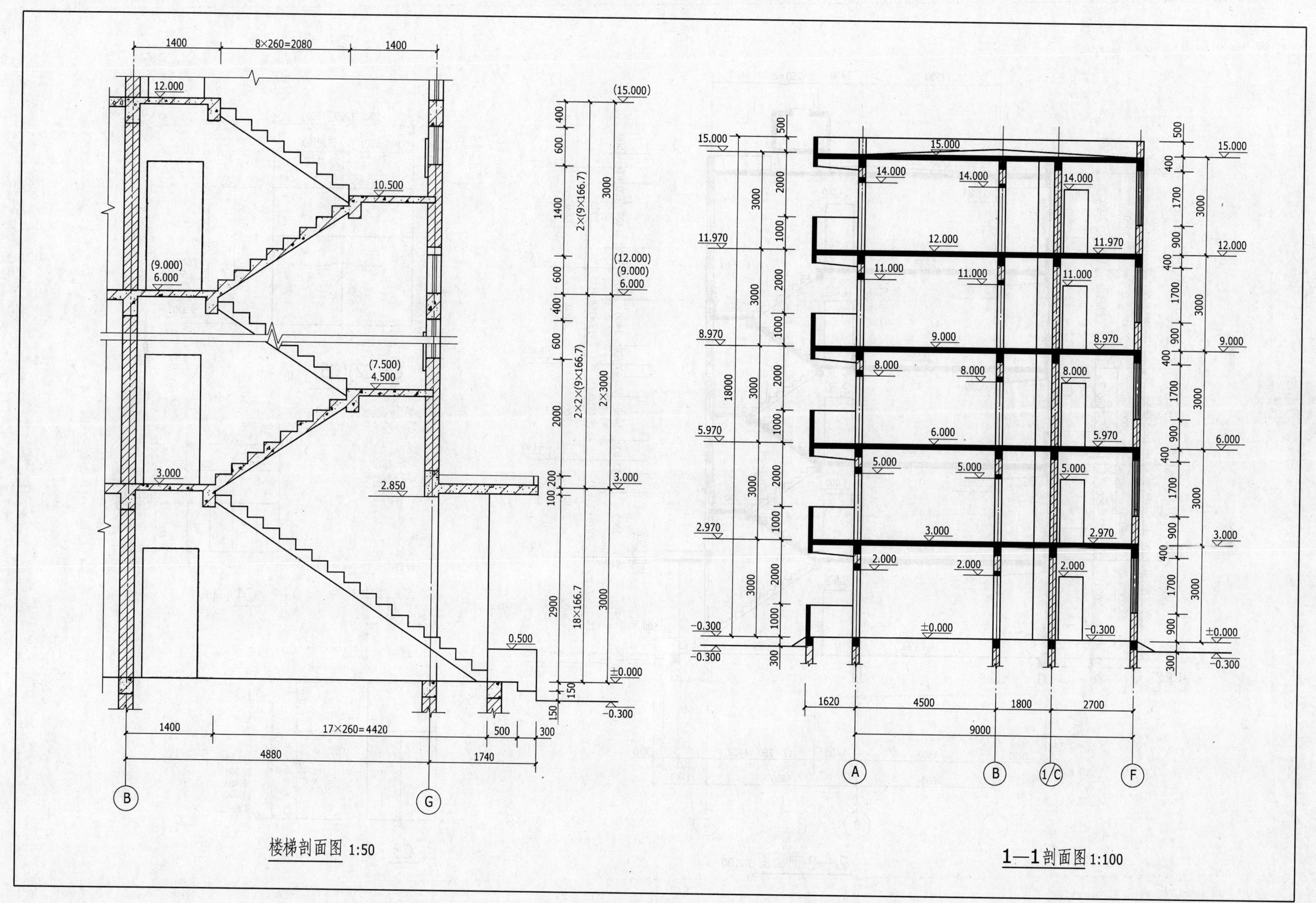

图 1-16

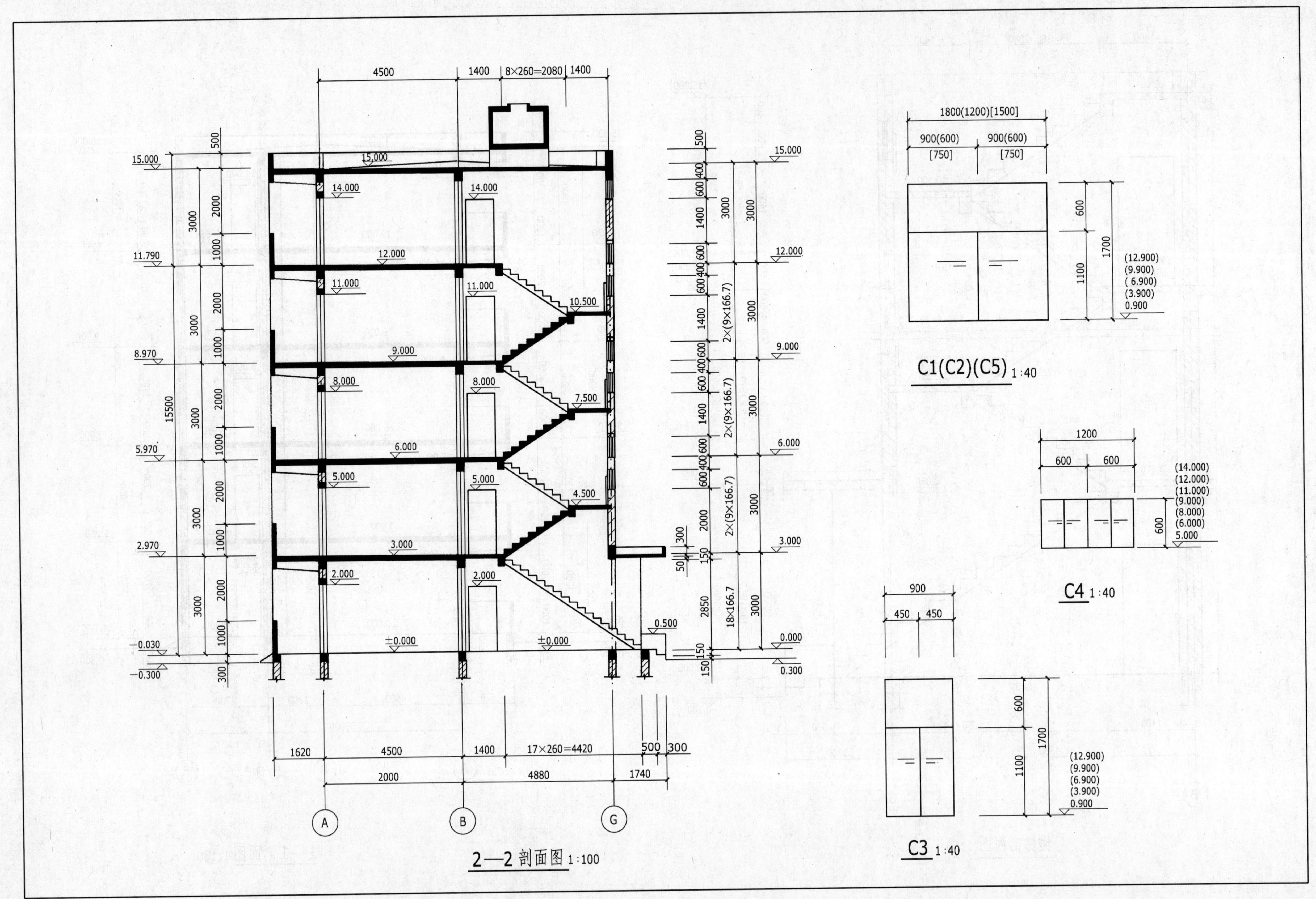

图 1-17

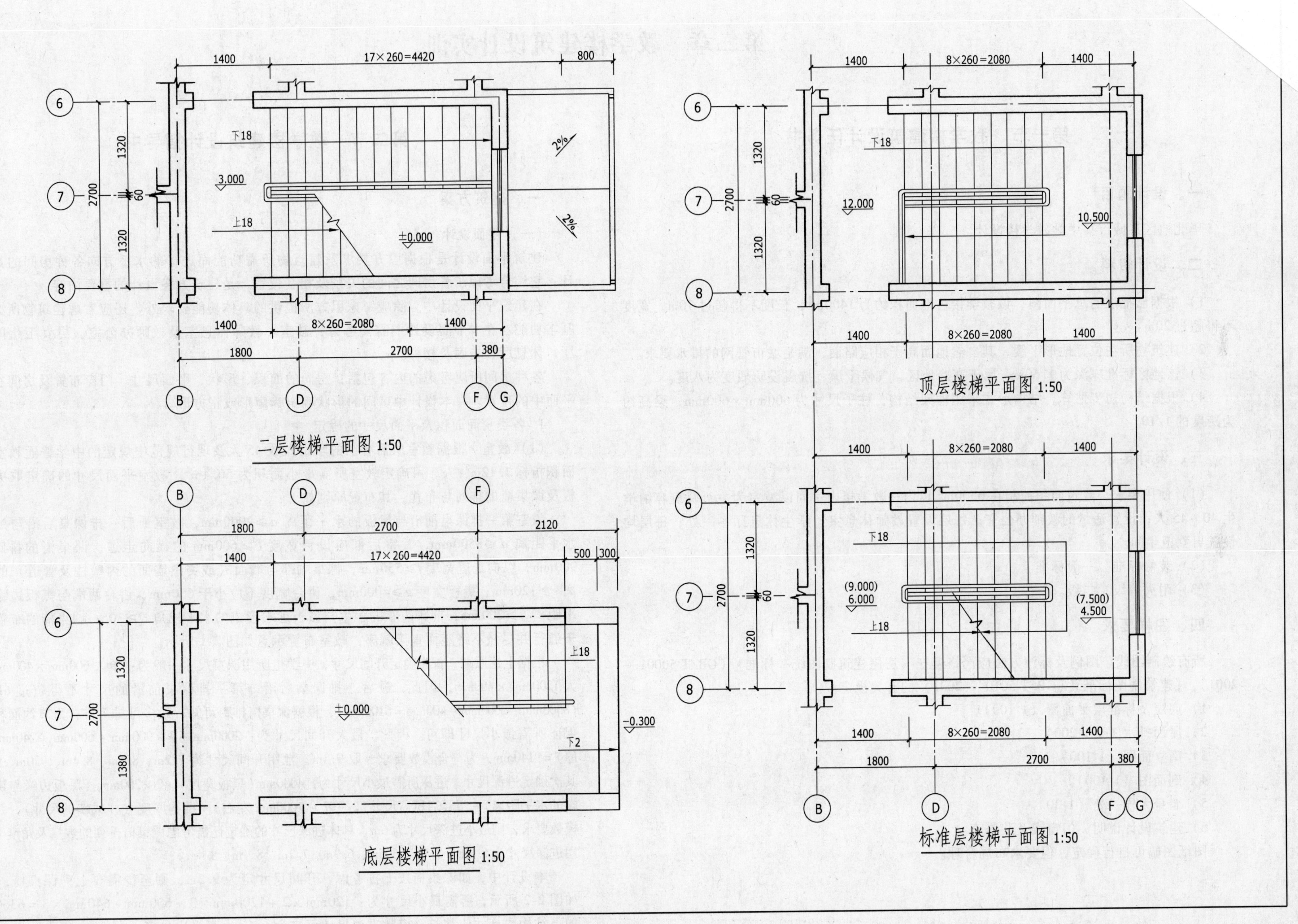

图 1-18

第二章　教学楼建筑设计实训

第一节　教学楼建筑设计任务书

一、设计题目

华北地区某城市某中学教学楼设计。

二、设计资料

1）根据已批准的总平面图，该教学楼占地面积约为1400m²，长度不得超过70m，宽度不得超过20m。、

2）建筑物所在位置地形平缓，其自然地面高于相应路面，满足城市管网的排水要求。

3）该地区标准冻深为1.60m，属于寒冷地区，气候干燥，抗震设防烈度为八度。

4）根据结构初步估算，结构形式采用框架结构，柱子尺寸为600mm×600mm，梁高约为跨度的1/10。

三、设计要求

（1）使用要求　建筑面积控制在6500m²以内；教学楼内房间以教室为主，每班容纳学生40~45人；设置适量的教师办公室；每层设置教师休息室、学生休息厅各一处；每层均设置男女卫生间。

（2）装修标准　一般标准。

（3）耐火等级　二级。

四、图样要求

所有绘制图线、图例及标注方法应严格遵守《房屋建筑制图统一标准》（GB/T 50001—2001）、《建筑制图标准》（GB/T 50104—2001）的有关规定。

1）底层及标准层平面图（1:100）。

2）屋面排水图（1:200）。

3）南立面图（1:100）。

4）剖面图（1:100）。

5）墙身大样一处（1:30）。

6）建筑设计说明、门窗表及装修表。

图纸图幅可自行确定，但要求布局合理。

第二节　教学楼建筑设计指导书

一、建筑方案

（一）平面设计

建筑平面设计是根据甲方要求及建筑物所需功能而进行的水平方向各种房间的具体设计，它综合考虑了各房间之间的关系及相互位置，是建筑方案设计的重要内容。

在建筑平面设计中，除应考虑甲方所提供的具体功能要求外，还应考虑建筑物所必备的基本功能。在本平面设计中需要考虑：教室、教师休息室及教师办公室、男女卫生间、门厅、休息厅、走廊及楼梯。

各种房间所应考虑的内容包括：房间的面积、形状、平面尺寸、门窗布置及房间在建筑平面中的位置。在本设计中房间的形状确定为矩形或正方形。

1. 各类房间面积及平面尺寸的确定

（1）教室　根据教室所需容纳的学生人数45人及现行规范中规定的中学普通教室使用面积指标1.12m²/人，可确定教室所需最小面积为50.4m²。教室平面尺寸的确定取决于黑板及课桌椅的排列与布置，其布置原则如下：

教室第一排课桌前沿与黑板的水平距离 $a \geqslant 2000$mm，教室最后一排课桌后沿与黑板的水平距离 $d \leqslant 8500$mm，教室后部应设置宽度 $c \geqslant 600$mm 的横向走道；课桌椅的排距 $b \geqslant 900$mm，纵向走道宽度 $f \geqslant 550$mm，课桌端部与墙面（或突出墙面的内壁柱及管道）的净距离 $e \geqslant 120$mm；黑板宽度 $g \geqslant 4000$mm，讲台宽度不应小于650mm，讲台两端与黑板边缘的水平距离 $h \geqslant 200$mm；前排边座的学生与黑板远端形成的水平视角 $\alpha \geqslant 30°$；课桌椅的布置应便于通行并尽量不跨座而直接就座，教室布置示意如图2-1所示。

根据上述原则，首先确定开间尺寸，中学生所用课桌尺寸一般为：单人600mm×400mm，双人1200mm×400mm，因此，最后一排课桌后沿与第一排课桌前沿的尺寸不得超过6100mm（8500mm－2000mm－400mm＝6100mm），根据课桌椅排距可知，最多可排7排，为节约面积，只保证所需最小尺寸即可。因此，最大开间尺寸为：2000mm＋7×900mm＋600mm＋240mm（墙厚）＝9140mm，为符合模数要求，取9.3m，常用开间尺寸为7.2m、8.1m、8.4m、9.0m、9.3m；其次确定进深尺寸，进深所需最小尺寸为：4000mm（黑板宽度）＋2×200mm（黑板边缘与讲台两端的水平距离）＋门开启所需尺寸（一般为1000mm左右）＋结构厚度（柱或墙的尺寸），并符合模数要求，则最小进深尺寸为6m，具体进深尺寸的确定还需考虑课桌椅排列的数量及角度 α，常用进深尺寸为6.0m、6.3m、6.6m、6.9m、7.2m、8.1m、8.4m。

本设计中，如课桌椅按七排考虑，开间尺寸定为9.3m，则至少需要七列课桌椅，布置如图2-2所示，所需最小尺寸为：120mm×2＋1200mm×3＋600mm＋640mm×3＝6360mm，加上结构厚度并使其符合模数进深尺寸可定为6.6m，可算出角度 $\alpha = 30°$，满足要求。

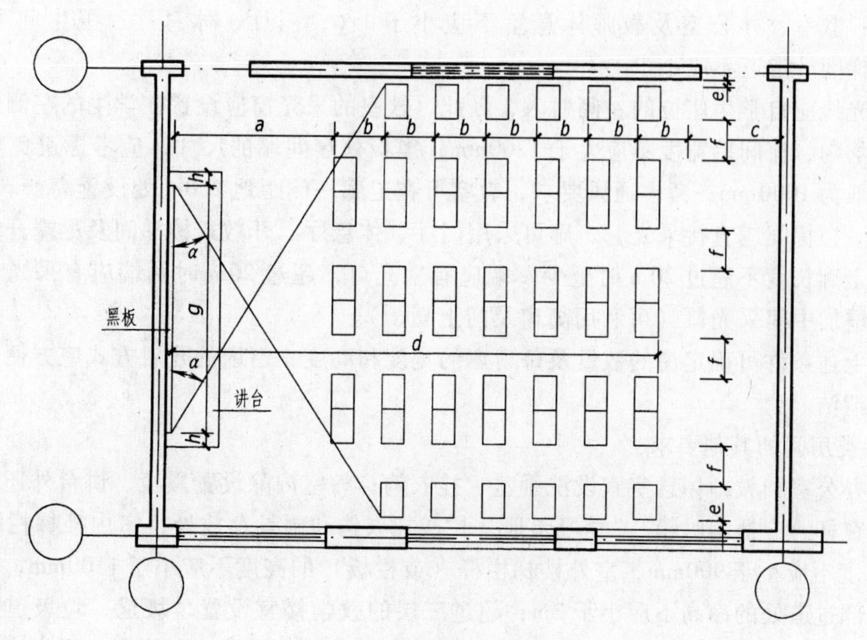

图 2-1　教室布置示意图

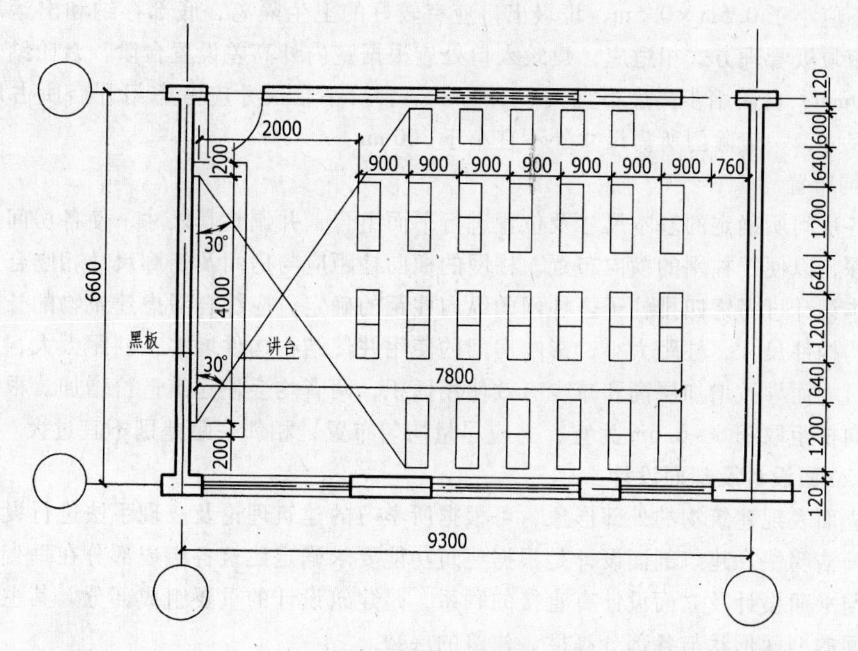

图 2-2　教室布置图

(2) 教师休息室　根据每层教师上课人数所需要的基本休息及活动空间，其进深尺寸一般与相邻房间相同，开间尺寸的确定应使房间长宽之比不大于 1.5，且使教师休息室的使用面积不小于 12m^2。

(3) 教师办公室　教师办公室的平面布置宜有利于备课及教学活动，每个教师的使用面积不宜小于 3.5m^2；开间及进深尺寸的确定方法与教师休息室相同。

(4) 卫生间　卫生间包括厕所和盥洗间两部分，厕所与盥洗间应分开设置，设前室或有遮挡措施，其面积及尺寸的确定，应考虑所需卫生器具的数量及其平面布置，本设计中应按如下原则考虑。

1) 卫生器具尺寸的确定。可进行市场调查，根据市场供货情况及价格确定卫生器具规格及尺寸。

2) 卫生器具数量的确定。女生厕所按每 25 人设一个大便器或 1100mm 长大便槽，男生厕所按每 50 人设一个大便器或 1100mm 长大便槽及 1000mm 长小便槽；男女生卫生间均按每 90 人设一个洗手盆或 600mm 长盥洗槽。

3) 卫生器具的平面布置。各个大便器之间应设置隔断，其高度为 1.50 ~ 1.80m，隔间尺寸：外开门厕所不小于 0.90m × 1.20m、内开门厕所不小于 0.90m × 1.40m。单侧厕所隔间至对面墙面的净距离、双侧厕所隔间之间的净距离及单侧厕所隔间至对面小便器或小便槽外沿的净距离：内开门厕所不应小于 1.10m、外开门厕所不应小于 1.30m，并列小便器的中心距离不应小于 0.65m；洗脸盆或盥洗槽水龙头中心与侧墙面净距离不应小于 0.55m，并列洗脸盆或盥洗槽水龙头中心距不应小于 0.70m，单侧并列洗脸盆或盥洗槽外沿至对面墙面的净距离不应小于 1.25m，双侧并列洗脸盆或盥洗槽外沿之间的净距离不应小于 1.80m；厕所内均应设置污水池和地漏，应采用水冲式厕所，并应设置排气管道。

(5) 门厅　门厅是教学楼的主要出入口，是联系走道、楼梯，接纳及疏导人流的交通枢纽，其面积根据出入学生人数确定，一般为 0.06 ~ 0.08m^2/人，其开间及进深尺寸根据所需面积及相邻房间尺寸进行调整确定。

(6) 休息厅　休息厅是学生课间时休息与活动的场所，其大小以能放下 1 ~ 2 张乒乓球桌为宜，其面积及尺寸一般可与教室相同。

(7) 走廊　走廊是水平交通空间，它联系着各个房间，其宽度应考虑人流通行、安全疏散和空间感受，其净宽度：内廊不小于 2100mm、外廊不小于 1800mm，且根据所要求耐火等级及疏散人数，其净宽度不应小于 1.00m/100 人，两者取大值。

(8) 楼梯间　楼梯是用于联系上下层空间及人流疏散的，其数量、形式、宽度、长度及坡度的确定，决定了楼梯间的使用面积和平面尺寸，其确定原则如下：

楼梯数量应根据疏散要求确定，一般情况应设置两部楼梯。楼梯梯段净宽度应满足方便及安全疏散的要求，其最小宽度不应小于 1.10m，一般每股人流所需宽度不应小于 700mm，至少应考虑两股人流，且总宽度按疏散人数最多的一层人数计算，不应小于 1.00m/100 人，两者取大值。楼梯梯段的净宽度大于 3000mm 时宜设中间扶手。楼梯总踏步数根据楼层层高及踏步高度确定，踏步高度不得大于 150mm，一般取 150mm。楼梯梯段长度根据楼梯踏步数及踏步宽度确定，踏步宽度不得小于 260mm，一般取 300mm。每段楼梯的踏步，不得多于 18 级，并不应少于 3 级。按上述原则确定的楼梯踏步应满足楼梯坡度的要求，不应大于 30°。楼梯的形式不得采用螺旋形及扇形踏步，一般根据上述原则确定楼梯的尺寸后，可确定为双跑或三跑楼梯。楼梯休息平台的净宽度不应小于相应的梯段净宽度，楼梯井的宽度不应大于 200mm。

综合上述平面尺寸，并考虑相应的结构尺寸，即可确定楼梯间的开间及进深尺寸，但同时应考虑相邻房间尺寸的协调。

2. 各类房间的设计要求及在建筑平面中的位置

(1) 教室　教室应有良好的朝向、足够的采光面积、均匀的光线并避免直射阳光。教室需要有良好的声学环境，应隔绝外部噪声干扰及保证室内良好的音质条件。教室内必须有足够的空气量和良好的采暖、隔热、通风条件。因此，教室尽量布置在建筑物的南面，且可直接采光和通风，在可能的条件下应尽量远离嘈杂的房间及区域。

（2）教师休息室、办公室　教师休息室、办公室应尽量集中布置并与教室互不干扰，其朝向尽量在南面。

（3）卫生间　卫生间不得设于主楼梯旁及人流集中的位置，一般以位置隐蔽、使用方便、隔绝气味为原则，宜设于楼的尽端、建筑物的转角处和平面中朝向较差的位置，应采用天然采光和不向邻室对流的直接自然通风，避免气味进入走道及室内。

（4）门厅　门厅要考虑疏散要求且处于明显而突出的位置上，使其具有较强的醒目性，与交通干线有明确的流线关系，人流出入方便，但同时还要考虑它与教室等主要房间之间相互位置的协调。除门厅外，还应设置一个次要入口作为教学楼直接对外的安全疏散口，门厅的位置还应考虑它们之间的距离，即满足下列要求：一层所有位于两出口之间的房间，其房门至出口的最大距离为35m；位于袋形走道两侧或尽端的房间，其房门至出入口的最大距离为22m。

（5）休息厅　休息厅的位置应考虑学生活动及游戏方便。

（6）走廊、楼梯间　走廊、楼梯间的位置应考虑疏散要求，并使其具有较强的导向作用，一般将一部楼梯作为主要楼梯设置在门厅内明显的位置或靠近门厅处，另外一部楼梯作为次要楼梯设置在次要入口附近，它们作为房间的疏散口，共同起着疏散人流的作用，因此，它们的具体位置应满足下列要求：所有位于两楼梯间之间的房间，其房门至楼梯间的最大距离，封闭楼梯间为35m，非封闭楼梯间为30m；位于袋形走道两侧或尽端的房间，其房门至楼梯间的最大距离，封闭楼梯间为22m，非封闭楼梯间为20m，且楼梯间在各层的平面位置不应改变。

上述要求同时也决定了走廊的长度。在本设计中，走廊的位置考虑为内廊，走廊两侧均布置房间。

3. 各类房间的门窗布置

（1）门的宽度、数量、位置与开启方式　教室的门洞宽度不应小于1000mm，合班教室的门洞宽度不应小于1500mm，根据疏散要求，教室门的数量不应少于2个，应分散布置设在房间两端，其最近边缘之间的水平距离不应小于5m，其开启方式一般采用内开平开门。

超过五层的建筑，应设置封闭楼梯间。楼梯间门的净宽度，可按本层疏散人数不小于1.00m/100人计算；楼梯间的首层应设置直接对外的出口，当层数不超过四层时，可将对外出口设置在离楼梯间不超过15m处。

门厅入口应设挡风间或双道门，其深度不宜小于2100mm，门的宽度应按疏散人数最多的一层人数计算，不应小于1.00m/100人。

其余房间门的数量一般不应少于2个，门的宽度不应小于1000mm，门的位置应考虑疏散方便、节省交通面积及室内人流活动和家具布置的要求，应分散布置设在房间两端，房间内最远一点到房门的距离不应超过22m，房门最近边缘之间的水平距离不应小于5m，门的开启方式一般采用内开平开门；但若房间的面积不超过60m^2，且人数不超过50人时，可设一个门；若位于走道尽端的房间内由最远一点到房门口的直线距离不超过14m，且人数不超过80人时，也可设一个向外开启的门，但门的净宽度不应小于1.40m；当房间门位置比较集中时，要协调好它们之间的相互位置及开启方向，以免产生碰撞。

（2）窗的尺寸、数量、位置与开启方式　根据采光要求，即房间的玻地比（窗玻璃有效透光面积与室内使用面积之比），可确定房间所需要的窗洞口最小面积，各类房间的玻地比要求为：教室、办公室及教师休息室不应小于1/6，门厅、休息厅、卫生间不应小于1/10，楼梯间、走道不应小于1/14。

教室光线应自学生座位的左侧射入，因此，教室的采光窗应设置在学生的左侧，为保证教室光线均匀，窗间墙宽度不应大于1200mm；黑板处窗间墙的尺寸，应考虑避免黑板产生眩光，一般为1000mm；考虑通风要求，教室可在走廊一侧距地2.0m处设置高窗。

走廊、楼梯间应直接采光，走廊可采用门厅、休息厅、开敞式楼梯间及尽端开窗进行直接采光；走廊长度不超过20m时至少一端应有采光口，超过20m时两端应有采光口，超过40m时应增加中间采光口（可利用高窗及门上亮子）。

根据上述条件可确定窗的数量及每扇窗的宽度和高度，窗扇的开启方式应方便使用、安全和易于清洁。

4. 各类房间的其他要求

教师办公室和教师休息室宜设洗手盆、挂衣钩；教室内除设置黑板、讲台外还应设置清洁柜、窗帘杆、广播喇叭箱、“学习园地”栏、挂衣钩和雨具存放处；室内楼梯栏杆（或栏板）的高度不应小于900mm，室外楼梯栏杆（或栏板）的高度不应小于1100mm，楼梯平台上部及下部过道处的净高不应小于2m；超过三层的教学楼宜设置垃圾道，垃圾道宜靠外墙布置，垃圾道主体应垂直并采用非燃烧体材料制作，内壁需光滑、无渗漏、无突出物，其净截面面积不应小于0.5m×0.5m，垃圾出口应有较好的卫生隔离，底部存纳和出运垃圾的方式应与城市垃圾管理方式相适应；建筑入口处应根据室内外高差设置台阶，台阶踏步宽度不宜小于300mm，台阶踏步高度不宜大于150mm，台阶平台尺寸应考虑门开启所占尺寸及人站立所需尺寸，一般除门所需尺寸外不宜小于300mm。

5. 柱网布置

根据各房间所确定的基本尺寸及位置进行平面组合，并调整其尺寸，使各房间具有基本相同的进深，以便于柱网的横向布置。柱网的横向柱距应与房间及走廊尺寸相吻合，对于内廊布置，本设计可考虑四排柱子。柱网的纵向柱距的确定，应综合考虑建筑物的长度、房间尺寸及结构构件尺寸，柱距太小，影响房间的使用并使结构构件增多；柱距太大，造成结构构件尺寸过大而导致增加层高和减少有效使用面积，两者均会使建筑造价增加。根据房间的布置，纵向柱距取3.6～6.6m为宜，并应尽量均匀布置，相邻柱距差别不宜过大。

（二）立面设计及剖面设计

建筑立面表现建筑物的外部形象，可根据所学习的建筑理论及表现手法进行设计，使其整体效果简洁明快。建筑剖面设计是根据建筑功能要求确定建筑各组成部分在垂直方向上的布置，它与平面设计及立面设计有直接的联系，是建筑设计的重要组成部分，其主要内容包括确定房间的剖面形状与各部分高度、建筑的层数。

根据教学楼的功能及使用要求，本设计的剖面形状采用矩形；中学教学楼的层数不应超过五层，根据本建筑所允许的占地面积及所要求的总面积可确定其层数为五层；房间各部分的高度包括室内外地面高差、房间净高、窗台高度、黑板及讲台高度、门的高度及层高。

（1）室内外地面高差的确定　为防止室外雨水流入室内、墙身受潮及室内潮气太大，建筑物底层地面应高出室外地面至少0.15m，同时，考虑建筑物可能产生的沉降及其整体效果，本教学楼室内外地面高差可在0.45～0.75m之间选择。

（2）房间净高的确定　本设计不考虑吊顶，则房间的净高为地面至楼板底面之间的垂直高度，房间的净高根据房间的功能不应低于下列数值：教室3.40m，办公室、教师休息室及休息厅、门厅3.10m，卫生间2.80m。

（3）窗台高度、黑板及讲台高度、门高度的确定　窗台高度不宜低于800mm，并不宜高于1000mm，考虑布置在窗台底下的散热器尺寸，一般取900mm，但楼梯间的窗户位置受结构梁及休息平台的限制，一般位于结构梁上；讲台高度宜为200mm，黑板下沿与讲台面的垂直距离宜为1000～1100mm，黑板高度不应小于1000mm；门的高度不应小于2100mm。

（4）层高的确定　对于框架结构，可根据窗台高度、窗的高度及框架梁高初步确定层高，并与房间净高加结构层厚度比较，取较大值确定层高，同时还应考虑房间的空间感；为节省建筑造价及满足建筑之间的间距，在满足使用要求、采光、通风、室内观感等的前提下，应尽量降低层高。教学楼层高一般在3.6～4.2m之间。

（三）屋面形式、构造及屋面排水形式的确定

考虑到构造简单、节省造价、施工方便等因素，一般采用平屋面；屋面做法应考虑其防水、保温及排水功能而相应设置防水层、保温层、找坡及相应的找平层，具体做法可根据所采用的防水材料选用标准图集《98J1》的相应做法；屋面排水应采用有组织排水及优先采用外排水，落水管的设置间距不应超过18m，并根据每一直径为100mm的落水管可排150～200m^{2}集水面积的雨水来确定落水管的数量，如落水管的设置较大地影响了建筑的立面效果及整体美观，可采用内排水形式，其女儿墙泛水做法及落水管处雨水口做法可选用标准图集《98J5》的相应做法。

（四）材料、装修及构造

（1）楼地面　卫生间楼地面、小便槽面层应采用不吸水、不吸污、耐腐蚀、易于清洗的材料，一般采用防滑地砖楼地面，其沟槽、管道穿楼板及楼板接墙面处应严密防水防渗漏，其标高应略低于走道地面标高，一般低于走道地面20mm，并应有不小于5%的坡度坡向地漏；其余房间楼地面应满足平整、耐磨、不起尘、防滑、易于清洁的要求，且选用热工性能好的材料，一般采用现浇水磨石楼地面。楼地面做法可选用标准图集《98J1》的相应做法。

（2）墙身　卫生间内墙面应满足防水、防潮、防污要求，应采用符合该要求的墙面材料或设置1.2～1.5m高的墙裙，一般采用瓷砖墙面或墙裙；其余房间内墙面粉刷应坚固、耐久、易擦洗，一般采用满刮腻子墙面，内墙面做法可选用标准图集《98J1》的相应做法；外墙面可根据所设计的立面效果，采用涂料、面砖、铝塑板及玻璃幕等材料，但要考虑甲方要求及造价，本设计宜为涂料。

（3）顶棚　顶棚表面应光洁，有较好的反光性，本设计不考虑吊顶，采用直接式顶棚，面层采用板底刮腻子，做法可选用标准图集《98J1》的相应做法。

（4）踢脚　卫生间设有瓷砖墙面或墙裙，不需要踢脚；其他房间踢脚可采用与地面相同的材料，选用水磨石踢脚，其做法可选用标准图集《98J1》的相应做法。

（5）窗台板　窗台板应坚固、耐久、易擦洗，一般采用预制水磨石窗台板。

（6）门窗　根据所使用房间的功能，门窗应采用坚固、耐久、密封性好、适用、美观、易擦的材料，一般门厅、对外出口处采用铝合金或塑钢门，其余房间均采用夹板门，门上刷磁漆，其做法可选用标准图集《98J1》的相应做法；窗采用铝合金或塑钢窗。

（7）其他　根据建筑的耐火等级可确定对墙、柱、楼板、楼梯等构件的燃烧性能及耐火极限的要求，再考虑其受力需要（强度要求），可确定构件的材料。一般承重构件（梁、板、柱、楼梯等）采用钢筋混凝土材料；框架结构中，墙体一般为围护结构，除一层考虑防潮及耐久性采用砖墙外，其余各层均可采用轻质材料墙体，一般采用陶粒混凝土、加气混凝土或浮石混凝土，现常采用陶粒混凝土。

墙体厚度可根据房间保温及隔热要求确定，对于本设计，外墙厚度采用：砖墙370mm、陶粒混凝土300mm，内墙厚度采用：砖墙240mm、陶粒混凝土200mm，即可满足要求。

二、建筑施工图

施工图应准确地将设计意图表达出来，它是建筑设计付诸实施的依据。施工图的绘制图例及表示方法应严格遵守《房屋建筑制图统一标准》（GB/T 50001—2001）、《建筑制图标准》（GB/T 50104—2001）的有关规定。

1. 平面布置图

平面图中应反映的是各个房间和设施的布置、定位及其相对位置关系，根据建筑方案所确定的平面布置可进行平面施工图的绘制。

（1）布置内容　柱网的定位轴线、各个房间的定位轴线、房间的墙体布置、门窗布置及门的开启形式、教室中黑板及讲台布置、卫生间中卫生器具及通风道的布置、垃圾道的布置、楼梯间踏步的布置，对于一层平面还应布置散水及台阶，二层平面应布置雨篷。

（2）尺寸标注　在建筑平面外侧的每一侧均需标注三道尺寸，第一道尺寸应标明外墙门窗洞口与其最近的定位轴线之间的距离、外墙门窗洞口之间的距离及外墙门窗洞口尺寸，第二道尺寸应标明各个定位轴线之间的距离，第三道尺寸应标明建筑物的总长度和总宽度。在布置墙体处应标明墙体的厚度及其与定位轴线之间的距离。内墙门窗洞口处应标明门窗洞口与其最近的定位轴线之间的距离及内墙门窗洞口尺寸。黑板和讲台的平面尺寸及其与最近的定位轴线之间的距离。卫生间的卫生器具与定位轴线之间的距离。雨篷、散水和台阶的平面尺寸及其与最近的定位轴线之间的距离。室内外楼地面及卫生间楼地面的标高。

（3）其他内容　应注明各个房间的使用功能，黑板、讲台的做法（可选用标准图集《98J7》的相应做法）和卫生器具、通风道、垃圾道的做法（可选用标准图集《98J2》《88J3》《88J12》的相应做法），剖面及墙身大样的位置、编号和方向，墙上所有设备留洞的尺寸、洞口离楼地面的高度及其与最近轴线的距离。

2. 立面图

立面图反映的是各个立面的整体效果，根据建筑的立面设计，将立面上所设置的可见构件根据投影关系准确地表达出来，包括门窗布置、雨篷、女儿墙、挑檐、台阶、楼梯、装饰构件、分格等，并注明外墙面层颜色。其需要标注的尺寸及数据为：室外标高，台阶平台处标高，所有门窗洞口上下边标高（相同处可标一个），女儿墙顶端标高，雨篷上下檐口处标高；门窗洞口及其之间墙体的高度，所有装饰线条之间的竖向尺寸及装饰构件的尺寸；立面体形变化处（凹凸处）及外轮廓墙体的定位轴线。

3. 剖面图

剖面图反映的是建筑各个构件之间的相互关系，一般为建筑的横向剖面且选择具有特殊性的位置（一般为楼梯间处及入口处）进行绘制。

（1）内容　所剖位置处所有构件和可见构件的布置及其相对位置关系，包括梁、板、柱、墙、门窗及其过梁、雨篷、楼梯、女儿墙、台阶、装饰构件等。

（2）尺寸标注　室外标高，台阶平台处标高，所有门窗洞口上下边标高，过梁、大梁底皮标高，女儿墙顶端标高，雨篷上下檐口处标高，各楼层标高；门窗洞口及其之间构件的高度，所剖各墙的定位轴线及其相互之间的距离。

4. 屋面排水图

屋面排水图反映的是建筑屋面排水形式及相应构件、设施的设置，应根据所确定的排水类型画出雨水管的位置、女儿墙的位置及檐口的外轮廓线、屋面找坡或坡屋面的屋脊线，垃圾道及通风道伸出屋面的位置，屋面透气管的位置，如设置上人孔则应画出其位置，应标出檐口边及檐口位置变化处最近轴线；其需要标注的尺寸为：雨水管距其最近轴线的距离，檐口边及檐口位置变化处距其最近轴线的距离，屋面的坡度及其方向，上人孔的尺寸及其与最近轴线的距离；应标注出屋面相应设施（透气管、垃圾道及通风道、雨水管等）的做法或其所选用的标准图集相应做法。

5. 墙身大样

墙身大样反映的是墙体上竖向各个构件及与墙体相连接的构件之间的相互关系、细部做法和尺寸，一般选用具有普遍代表性和有特殊要求处（造型变化处和构件尺寸及构造变化处）的墙体，其绘制内容为墙体及其面层，窗户、门、窗台板、散水、台阶、地面、楼面、屋面、过梁、大梁、窗套或装饰构件的具体构造，滴水线、泛水、女儿墙、雨水管、雨水口的形状及位置。所需标注的数据为墙厚及其面层厚度，门窗洞口、过梁、大梁及窗台的高度，女儿墙及装饰构件各部分的详细尺寸，台阶结构层及面层尺寸；楼地面、屋面标高，窗洞口及大梁底面、过梁顶面、过梁底面、女儿墙顶部标高，散水及屋面坡度；散水、台阶、地面、楼面、屋面详细做法标注或索引，墙体所在轴线及编号。

6. 楼梯大样

楼梯大样反映的是楼梯的详细尺寸及各构件之间的关系，包括楼梯平面和楼梯剖面两部分。

（1）楼梯平面　应绘出楼梯间墙体、柱子的定位轴线，楼梯休息平台、踏步及台阶的详细位置，楼梯间墙体、柱子及门窗的位置，每跑楼梯上或下的方向；标出每个踏步（台阶）的宽度，踏步（台阶）总宽度，踏步（台阶）数量（常标注为：踏步（台阶）数×每个踏步（台阶）的宽度=踏步（台阶）总宽度），楼梯井尺寸，楼梯间墙体厚度、柱子尺寸及墙体、休息平台、踏步起终点与轴线之间的距离，楼梯间墙体、柱子的定位轴线编号及其之间距离，每层楼梯上或下的总步数，楼梯间地面标高及各休息平台标高，楼梯剖面位置（沿梯段方向剖切）、编号及方向（剖面号所在方向）。

（2）楼梯剖面　应绘出楼梯间墙体、柱子的定位轴线，按投影关系绘出沿剖切方向可见及剖切到的楼梯间所有构件，包括楼梯间墙体、柱子，楼梯休息平台、踏步及台阶，楼梯间门窗、楼梯栏杆，雨篷、女儿墙、梁；标出每个踏步（台阶）的高度，每跑楼梯踏步（台阶）的总高度，每跑楼梯踏步（台阶）的数量（常标注为：每跑楼梯踏步（台阶）数×每个踏步（台阶）的高度=每跑楼梯踏步（台阶）的总高度），门窗洞口、雨篷尺寸，室内外地面标高，楼地面标高，屋面及女儿墙顶标高，楼梯各休息平台标高，楼梯间墙体、柱子的定位轴线编号及其之间距离，楼梯栏杆做法或所选用标准图集及编号。

7. 室内装修表

根据所采用的装修材料，分别列出各个房间的地面、楼面、墙身、顶棚、踢脚、窗台板的做法或所采用的标准图集及编号（具体格式可参考设计实例）。

8. 门窗表

根据所设计的门窗尺寸及类型，分别列出所有门窗的编号、对应的尺寸（宽×高）、每个型号在每层的数量及总数、门窗的材料、门窗所选用的标准图集及相应型号或大样图号（具体格式可参考设计实例）；如所设计门窗为非标准构件，则应画出门窗大样图，门窗大样图应画出门窗形式、开启方式并标出门窗分格尺寸、总尺寸及门窗层数。

9. 设计说明

设计说明应从以下几个方面分别进行说明：

（1）工程概况　建筑所在位置，建筑的面积、结构形式、层数、耐火等级、抗震设防烈度，建筑的±0.000所对应的绝对标高。

（2）设计依据　建设单位的设计委托书或设计任务书，设计合同及批文，设计方案的审定方，设计所依据的国家规范。

（3）墙体工程　墙体材料及主要墙体厚度，需做防潮防水的墙体做法或其所选用标准图集及相应编号，墙体内所有需做特殊处理的构件的相应做法，图中无法表示及没有标出的具体构造要求。

（4）地面工程　地面工程的基本施工程序及设计要求，图中无法表示及没有标出的具体构造要求。

（5）屋面工程　屋面做法所采用的标准图集及其编号，屋面上女儿墙、留洞处等有特殊要求处构造及做法，屋面上所需外露铁件及外露雨水管防锈处理的做法及其颜色要求，屋面的细部构造要求及施工要求或其应执行的国家标准。

（6）装饰工程　外墙、勒脚的面层材料及颜色和相应做法或选用图集、对应编号，雨篷的面层材料及相应做法或选用图集、对应编号，所有需要刷油漆的构件的油漆颜色和相应做法或选用图集、对应编号，卫生器具的有关施工要求或应执行的国家标准；无特殊要求的内容按国家统一规定执行，但应在说明中加以注明。

（7）施工及验收　对施工的要求及验收所应遵循的相应规范。

（8）设计中所采用的有关标准图集及需要说明的其他内容　本设计中所采用的标准图集为《98系列建筑标准设计图集》（98J-1～98J-12）。

三、参考资料

1. 规范

《民用建筑设计通则》（JGJ 37—1987）

《中小学校建筑设计规范》（GBJ 99—1986）

《建筑设计防火规范》（GB 50016—2006）

《房屋建筑制图统一标准》（GB/T 50001—2001）

《建筑制图标准》（GB/T 50104—2001）

《建筑模数协调统一标准》（GBJ 2—1986）

《建筑楼梯模数协调标准》（GBJ 101—1987）

《建筑地面设计规范》（GB 50037—1996）

《建筑内部装修设计防火规范》（GB 50222—1995）

2. 图集

《建筑设计资料集》第2版1、3集

《98系列建筑标准设计图集》（98J-1～98J-12）

3. 参考书

《房屋建筑学》

第三节　设计成果

教学楼建筑施工图如图 2-3～图 2-21 所示。

设　计　说　明

一、工程概况

1. 工程名称：×××学院教学楼。
2. 工程位置：该学院新校区校园内。
3. 建筑面积：7600m²。
4. 结构形式：钢筋混凝土框架结构。
5. 建筑层数：地上六层。
6. 建筑物室内地坪 ±0.000 相当于绝对标高（现场定）。
7. 本建筑按二级耐火等级设计，建筑抗震设防烈度为八度。

二、设计依据

1. ×××学院教学楼设计任务委托书及任务书。
2. ×××学院审定的设计方案及与×××建筑勘察设计有限公司签订的设计合同。
3. ×建设规技（2001）364 号文关于"×××学院规划的批复"。
4. 国家有关规范：《民用建筑设计通则》(JGJ 37—1987)，《建筑设计防火规范》(GBJ 16—1987)

三、墙体工程

1. 一层外墙为 370mm 砖墙，内墙为 240mm 砖墙；二至六层外墙为 300mm 厚（局部为 400mm 厚）陶粒混凝土砌块墙，内墙为 200mm 厚陶粒混凝土砌块墙。
2. 墙内预埋件需作防腐处理，木材刷热沥青，铁件刷红丹防锈漆二度。
3. 陶粒混凝土砌块墙需做防水防潮处理，做法详见 98J3（六）—34。
4. 所有设备留洞应与电施和设施配合，洞口均应在施工时根据设备要求预留，不得后凿。

四、地面工程

1. 地面工程必须在地下管线、地沟等施工完毕后方可施工。
2. 卫生间，室外台阶均比同楼层楼地面低 20mm。
3. 在设有地漏的有水房间，地面需做成 1% 坡度坡向地漏。地漏的具体位置见设施。
4. 门窗洞口阳角距地面 1.8m 高的范围内均用 1:2.5 水泥砂浆抹成 $R=30$mm 的圆角。

五、屋面工程

1. 屋面做法详见 98J1-13-12（A，100)，凡屋面留洞处及与女儿墙转角处均需加有胎体增强材料的附加层。
2. 外露雨水管及其他未注明外露铁件除锈后，均刷红丹防锈漆一道，再刷与墙面同色油漆两道。
3. 屋面应严格按照《屋面工程技术规范》(GB 50345—2004）规定的细部构造及施工要求进行施工。

六、装饰工程

1. 外墙面为深灰色及浅灰白色涂料（具体颜色参照效果图确定)，做法详见 98J1-29-14 和 98J1-29-16；勒脚为剁斧石，做法详见 98J1-28-11（A)。
2. 所有的雨篷板底均抹混合砂浆，外刷涂料，做法详见 98J1-28-11。
3. 室外台阶散水均设防冻胀中砂 300mm 厚；散水为细石混凝土散水，做法详见 98J1-100-4（A)，室外台阶为防滑花岗岩台阶，做法详见 98J1-107-10（B)。
4. 油漆做法：所有木门、门框及楼梯木扶手均刷乳白色磁漆，做法详见 98J1-94-6。
5. 卫生间脸盆及蹲便器安装应严格按照 98J12-51 中的有关做法进行。
6. 其余未注明部分按有关规范执行。

七、施工及验收

工程施工必须严格执行《建筑工程施工及验收规范》及有关规定。施工中各工种应紧密配合，如有问题应及时与设计单位协商解决。本图样未经许可不得自行更改。

八、其他

1. 防火卷帘均采用无机复合卷帘，耐火极限不应小于 3h，具体安装和预埋设置由厂家配合施工。
2. 防火窗上部与顶部及侧面与墙的缝隙均应采用不小于 3h 耐火极限的材料封堵。
3. 采用标准图集为《98 系列建筑标准设计图集》(98J1～12)。

图　2-3

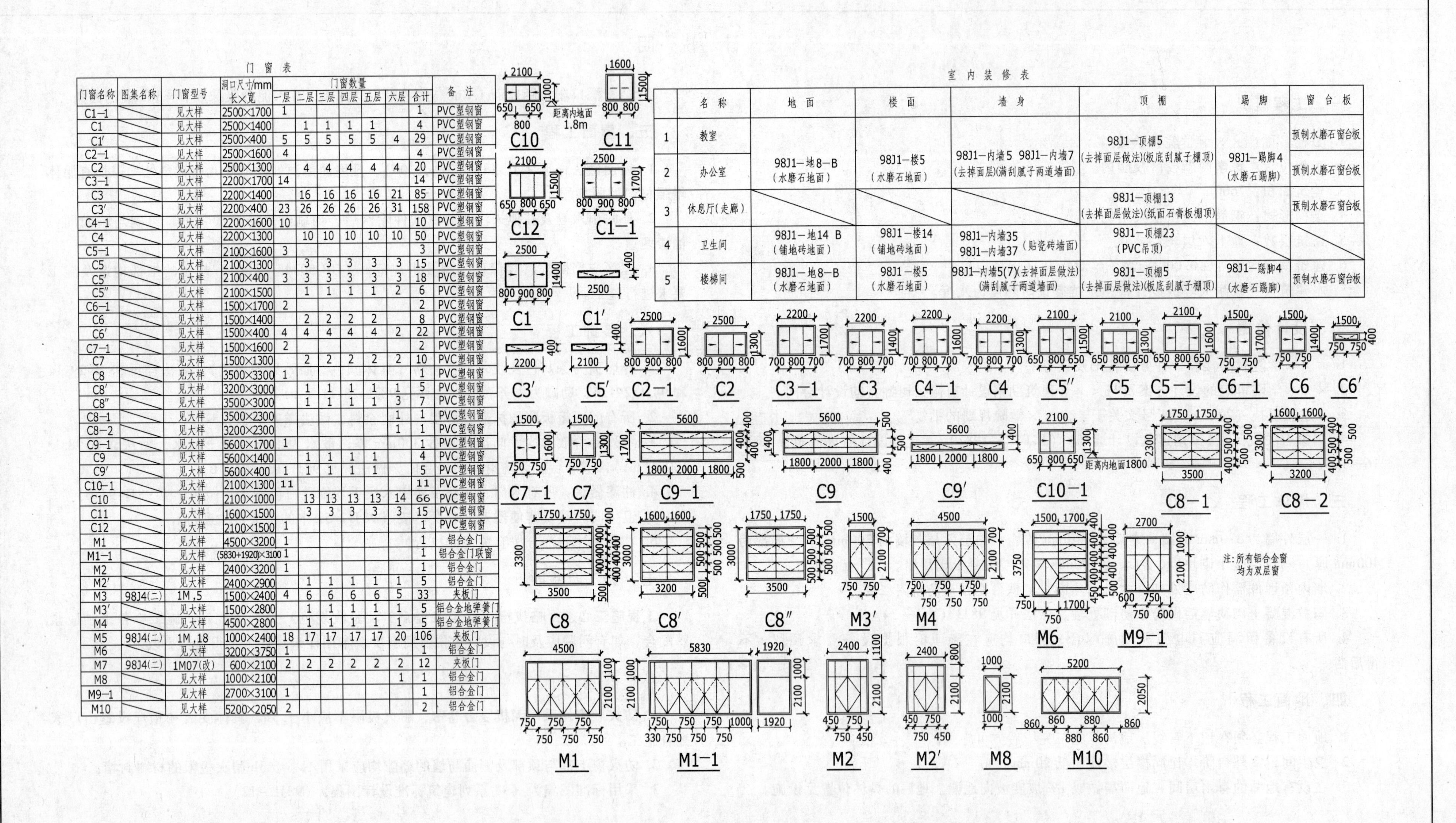

门 窗 表

门窗名称	图集名称	门窗型号	洞口尺寸/mm 长×宽	门窗数量 一层	二层	三层	四层	五层	六层	合计	备 注
C1—1		见大样	2500×1700	1						1	PVC塑钢窗
C1		见大样	2500×1400		1	1	1	1		4	PVC塑钢窗
C1′		见大样	2500×400	5	5	5	5	5	4	29	PVC塑钢窗
C2—1		见大样	2500×1600	4						4	PVC塑钢窗
C2		见大样	2500×1300		4	4	4	4	4	20	PVC塑钢窗
C3—1		见大样	2200×1700	14						14	PVC塑钢窗
C3		见大样	2200×1400		16	16	16	16	21	85	PVC塑钢窗
C3′		见大样	2200×400	23	26	26	26	26	31	158	PVC塑钢窗
C4—1		见大样	2200×1600	10						10	PVC塑钢窗
C4		见大样	2200×1300		10	10	10	10	10	50	PVC塑钢窗
C5—1		见大样	2100×1600	3						3	PVC塑钢窗
C5		见大样	2100×1300		3	3	3	3	3	15	PVC塑钢窗
C5′		见大样	2100×400	3	3	3	3	3	3	18	PVC塑钢窗
C5″		见大样	2100×1500		1	1	1	1	2	6	PVC塑钢窗
C6—1		见大样	1500×1700	2						2	PVC塑钢窗
C6		见大样	1500×1400		2	2	2	2		8	PVC塑钢窗
C6′		见大样	1500×400	4	4	4	4	4	2	22	PVC塑钢窗
C7—1		见大样	1500×1600	2						2	PVC塑钢窗
C7		见大样	1500×1300		2	2	2	2	2	10	PVC塑钢窗
C8		见大样	3500×3300	1						1	PVC塑钢窗
C8′		见大样	3200×3000		1	1	1	1	1	5	PVC塑钢窗
C8″		见大样	3500×3000		1	1	1	1	3	7	PVC塑钢窗
C8—1		见大样	3500×2300						1	1	PVC塑钢窗
C8—2		见大样	3200×2300						1	1	PVC塑钢窗
C9—1		见大样	5600×1700	1						1	PVC塑钢窗
C9		见大样	5600×1400		1	1	1	1		4	PVC塑钢窗
C9′		见大样	5600×400	1	1	1	1	1		5	PVC塑钢窗
C10—1		见大样	2100×1300	11						11	PVC塑钢窗
C10		见大样	2100×1000		13	13	13	13	14	66	PVC塑钢窗
C11		见大样	1600×1500		3	3	3	3	3	15	PVC塑钢窗
C12		见大样	2100×1500	1						1	PVC塑钢窗
M1		见大样	4500×3200	1						1	铝合金门
M1—1		见大样	(5830+1920)×3100	1						1	铝合金门联窗
M2		见大样	2400×3200	1						1	铝合金门
M2′		见大样	2400×2900		1	1	1	1	1	5	铝合金门
M3	98J4(二)	1M,5	1500×2400	4	6	6	6	6	5	33	夹板门
M3′		见大样	1500×2800		1	1	1	1	1	5	铝合金地弹簧门
M4		见大样	4500×2800		1	1	1	1	1	5	铝合金地弹簧门
M5	98J4(二)	1M,18	1000×2400	18	17	17	17	17	20	106	夹板门
M6		见大样	3200×3750	1						1	铝合金门
M7	98J4(二)	1M07(改)	600×2100	2	2	2	2	2	2	12	夹板门
M8		见大样	1000×2100						1	1	铝合金门
M9—1		见大样	2700×3100	1						1	铝合金门
M10		见大样	5200×2050	2						2	铝合金门

室 内 装 修 表

	名 称	地 面	楼 面	墙 身	顶 棚	踢 脚	窗 台 板
1	教室	98J1—地8—B (水磨石地面)	98J1—楼5 (水磨石地面)	98J1—内墙5 98J1—内墙7 (去掉面层)(满刮腻子两道墙面)	98J1—顶棚5 (去掉面层做法)(板底刮腻子棚顶)	98J1—踢脚4 (水磨石踢脚)	预制水磨石窗台板
2	办公室						预制水磨石窗台板
3	休息厅(走廊)				98J1—顶棚13 (去掉面层做法)(纸面石膏板棚顶)		预制水磨石窗台板
4	卫生间	98J1—地14 B (铺地砖地面)	98J1—楼14 (铺地砖地面)	98J1—内墙35 98J1—内墙37 (贴瓷砖墙面)	98J1—顶棚23 (PVC吊顶)		
5	楼梯间	98J1—地8—B (水磨石地面)	98J1—楼5 (水磨石地面)	98J1—内墙5(7)(去掉面层做法) (满刮腻子两道墙面)	98J1—顶棚5 (去掉面层做法)(板底刮腻子棚顶)	98J1—踢脚4 (水磨石踢脚)	预制水磨石窗台板

图 2-4

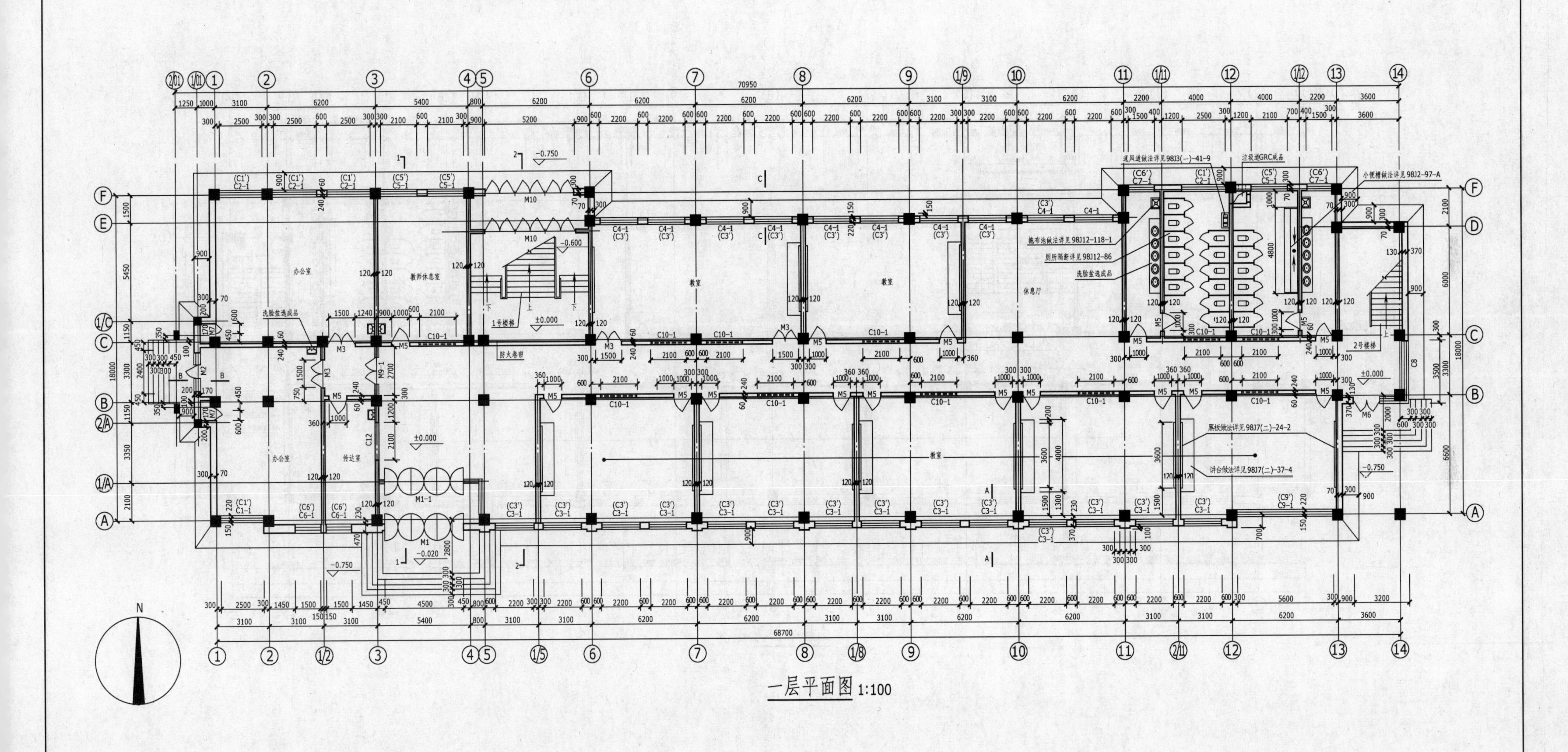

图 2-5

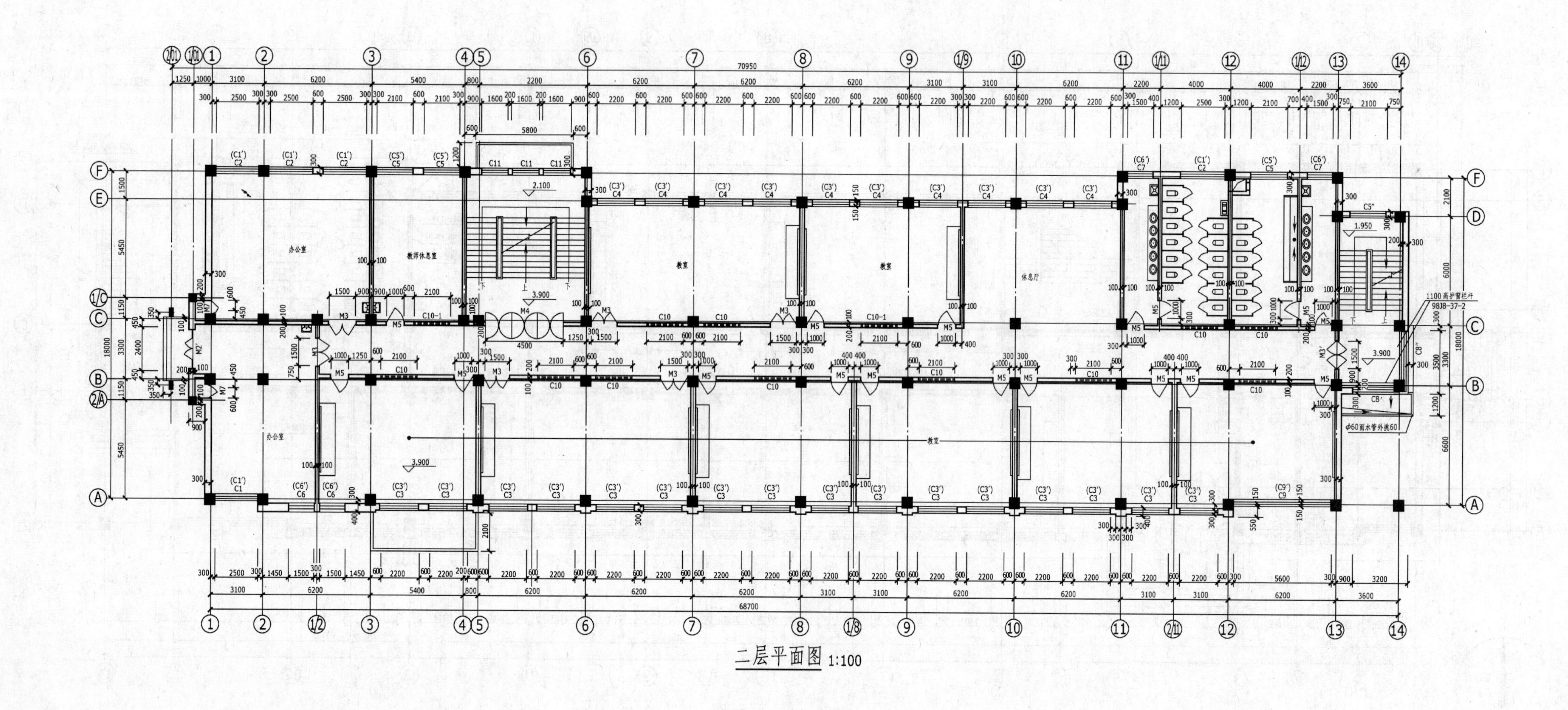

图 2-6

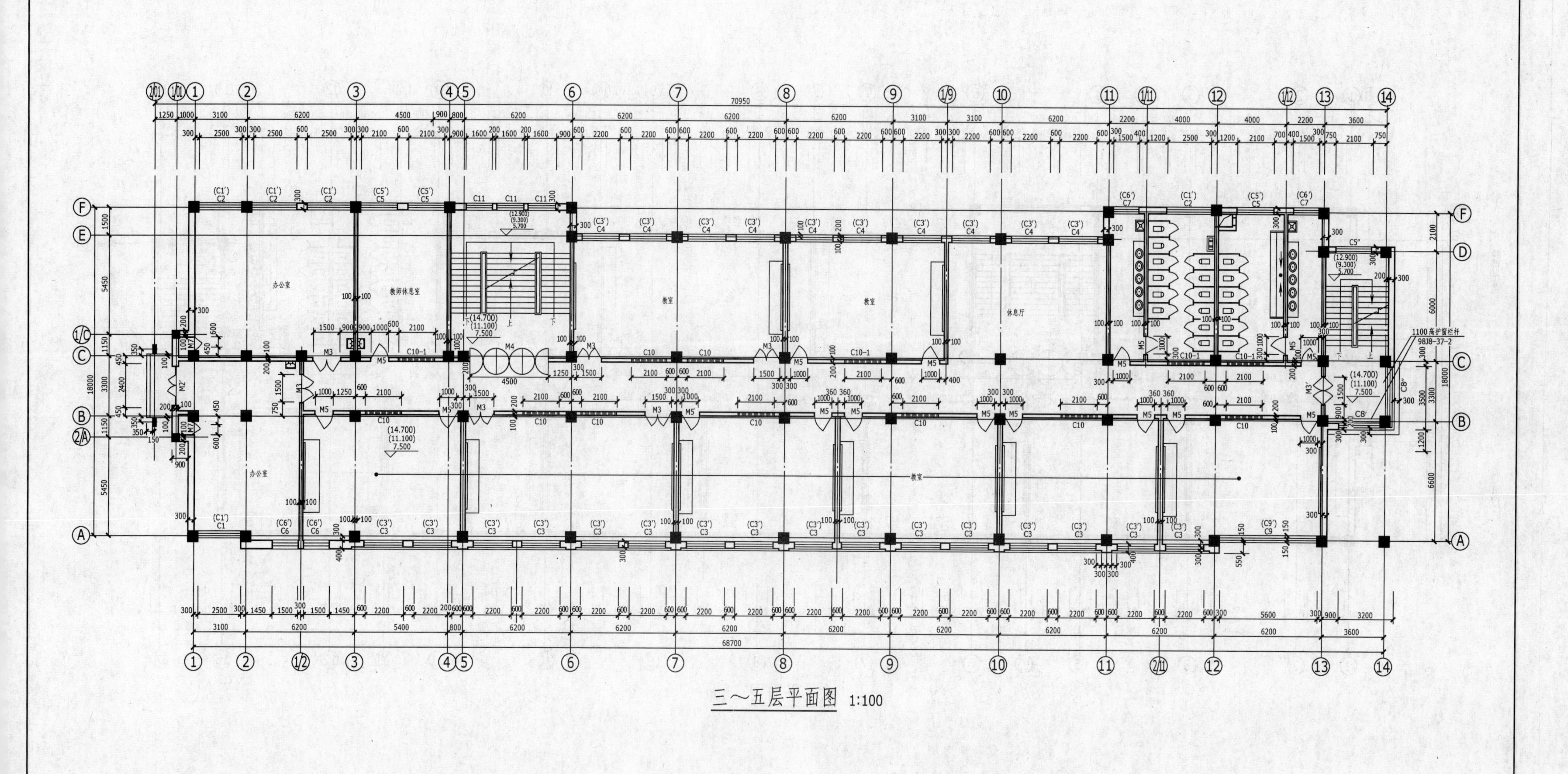

图 2-7

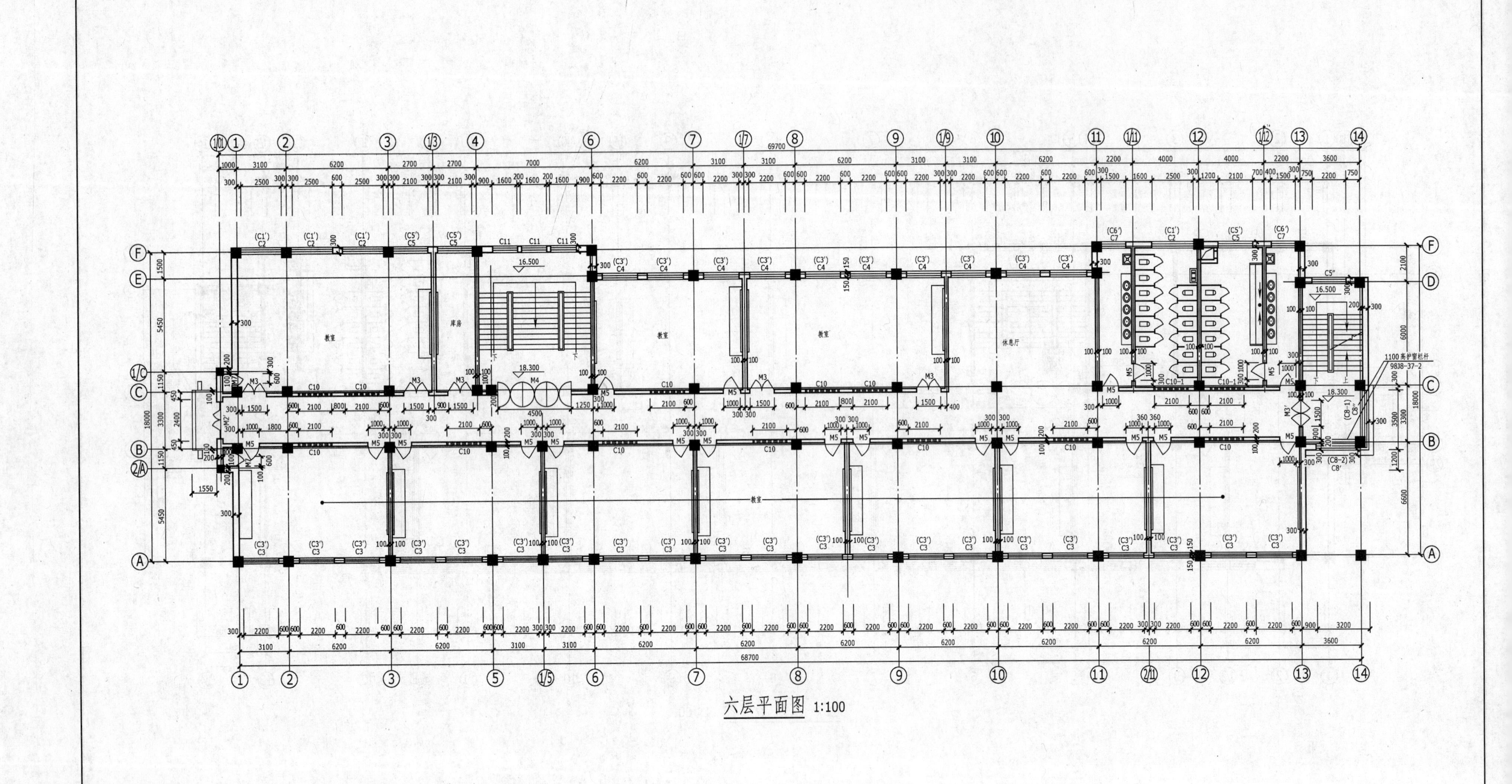

六层平面图 1:100

图 2-8

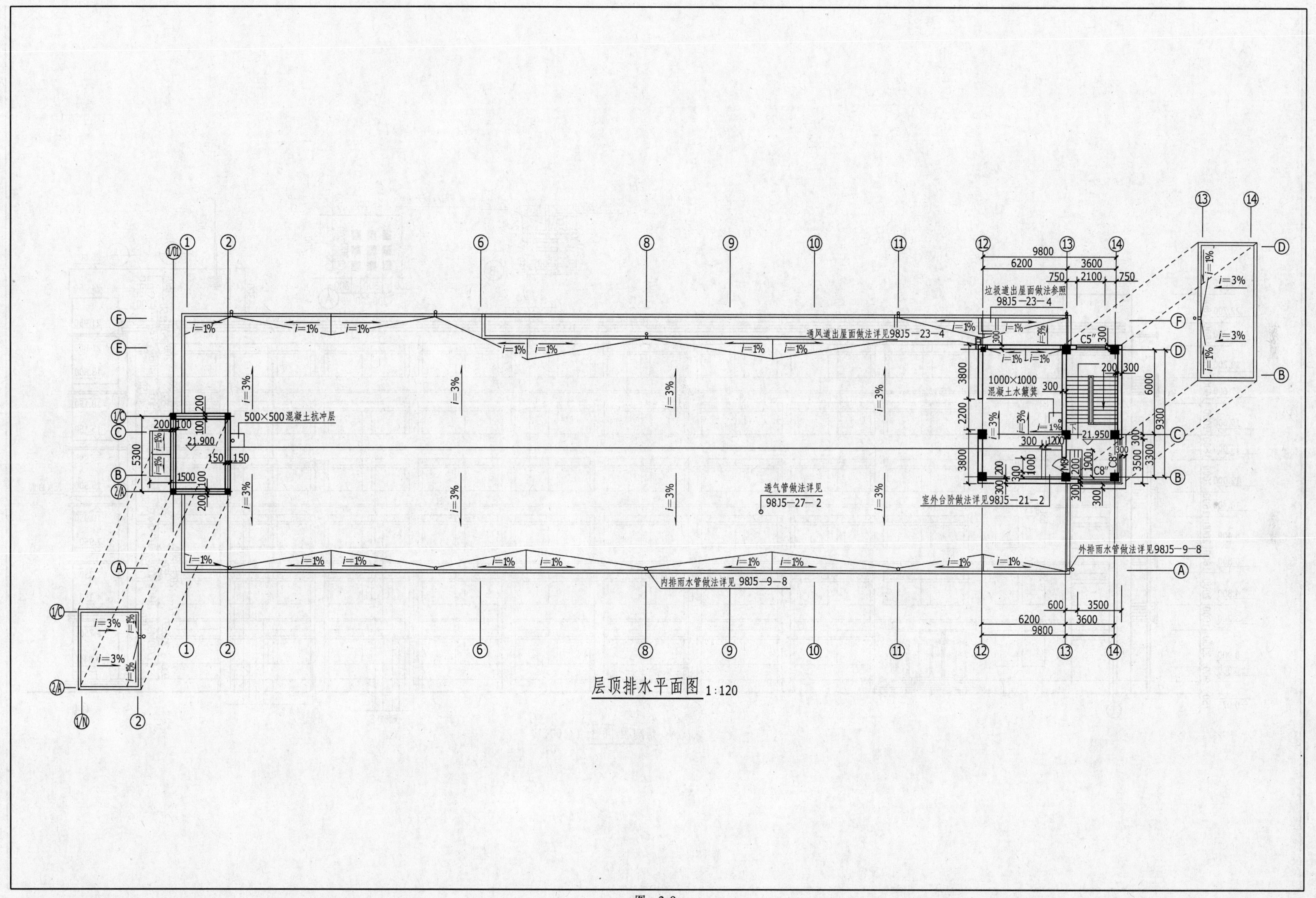

垃圾道出屋面做法参照
98J5－23－4
通风道出屋面做法详见98J5－23－4
1000×1000
混凝土水簸箕
500×500混凝土抗冲层
21.900
21.950
透气管做法详见
98J5－27－2
室外台阶做法详见98J5－21－2
外排雨水管做法详见98J5－9－8
内排雨水管做法详见 98J5－9－8
层顶排水平面图 1:120

图 2-9

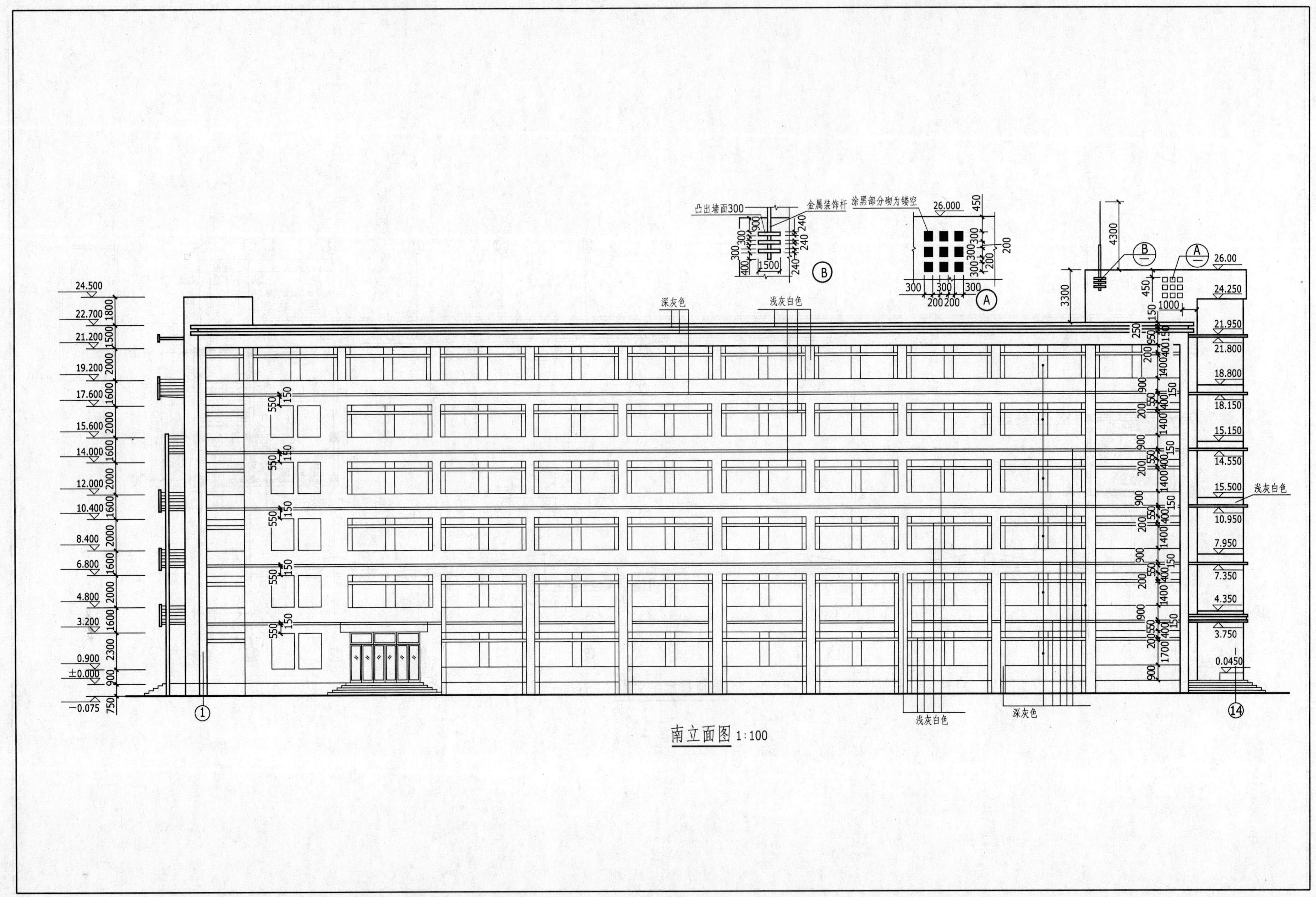

图 2-10

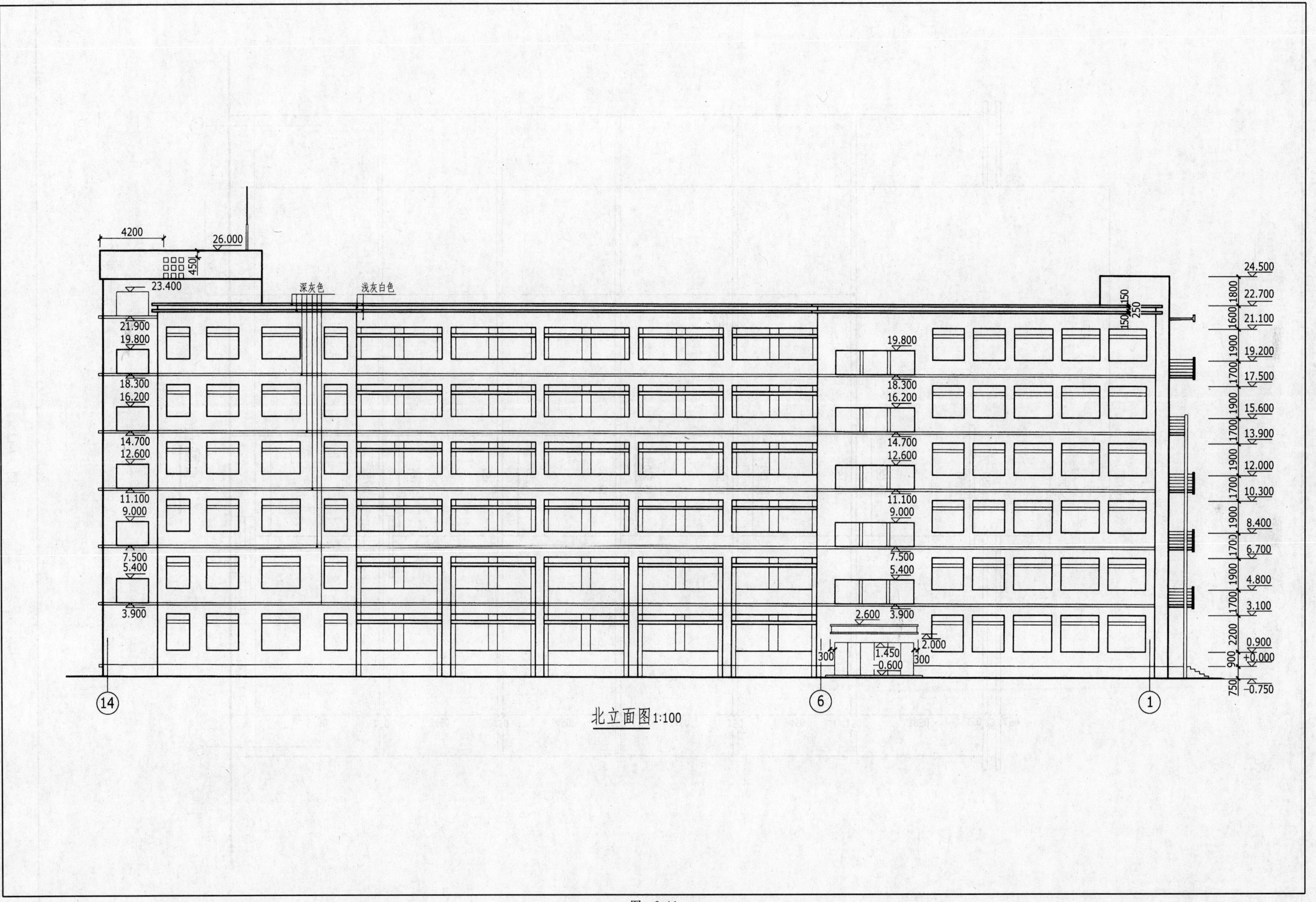

4200
26.000
450
23.400
深灰色
浅灰白色
21.900
19.800
18.300
16.200
14.700
12.600
11.100
9.000
7.500
5.400
3.900
2.600
1.450
-0.600
2.000
300
300
24.500
22.700
21.100
19.200
17.500
15.600
13.900
12.000
10.300
8.400
6.700
4.800
3.100
0.900
±0.000
-0.750
14
6
1
北立面图1:100

图 2-11

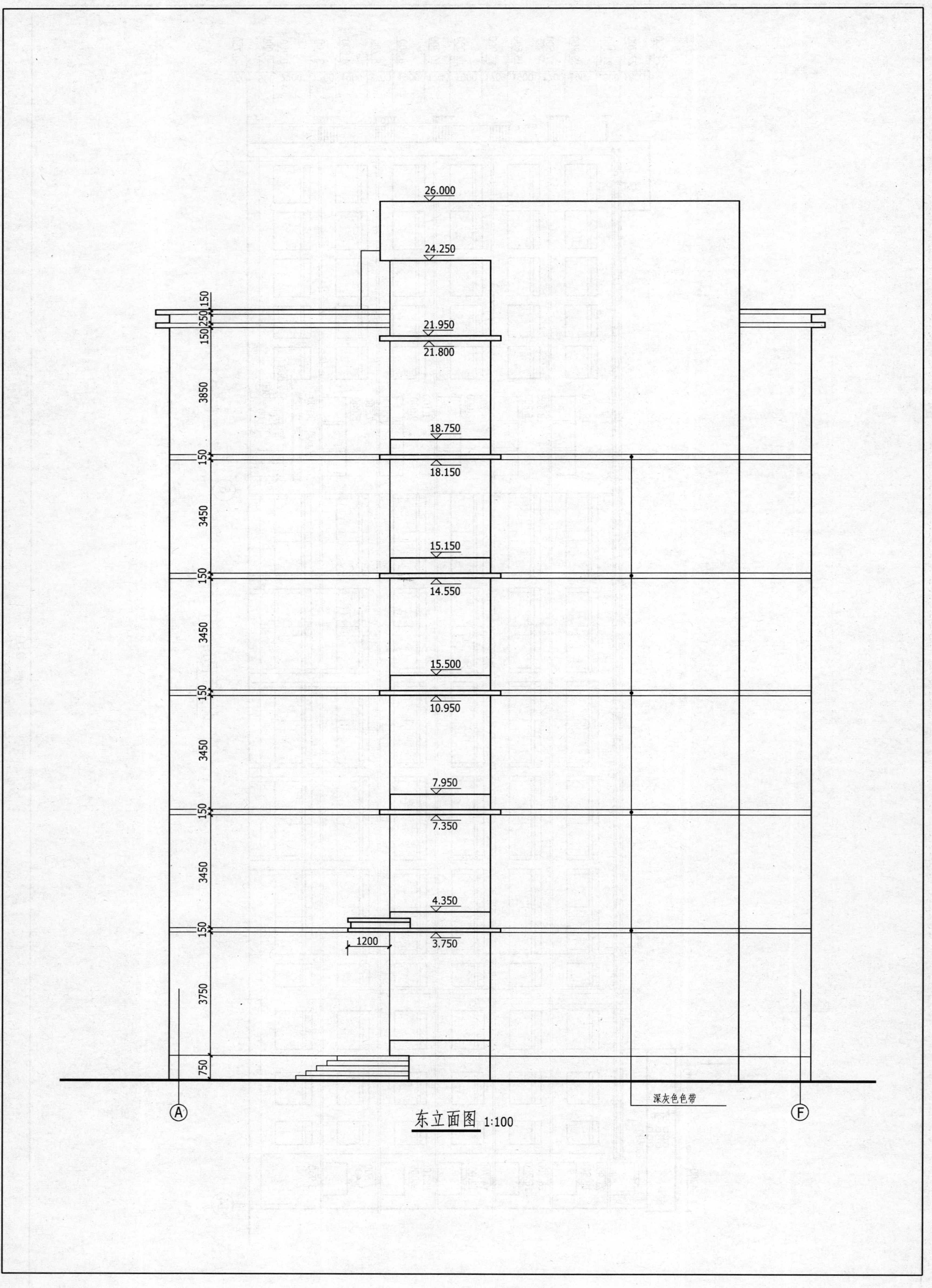
26.000
24.250
21.950
21.800
18.750
18.150
15.150
14.550
15.500
10.950
7.950
7.350
4.350
3.750
1200
150
250
150
3850
150
3450
150
3450
150
3450
150
3450
150
3750
750
深灰色色带
A
F
东立面图 1:100

图 2-12

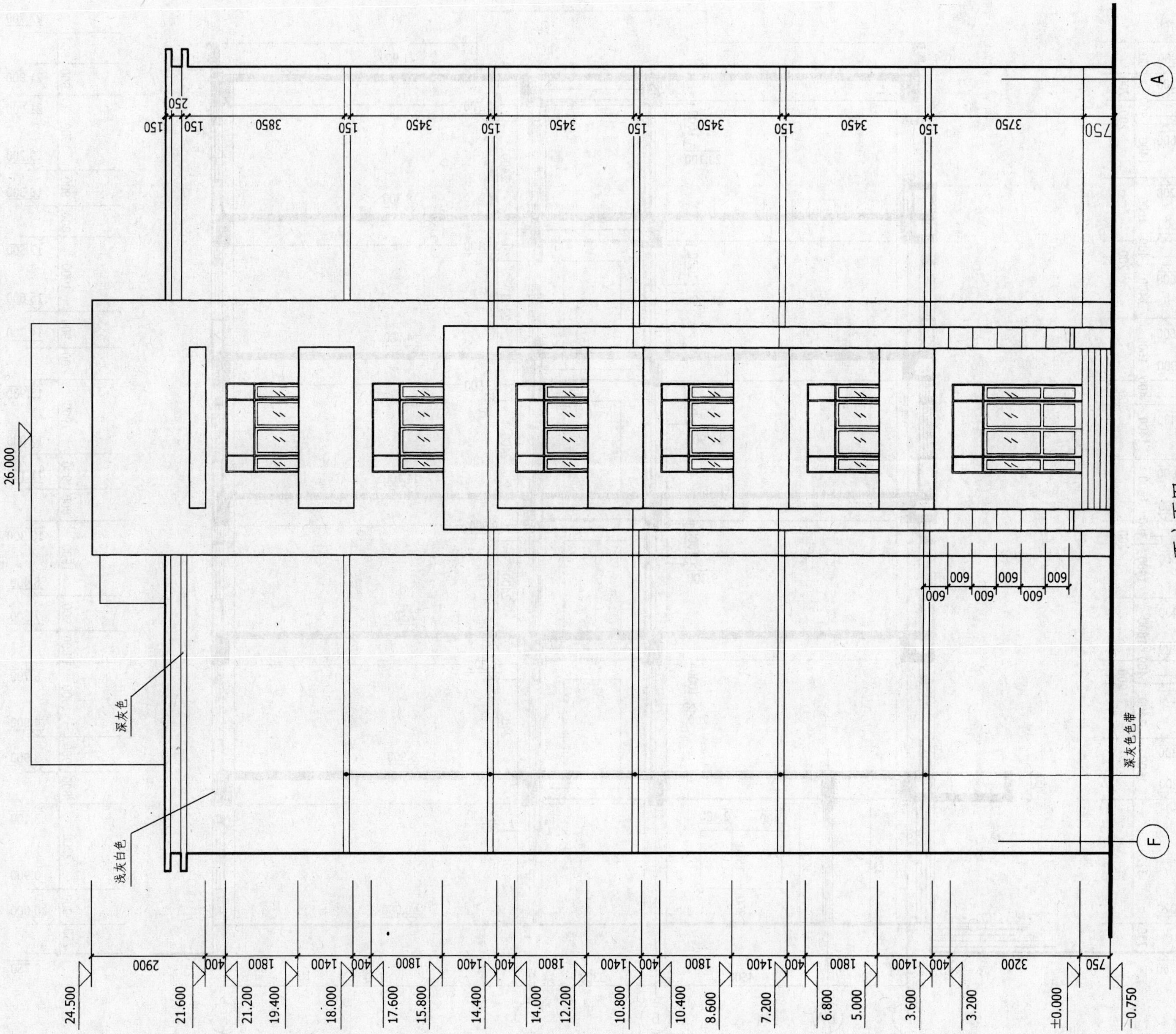

西立面图 1:100

图 2-13

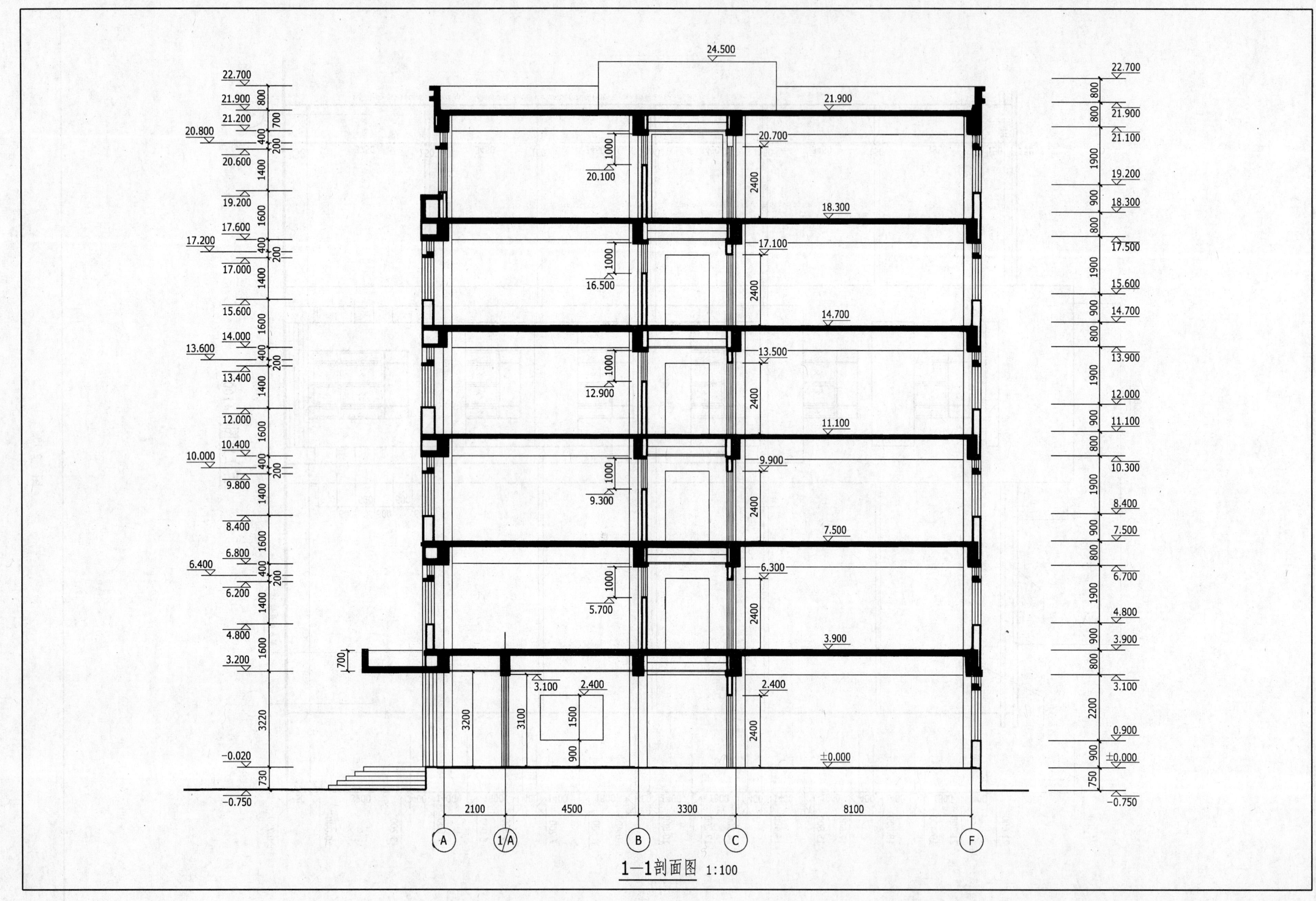

图 2-14

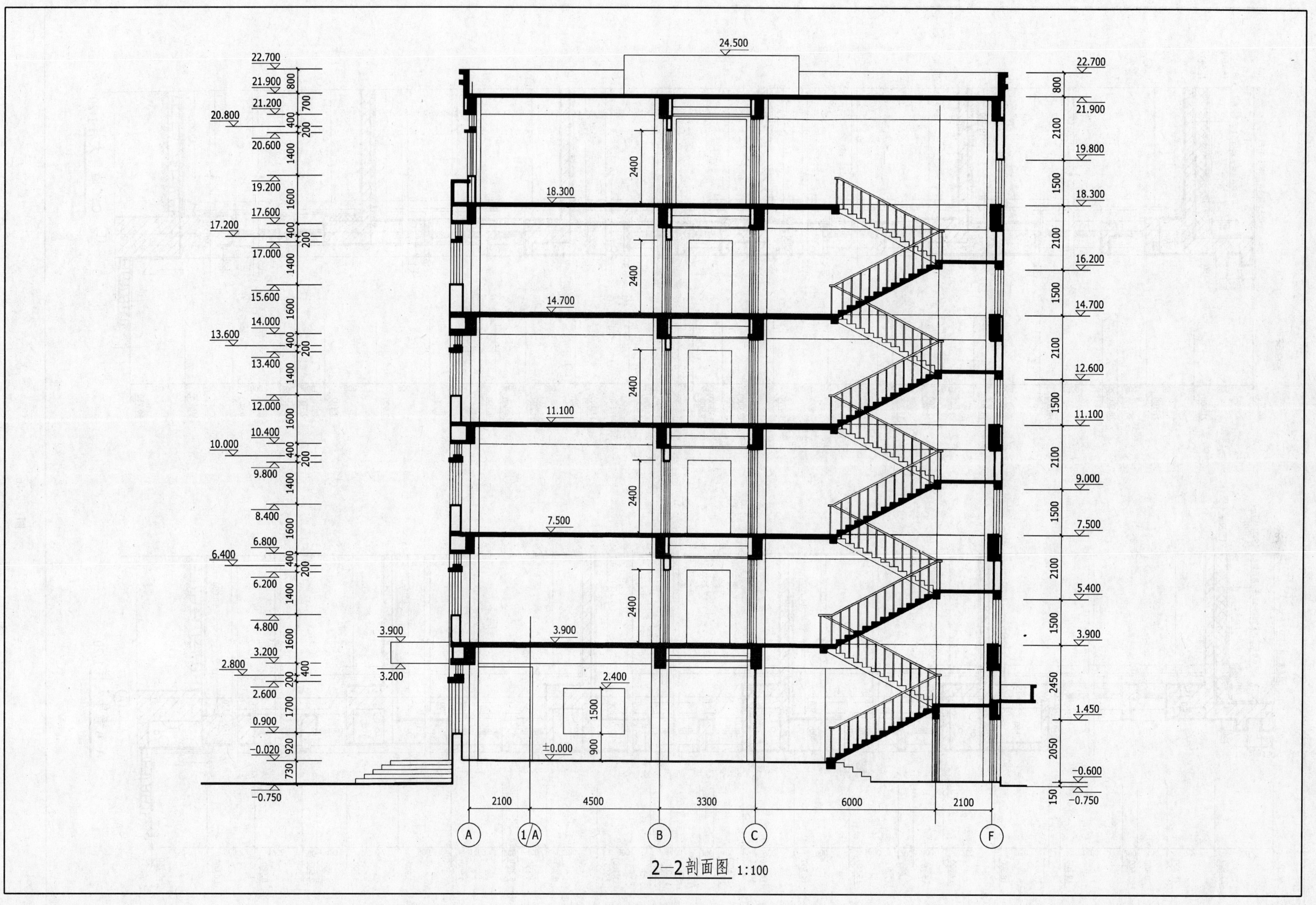
24.500
22.700
21.900
21.200
20.800
20.600
19.200
17.600
17.200
17.000
15.600
14.000
13.600
13.400
12.000
10.400
10.000
9.800
8.400
6.800
6.400
6.200
4.800
3.200
2.800
2.600
0.900
-0.020
-0.750
18.300
14.700
11.100
7.500
3.900
3.200
2.400
±0.000
19.800
16.200
12.600
9.000
5.400
1.450
-0.600
2100
4500
3300
6000
A
1/A
B
C
F
2—2剖面图 1:100

图 2-15

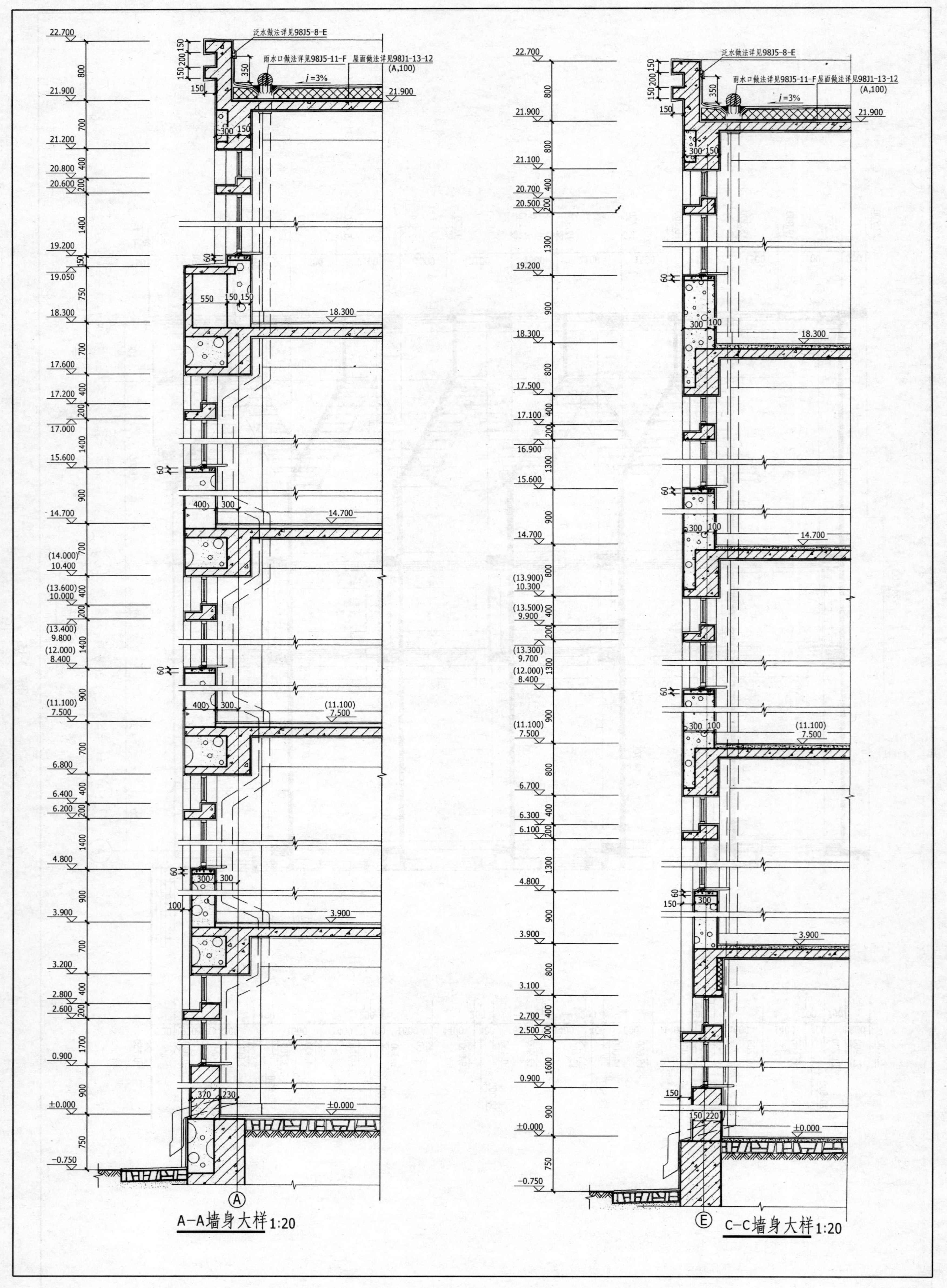
泛水做法详见98J5-8-E
雨水口做法详见98J5-11-F
屋面做法详见98J1-13-12
(A,100)
i=3%
22.700
21.900
21.200
20.800
20.600
19.200
19.050
18.300
17.600
17.200
17.000
15.600
14.700
(14.000)
10.400
(13.600)
10.000
(13.400)
9.800
(12.000)
8.400
(11.100)
7.500
6.800
6.400
6.200
4.800
3.900
3.200
2.800
2.600
0.900
±0.000
-0.750
21.100
20.700
20.500
17.500
17.100
16.900
(13.900)
10.300
(13.500)
9.900
(13.300)
9.700
6.700
6.300
6.100
3.100
2.700
2.500
A-A墙身大样1:20
C-C墙身大样1:20

图 2-16

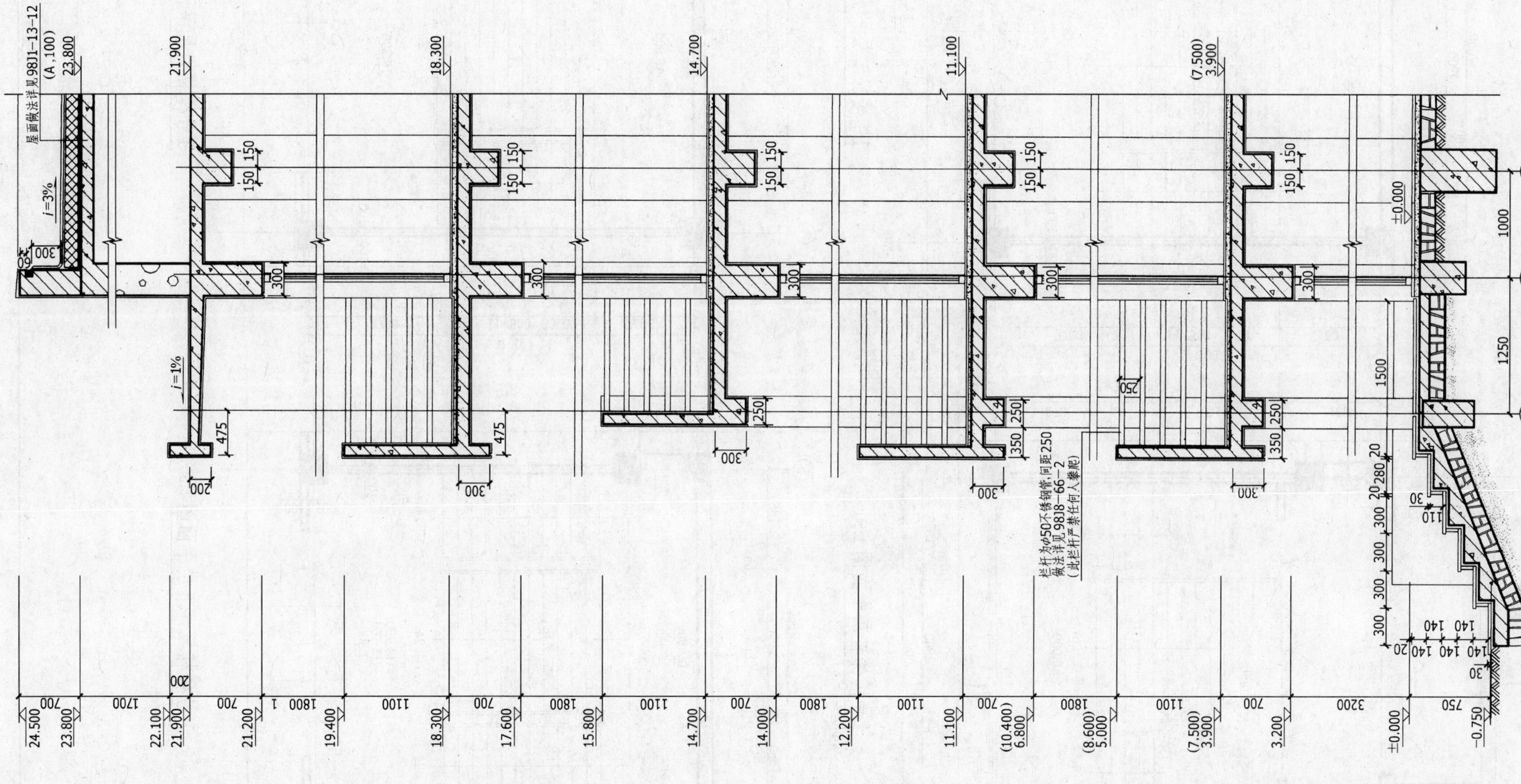

屋面做法详见98J1-13-12
(A,100)

栏杆为ϕ50不锈钢管,间距250
做法详见98J8-66-2
(此栏杆严禁任何人攀爬)

24.500
23.800
22.100
21.900
21.200
19.400
18.300
17.600
15.800
14.700
14.000
12.200
11.100
(10.400)
6.800
(8.600)
5.000
(7.500)
3.900
3.200
±0.000
-0.750

$i=3\%$
$i=1\%$

B—B 墙身大样 1:20

图 2-17

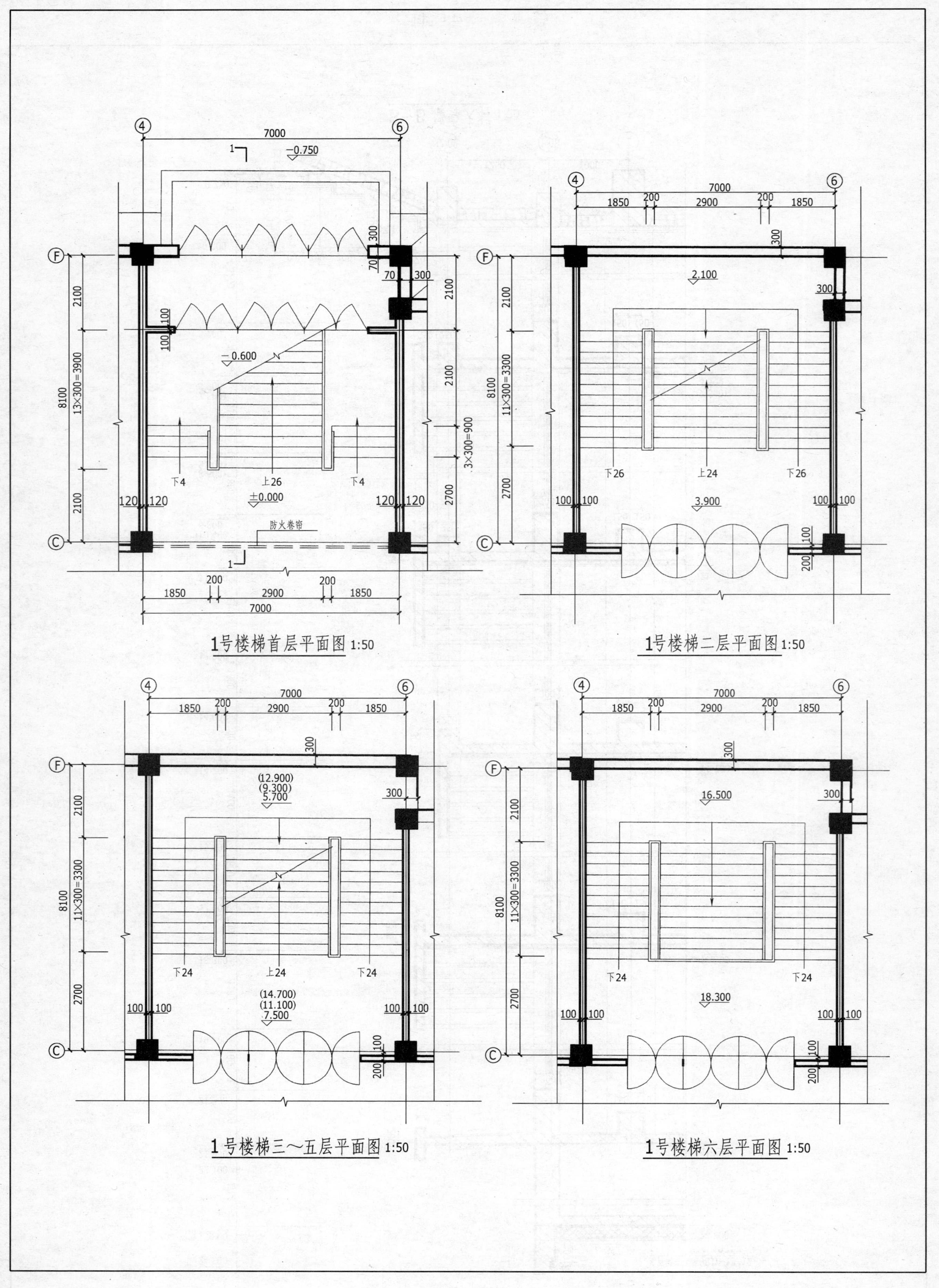
1号楼梯首层平面图 1:50
-0.750
-0.600
±0.000
上26
下4
防火卷帘
13×300=3900
3×300=900
1号楼梯二层平面图 1:50
2.100
3.900
上24
下26
11×300=3300
1号楼梯三～五层平面图 1:50
(12.900)
(9.300)
5.700
(14.700)
(11.100)
7.500
上24
下24
1号楼梯六层平面图 1:50
16.500
18.300
下24
7000
8100
1850
200
2900
2100
2700

图 2-18

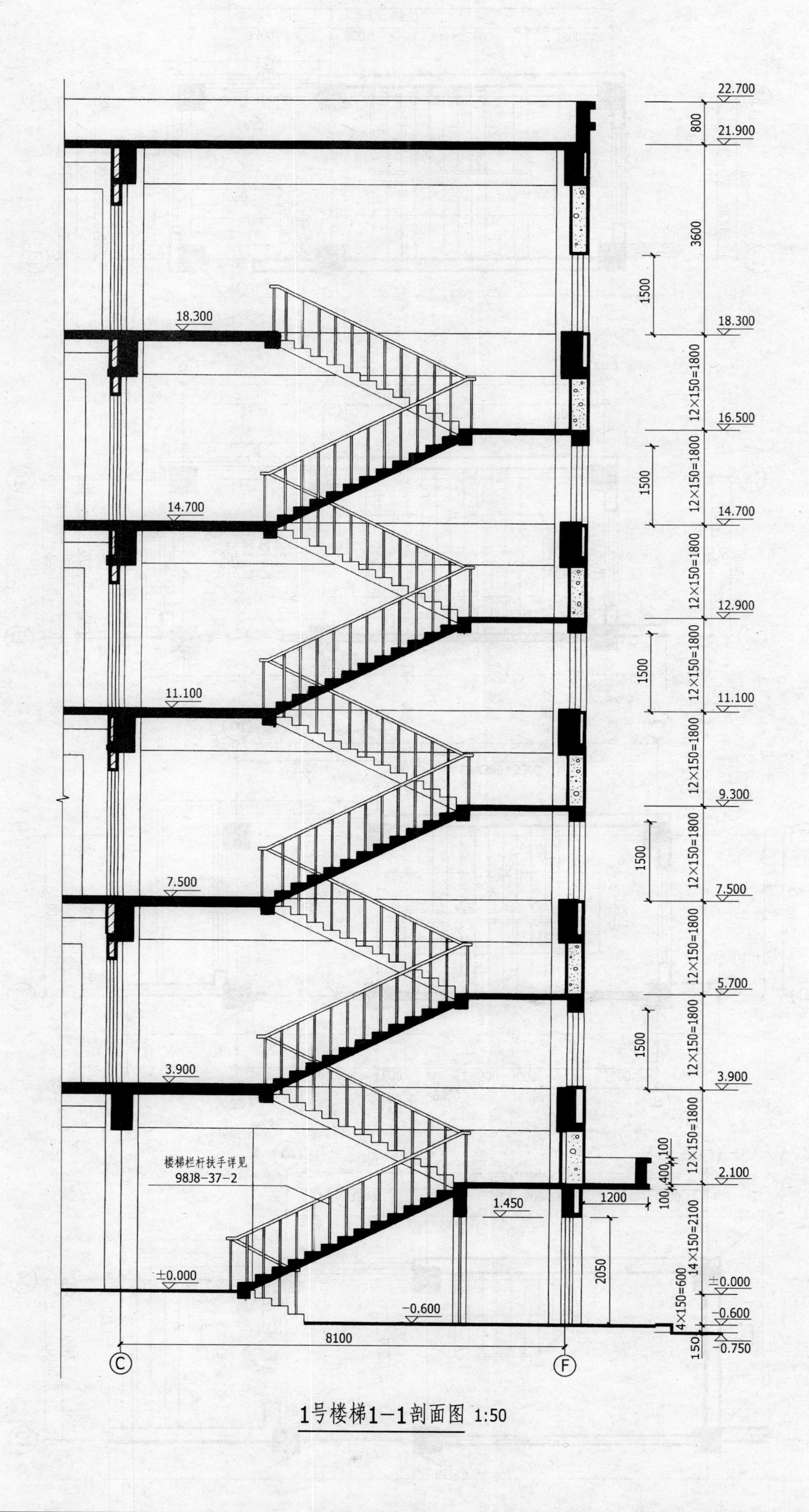

1号楼梯1-1剖面图 1:50

图 2-19

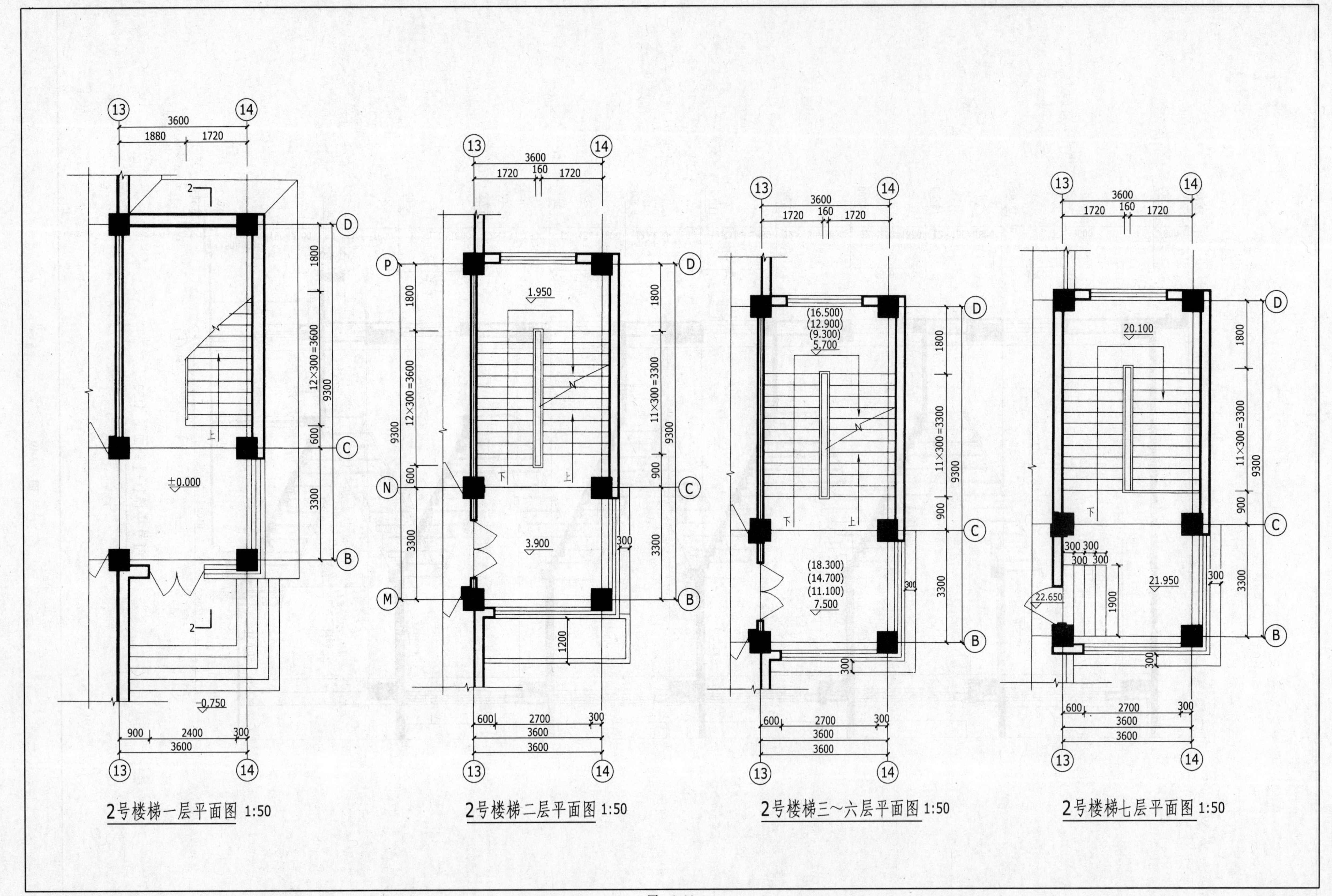

图 2-20

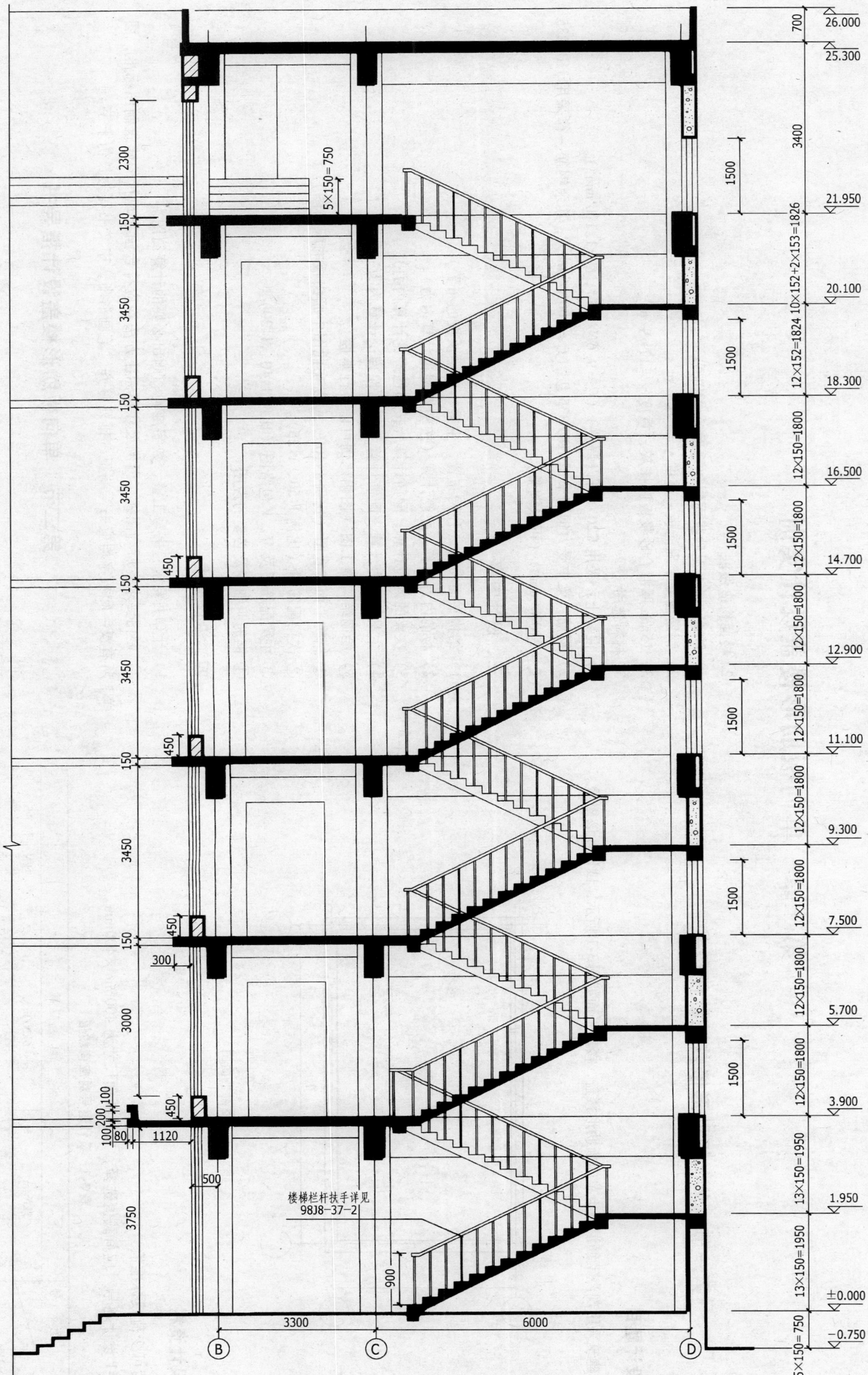

2号楼梯2—2剖面图 1:50

图 2-21

结构设计篇

第三章　单向板肋形楼盖设计实训

第一节　单向板肋形楼盖设计任务书

一、设计题目

某工业建筑采用现浇钢筋混凝土单向板肋形楼盖，楼盖平面如图3-1所示，试设计该楼盖。

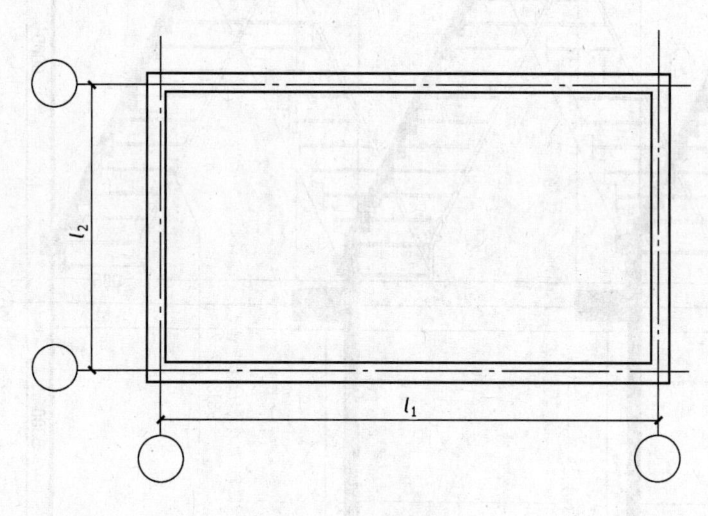

图3-1　楼盖平面图

二、设计资料

1. 楼面可变荷载标准值

按表3-1设计题号对应荷载值选择，中柱断面尺寸为400mm×400mm。

表3-1　设计题号对应荷载值

题号 / $\frac{l_1}{m}\times\frac{l_2}{m}$	可变荷载		
	$5kN/m^2$	$6kN/m^2$	$7kN/m^2$
30×18		1	2
30×20.7	3	4	5
36×20.7	6	7	

2. 楼面构造做法

1）20mm厚水泥砂浆面层，重度$\gamma=20kN/m^3$。

2）钢筋混凝土现浇板，重度$\gamma=25kN/m^3$。

3）15mm厚混合砂浆板底抹灰，重度$\gamma=17kN/m^3$。

3. 材料选用

1）混凝土：采用C20（可以调整）（$f_c=9.6N/mm^2$，$f_t=1.1N/mm^2$）。

2）钢筋：梁中受力钢筋采用HRB335级（$f_y=300N/mm^2$），其余钢筋一律采用HPB235级（$f_y=210N/mm^2$）（可以调整）。

三、设计内容

1）结构平面布置（柱网布置，主梁、次梁及板的布置）。

2）板的内力计算、配筋计算（按塑性理论计算内力）。

3）次梁的内力计算、配筋计算（按塑性理论计算内力）。

4）主梁的内力计算、配筋计算（按弹性理论计算内力）。

5）绘制结构施工图（图幅比例可以自行掌握）。

① 结构平面布置图（比例1:100，可以在此图中画出板的配筋图）。

② 次梁配筋图（比例1:50、1:25）。

③ 主梁配筋图及M、V包络图（比例1:40、1:20）。

④ 钢筋明细表及必要的说明。

四、设计要求

1）计算书要求：书写工整、数字准确、画出必要的计算简图。

2）制图要求：所有图线、图例尺寸和标注方法均应符合国家现行的建筑制图标准，图样上所有汉字和数字均应书写端正、排列整齐、笔画清晰，中文书写为长仿宋字。

第二节　单向板肋形楼盖设计指导书

一、结构平面布置

结构平面布置的主要任务是合理确定柱网和梁格。具体布置时应综合考虑建筑物的使用要求、生产工艺要求和水电设施等要求。择优选定布局合理、规则、经济和方便施工的方案。布置时应注意下列问题：

1）柱网宜布置成正方形或长方形，主梁的支座应设置在窗间墙或壁柱处，避开门窗洞口。主梁边支座墙体可设内壁柱，尺寸可为370mm×490mm或370mm×610mm等。

2）单向板跨度为2~4m，次梁跨度为4~6m，主梁跨度为6~8m较为合理，同时主梁跨度宜为板跨的3倍。

3）对于板、次梁、主梁，由于实际上不易得到完全相同的计算跨度，故宜将中间各跨布置成等跨，而两边跨可布置得稍小些，但中跨与边跨跨差不宜超过10%。

二、单向板的设计

1. 板厚

多跨连续板的厚度按不进行挠度验算条件应不小于 $l_0/40$，工业建筑现浇单向楼面板厚度应不小于70mm。

2. 选取计算单元

取1m宽板带为计算单元（在计算书中应表示出来）。

3. 计算跨度

按塑性内力重分布理论计算时，板的计算跨度可取

中跨 $$l_0=l_n$$

边跨 $$l_0=l_n+(h/2\text{ 和 }a/2\text{ 中较小者})$$

式中 l_0——计算跨度（m）；

l_n——净跨度（m）；

h——板的厚度（mm）；

a——板边支座的搁置长度（mm），当板支承在砖砌体上时 $a\geqslant120$mm 且 $a\geqslant h$。

4. 计算跨数

板跨不超过5跨时，按实际跨数考虑；超过5跨，但各跨荷载相同且跨度相同或相近（跨差不超过10%）时，可按5跨计算。这时除左右端各两跨外，中间各跨的内力均认为相同。

5. 荷载计算

作用于楼盖上的荷载有永久荷载和可变荷载两种。永久荷载包括钢筋混凝土楼板自重、构造层（面层、粉刷层等）重、隔墙和永久性设备重等。可变荷载包括人群和临时性设备等重。

6. 计算简图

详见本章设计实例。

7. 内力计算

计算公式 $$M=\alpha_m(g+q)l_0^2$$

式中 M——弯矩设计值（kN·m）；

α_m——板按塑性理论计算的弯矩系数，按表3-2选用；

g——均布恒载设计值（kN/m）；

q——均布活载设计值（kN/m）；

l_0——计算跨度（m）。

在计算支座弯矩时，可取支座左右跨度的较大值作为计算跨度。

表3-2 板按塑性理论计算的弯矩系数 α_m

截面位置	边跨中	第一内支座	中跨中	中间支座
α_m	$\frac{1}{11}$	$-\frac{1}{14}$	$\frac{1}{16}$	$-\frac{1}{16}$

8. 配筋计算

根据各跨跨中及支座弯矩可列成表3-3的形式进行计算，计算时应注意以下几个问题：

1）对四周与梁整浇板的跨中及中间支座计算弯矩可减少20%，其他截面则不应减少。

2）为便于施工，在同一板中钢筋直径的种类不宜超过两种，并注意相邻两跨跨中及支座钢筋间距宜取相同或整数倍。

3）若采用弯起式配筋，同一板带中各截面的受力钢筋宜选用相同的间距和不同的直径，以调整各截面钢筋的需要。

表3-3 板正截面配筋计算表

截面	边跨中	第一内支座	中跨中	中间内支座
荷载设计值 p/(kN/m)				
计算跨度 l_0/mm				
弯矩系数 α_m				
弯矩 M/(kN·m)				
$\alpha_s=M/(\alpha_1 f_c bh_0^2)$				
$\gamma_s=0.5(1+\sqrt{1-2\alpha_s})$				
$A_s=M/(f_y\gamma_s h_0)$/mm^2				
选配钢筋				
实配钢筋面积/mm^2				

9. 确定各种构造钢筋

（1）分布钢筋　单向板除沿受力方向布置受力钢筋外，尚应沿垂直受力方向布置分布钢筋。单位长度上分布钢筋的截面面积不宜小于单位宽度上受力钢筋截面面积的15%，且不宜小于该方向板截面面积的0.15%；分布钢筋的间距不宜大于250mm，直径不宜小于6mm。分布钢筋应配置在受力钢筋弯折处及直线段内。

（2）嵌入墙内的板面附加钢筋　对于嵌固在承重砌体墙内的现浇混凝土板应沿支承周边配置上部构造钢筋，其直径不宜小于8mm，间距不宜大于200mm，其伸入板内的长度从墙边算起不宜小于板短边跨度的1/7；在两边嵌固于墙内的板角部分，应配置双向上部构造钢筋，该钢筋伸入板内的长度从墙边算起不宜小于板短边跨度的1/4；沿板的受力方向配置的上部构造钢筋，其截面面积不宜小于该方向跨中受力钢筋截面面积的1/3；沿非受力方向配置的上部构造钢筋，可根据经验适当减少。

（3）垂直于主梁的板面附加钢筋　按《混凝土结构设计规范》（GB 50010—2002）第10.1.6条取用。

10. 绘制配筋图

详见本章设计实例。

三、次梁的设计

1. 确定截面尺寸

次梁高度 $h=(1/18\sim1/12)l_0$，次梁宽度 $b=(1/3\sim1/2)h$。

2. 负荷范围

确定次梁的负荷范围并在计算书中表示出来。

3. 计算跨度

按塑性内力重分布理论计算时，次梁的计算跨度可取

中跨 $l_0=l_n$

边跨 $l_0=l_n+(0.025l_n \text{ 和 } a/2 \text{ 中较小者})$

式中 l_0——计算跨度（m）；

l_n——净跨度（m）；

a——次梁边支座的搁置长度（mm）。当次梁支承在砖砌体上时，若梁高 $h\leqslant500$mm 时，$a\geqslant180$mm；若梁高 $h>500$mm 时，$a\geqslant240$mm。

4. 计算跨数

不超过5跨时，按实际跨数考虑；超过5跨，但各跨荷载相同且跨度相同或相近（跨差不超过10%）时，可按5跨计算。这时除左右端各两跨外，中间各跨的内力均认为相同。

5. 荷载计算

次梁承受由单向板传来的荷载（永久荷载、可变荷载）及次梁自重（永久荷载）。

6. 计算简图

详见本章设计实例。

7. 内力计算

计算公式

$$M=\alpha_m(g+q)l_0^2$$
$$V=\alpha_v(g+q)l_n$$

式中 M——弯矩设计值（kN·m）；

V——剪力设计值（kN）；

α_m——弯矩系数，按表3-4选用；

α_v——剪力系数，按表3-5选用；

g——均布恒载设计值（kN/m）；

q——均布活载设计值（kN/m）；

l_0——计算跨度（m）；

l_n——净跨度（m）。

在计算支座弯矩时，可取支座左右跨度的较大值作为计算跨度。

表3-4 次梁弯矩系数 α_m

截面位置	边跨中	第一内支座	中跨中	中间支座
α_m	$\frac{1}{11}$	$-\frac{1}{11}$	$\frac{1}{16}$	$-\frac{1}{16}$

表3-5 次梁剪力系数 α_v

截面位置	边支座	第一内支座左	第一内支座右	中间支座左	中间支座右
α_v	0.4	0.6	0.5	0.5	0.5

8. 配筋计算

次梁的配筋计算包括正截面承载力和斜截面承载力计算两部分。

1）正截面承载力计算。可列成表3-6的形式进行计算。跨中按T形截面计算，其翼缘宽度 b_f' 按《混凝土结构设计规范》（GB 50010—2002）第7.2.3条取用。支座截面按矩形截面计算。

表3-6 次梁正截面配筋计算表

截面位置	边跨中	第一内支座	中跨中	中间支座
计算跨度 l_0/mm				
弯矩系数 α_m				
弯矩 M/(kN·m)				
b 或 b_f'/mm				
$\alpha_s=M/(\alpha_1 f_c bh_0^2)$ 或 $\alpha_s=M/(\alpha_1 f_c b_f' h_0^2)$				
$\gamma_s=0.5(1+\sqrt{1-2\alpha_s})$				
$A_s=M/(f_y\gamma_s h_0)$/mm²				
选配钢筋				
实配钢筋面积/mm²				

2）斜截面承载力计算。可列成表3-7的形式进行计算。实配箍筋取用时应注意箍筋最小直径及最大间距的要求。

表3-7 次梁斜截面配筋计算表

截面位置	边支座（支座A）	第一内支座左侧（支座B左）	第一内支座右侧（支座B右）	中间支座（支座C）
净跨 l_n/m				
剪力系数 α_v				
剪力 V/kN				
$0.25\beta_c f_c bh_0$/kN				
$0.7f_t bh_0$/kN				
箍筋肢数、直径				
$A_{sv}=nA_{sv1}$/mm²				
$s=1.25f_{yv}A_{sv}h_0/(V-0.7f_t bh_0)$/mm				
实配箍筋间距/mm				
箍筋最大间距/mm				

9. 确定受力筋弯起和切断位置

对跨度相差不超过20%，承受均布荷载的次梁，当 $g/q\leqslant3$ 时，可按图3-2布置钢筋。

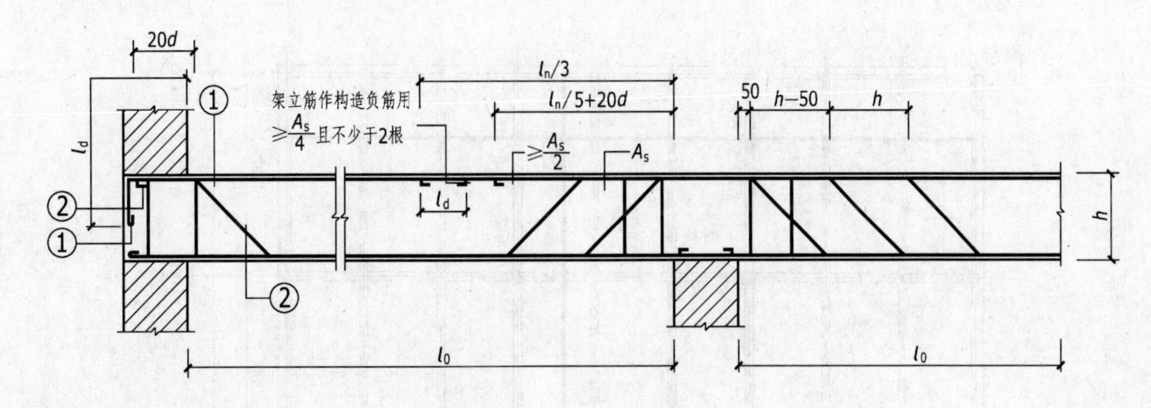

图 3-2　次梁配筋构造图

10. 绘制配筋图

详见本章设计实例。

四、主梁的设计

1. 确定截面尺寸

主梁高度 $h=(1/14\sim1/8)l_0$，主梁宽度 $b=(1/3\sim1/2)h$。

2. 负荷范围

确定主梁的负荷范围并在计算书中表示出来。

3. 计算跨度

按弹性理论计算时，主梁的计算跨度可取

中跨 $$l_0=l_n+b$$

边跨 $$l_0=l_n+b/2+(0.025l_n \text{ 和 } a/2 \text{ 中较小者})$$

式中 l_0——计算跨度（m）；

l_n——净跨度（m）；

a——主梁边支座的搁置长度（mm），当梁支承在砖砌体上时，若梁高 $h\leqslant500$mm 时，$a\geqslant180\sim240$mm；若梁高 $h>500$mm 时，$a\geqslant370$mm；

b——中间支座宽度（mm）。

4. 计算跨数

按实际跨数考虑。

5. 荷载计算

主梁承受由次梁传来的荷载（集中力）及主梁自重（为了简化计算也折算为集中力）。

6. 计算简图

详见本章设计实例。

7. 内力计算

计算公式 $$M=k_1Gl_0+k_2Ql_0$$
$$V=k_3G+k_4Q$$

式中 M——弯矩设计值（kN·m）；

V——剪力设计值（kN）；

k_1、k_2——永久荷载和可变荷载作用下的弯矩系数；

k_3、k_4——永久荷载和可变荷载作用下的剪力系数；

G——永久荷载设计值（kN）；

Q——可变荷载设计值（kN）；

l_0——计算跨度（m）。

在计算支座截面弯矩时，可取支座左右跨度的平均值作为计算跨度。

8. 配筋计算

主梁的配筋计算包括正截面承载力计算和斜截面承载力计算两部分，其计算方法与次梁相同。

9. 主、次梁相交处附加横向钢筋的计算

在次梁上与主梁相交处，负弯矩会使次梁顶部受拉区出现裂缝，因此，次梁仅靠未裂的下部截面（高度约为宽度 b）将集中力传给主梁，这将使主梁中下部产生约为45°的斜裂缝而发生局部破坏。因此，必须在主梁上的次梁截面两侧设置附加横向钢筋。附加横向钢筋应布置在长度 $s=3b+2h_1$ 的范围内，b 为次梁宽度，h_1 为主次梁的底面高差。附加横向钢筋宜优先采用箍筋，当次梁两侧各设3道附加箍筋（从距次梁侧面50mm处布置，间距50mm），仍不满足要求时，应改用（或增设）附加吊筋。附加横向钢筋的用量按下式计算：

$$F\leqslant mA_{sv}f_{yv}+2A_{sb}f_y\sin\alpha_s$$

式中 F——次梁传给主梁的集中荷载设计值（N）；

m——在宽度 s 范围内的附加箍筋道数；

A_{sv}——每道附加箍筋的截面面积，$A_{sv}=nA_{sv1}$，n 为每道箍筋的肢数，A_{sv1} 为单肢箍筋的截面面积（mm²）；

A_{sb}——附加吊筋的截面面积（mm²）；

f_{yv}——附加箍筋的抗拉强度设计值（N/mm²）；

f_y——附加吊筋的抗拉强度设计值（N/mm²）；

α_s——附加吊筋与梁纵轴线的夹角，一般为45°，梁高大于800mm时为60°。

10. 绘制主梁的弯矩与剪力包络图

将各种最不利荷载作用下的弯矩图或剪力图以同一比例绘在同一基线上，取其外包线就得到弯矩包络图或剪力包络图。弯矩包络图与剪力包络图表示梁的各截面有可能产生的最大及最小弯矩与剪力值。

（1）弯矩包络图的绘制方法与步骤　根据最不利荷载布置，分别求出各跨左、右支座的弯矩值，以两支座间的连线为基线，绘出该跨在相应荷载（恒载或恒载加活载）作用下的简支梁弯矩图，取各种情况下弯矩图的外包线即得弯矩包络图。

（2）剪力包络图的绘制方法与步骤　根据最不利荷载布置，分别求出各跨左、右支座的最大剪力值（取绝对值），用同一比例绘在支座上，同时绘出相应荷载作用下的跨中剪力图，取各跨两个剪力图（左支座最大，右支座最小）的外包线，即得剪力包络图。

11. 绘制材料图、确定纵筋弯起和截断位置

1）根据正截面承载力计算实际选配的钢筋截面面积，可算出跨中及支座截面的最大抵抗弯矩值，用绘制包络图的同一比例将抵抗弯矩值标在包络图的纵坐标上，再按每根钢筋截面面积的比例，把每根纵筋承担的弯矩值分段标在纵坐标轴上。

2）过各分段点作水平线与弯矩包络图相交，即得每根钢筋的“充分利用点”和“理论

断点”。

3）根据材料图形必须包住弯矩图形的原则，确定每根钢筋的弯起和截断位置。在钢筋截面相同的区段，材料图形是平行线。钢筋弯起后，材料图形是斜折线。钢筋切断时，材料图形是阶梯形。

4）钢筋的截断和弯起应符合下列要求：

① 弯起钢筋应在充分利用截面以外距离充分利用点为 $s \geqslant h_0/2$ 的截面弯起。

② 截断钢筋应在“理论断点”所在的截面伸出一定的长度后再截断，该伸出长度应符合《混凝土结构设计规范》（GB 50010—2002）第 10.2.3 条的有关规定。

5）根据构造要求确定纵向受力钢筋伸入支座的锚固长度。锚固长度应符合《混凝土结构设计规范》（GB 50010—2002）的有关规定。

6）根据计算结果和构造要求绘制主梁配筋图（详见本章设计实例）。

五、参考资料

1. 规范

《混凝土结构设计规范》（GB 50010—2002）

《建筑结构荷载规范》（GB 50009—2001）

《建筑抗震设计规范》（GB 50011—2001）

2. 手册

《建筑结构计算手册》

《简明混凝土结构设计手册》

3. 参考书

《建筑结构》

第三节　设计成果

设计本章第一节任务书中的题目：$l_1=30\text{m}$，$l_2=20.7\text{m}$。结构平面布置如图 3-3 所示。

一、单向板的设计

1. 板厚及主、次梁截面尺寸

多跨连续板的厚度按不进行挠度验算条件应不小于 $l_0/40$，同时对于现浇工业建筑单向楼面板厚度应不小于 70mm。

$l_0/40=(2300/40)\text{mm}=57.5\text{mm}$，取板厚 $h=80\text{mm}$。

次梁的截面高度 $h=(1/18\sim1/12)l_0=(1/18\sim1/12)\times6000\text{mm}=333\sim500\text{mm}$，考虑本例楼面荷载较大，故取 $h=450\text{mm}$。

次梁的截面宽度 $b=(1/3\sim1/2)h=(1/3\sim1/2)\times450\text{mm}=150\sim225\text{mm}$，取 $b=200\text{mm}$。

主梁的截面高度 $h=(1/14\sim1/8)l_0=(1/14\sim1/8)\times6900\text{mm}=493\sim863\text{mm}$，取 $h=650\text{mm}$。

主梁的截面宽度 $b=(1/3\sim1/2)h=(1/3\sim1/2)\times650\text{mm}=217\sim325\text{mm}$，取 $b=250\text{mm}$。

2. 选取计算单元

取 1m 宽板带为计算单元。

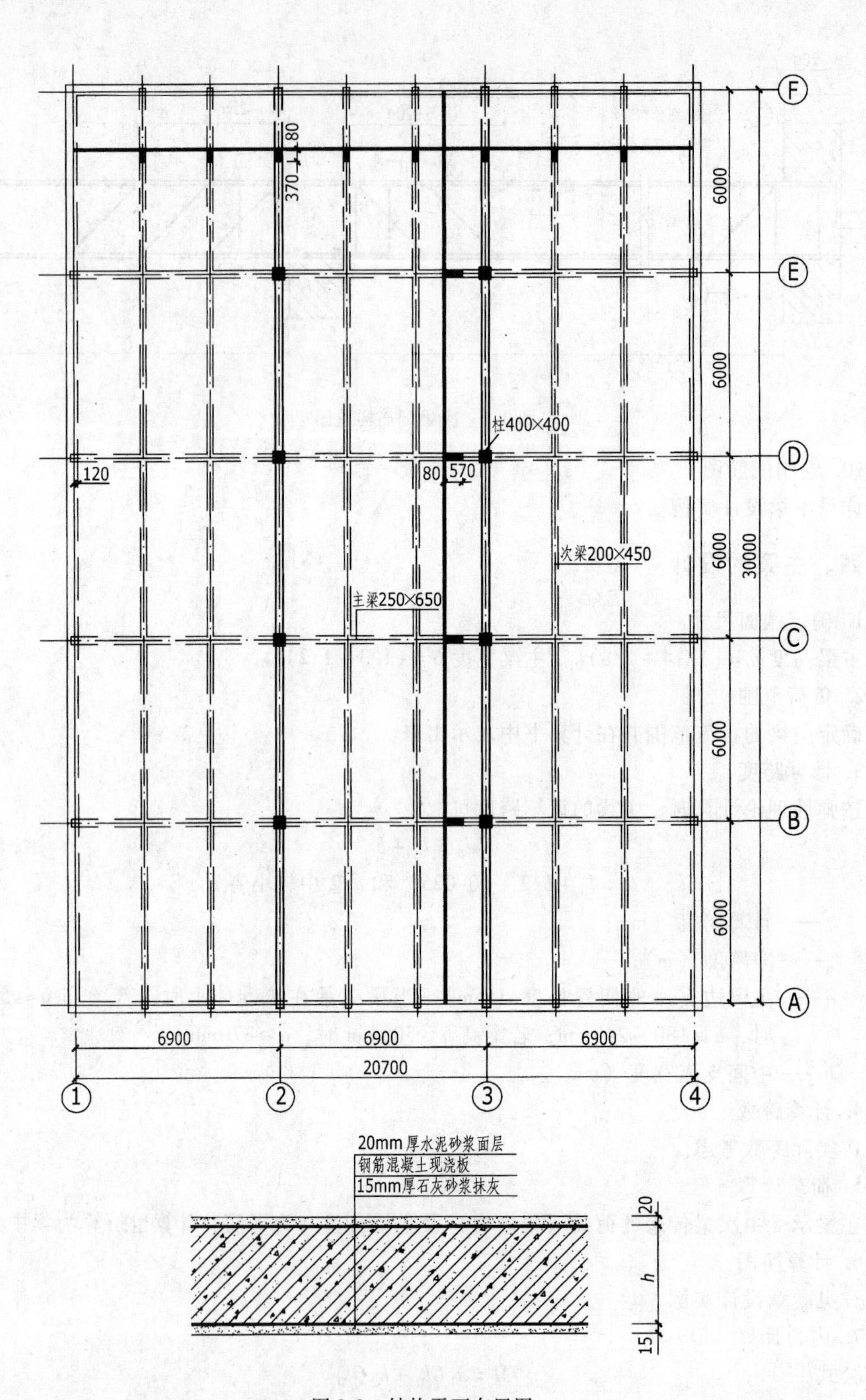

图 3-3　结构平面布置图

3. 计算跨度

按塑性内力重分布理论计算时，板的计算跨度可取

中跨 $l_0 = l_n = (2300 - 200)\text{mm} = 2100\text{mm}$。

边跨 $l_0 = l_n + (h/2$ 和 $a/2$ 中较小者$)$：

$l_n + h/2 = (2300 - 120 - 200/2 + 80/2)\text{mm} = 2120\text{mm}$，

$l_n + a/2 = (2300 - 120 - 200/2 + 120/2)\text{mm} = 2140\text{mm}$，

取 $l_0 = 2120\text{mm}$。

边跨与中跨的计算跨度相差 $(2120 - 2100)/2100 = 0.95\% < 10\%$，故可按等跨连续板计算板的内力。

4. 计算跨数

板的实际跨数为 9 跨，可简化为 5 跨连续板计算。

5. 荷载计算

(1) 20mm 厚水泥砂浆面层　　$0.02 \times 20\text{kN/m}^2 = 0.40\text{kN/m}^2$

(2) 80mm 钢筋混凝土现浇板　　$0.08 \times 25\text{kN/m}^2 = 2.00\text{kN/m}^2$

(3) 15mm 厚石灰砂浆抹灰　　$0.015 \times 17\text{kN/m}^2 = 0.26\text{kN/m}^2$

永久荷载标准值　　$g_k = 2.66\text{kN/m}^2$

可变荷载标准值　　$q_k = 6.00\text{kN/m}^2$

荷载设计值 $p = (1.2 \times 2.66 + 1.3 \times 6)\text{kN/m}^2 = 10.99\text{kN/m}^2$

恒载分项系数为 1.2，活载分项系数为 1.4，本例中因活载标准值大于 4kN/m^2，所以活载分项系数取 1.3。

6. 计算简图

计算简图如图 3-4 所示。

7. 内力及配筋计算

取 $b = 1000\text{mm}$，C20 混凝土在室内正常环境下保护层厚度为 20mm，$h_0 = (80 - 25)\text{mm} = 55\text{mm}$。板的内力及配筋计算列于表 3-8 中。

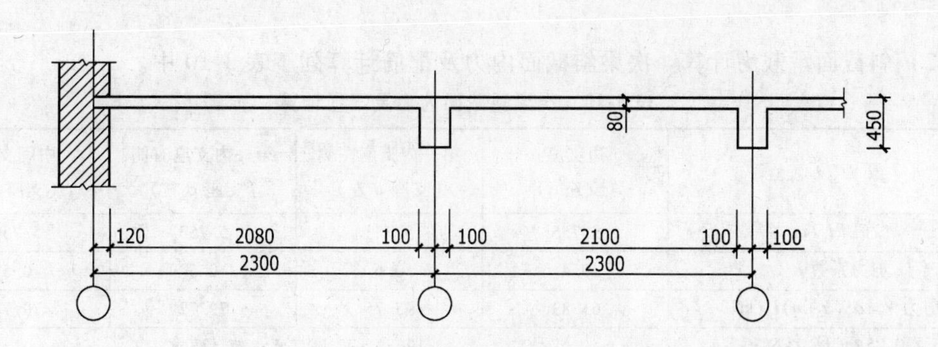

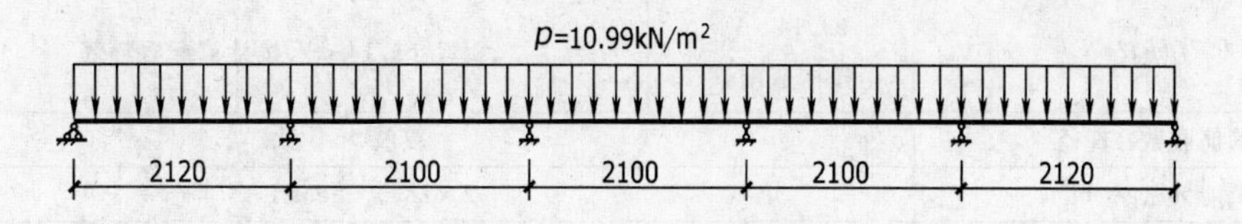

图 3-4　单向板计算简图

表 3-8　板的内力及配筋计算

截　　面	边　跨　中	第一内支座	中　跨　中	中间内支座
荷载设计值 $p = g + q/(\text{kN/m}^2)$	10.99	10.99	10.99	10.99
计算跨度 l_0/m	2.100	2.100	2.100	2.100
弯矩系数 α_m	$\frac{1}{11}$	$-\frac{1}{14}$	$\frac{1}{16}$	$-\frac{1}{16}$
弯矩 $M = \alpha_m(g+q)l_0^2/(\text{kN}\cdot\text{m})$	4.41	-3.46	3.03	-3.03
$\alpha_s = M/(\alpha_1 f_c b h_0^2)$	0.152	0.119	0.104	0.104
$\gamma_s = 0.5(1+\sqrt{1-2\alpha_s})$	0.917	0.936	0.945	0.945
$A_s = M/(f_y \gamma_s h_0)/\text{mm}^2$	291	224	194	194
选配钢筋	Φ8@150	Φ8@150	Φ8@150	Φ8@150
实配钢筋面积/mm²	335	335	335	335

注：计算时也可将四周与梁整浇板的跨中弯矩及中间支座弯矩减少 20% 计算。

8. 确定各种构造钢筋

根据指导书的要求配置各种构造钢筋如图 3-5 所示。

9. 绘制配筋图（图 3-5）。

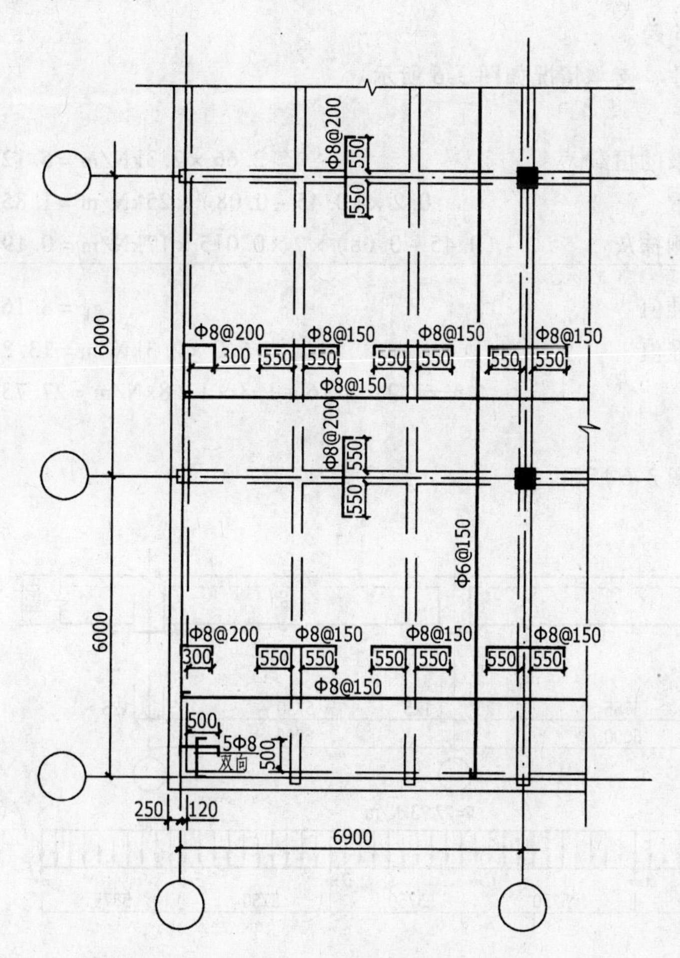

图 3-5　单向板的配筋图

二、次梁的设计

1. 次梁截面尺寸

$b \times h = 200\text{mm} \times 450\text{mm}$。

2. 确定次梁的负荷范围

为一个板跨宽。

3. 计算跨度

取次梁在砖墙上的支承长度 $a = 240\text{mm}$，则次梁的计算跨度为

中跨 $l_0 = l_n = (6000 - 250)\text{mm} = 5750\text{mm}$。

边跨 $l_0 = l_n + (0.025l_n$ 和 $a/2$ 中较小者)：

$l_0 = 1.025l_n = 1.025 \times (6000 - 240 - 125)\text{mm} = 5776\text{mm}$，

$l_0 = l_n + a/2 = (6000 - 240 - 125 + 240/2)\text{mm} = 5755\text{mm}$，

取　$l_0 = 5755\text{mm}$。

跨度差$\dfrac{5755 - 5750}{5750} = 0.09\% < 10\%$，可按等跨连续梁计算。

4. 计算跨数

取实际跨数 5 跨。

次梁截面尺寸、支承情况如图 3-6 所示。

5. 荷载计算

(1) 由板传来的恒载　　$2.66 \times 2.3\text{kN/m} = 6.12\text{kN/m}$

(2) 次梁自重　　$0.2 \times (0.45 - 0.08) \times 25\text{kN/m} = 1.85\text{kN/m}$

(3) 次梁梁侧抹灰　　$(0.45 - 0.08) \times 2 \times 0.015 \times 17\text{kN/m} = 0.19\text{kN/m}$

永久荷载标准值　　$g_k = 8.16\text{kN/m}$

可变荷载标准值　　$q_k = 6.0 \times 2.3\text{kN/m} = 13.8\text{kN/m}$

荷载设计值　　$p = 1.2 \times 8.16 + 1.3 \times 13.8\text{kN/m} = 27.73\text{kN/m}$

6. 计算简图

计算简图如图 3-6 所示。

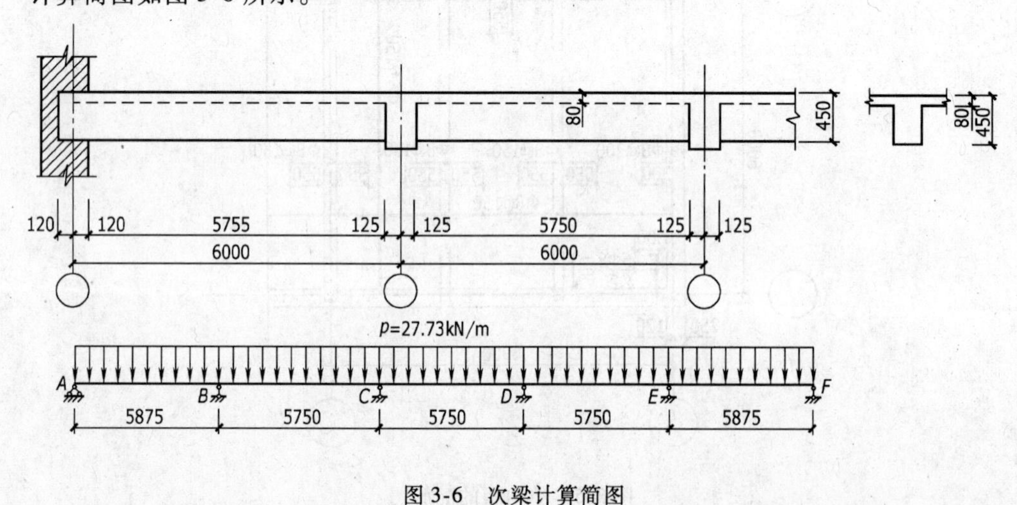

图 3-6　次梁计算简图

7. 内力及配筋计算

C20 混凝土在室内正常环境下保护层厚度为 30mm，$h_0 = (450 - 40)\text{mm} = 410\text{mm}$。

(1) 正截面承载力计算　次梁跨中按 T 形截面进行正截面承载力计算其翼缘宽度 b'_f 取下面二者中的较小者：

$b'_f = l_0/3 = (5.75/3)\text{m} = 1.92\text{m}$，

$b'_f = b + s_n = (0.2 + 2.1)\text{m} = 2.3\text{m}$，

取 $b'_f = 1.92\text{m}$。

判别各跨跨中 T 形截面类型：$h_0 = 410\text{mm}$，

则 $\alpha_1 f_c b'_f h'_f (h_0 - h'_f/2) = 1 \times 9.6 \times 1920 \times 80 \times (410 - 80/2)\text{kN} \cdot \text{m} = 545.59\text{kN} \cdot \text{m} > M_{max} = 83.49\text{kN} \cdot \text{m}$。

故各跨跨中截面均属于第一类 T 形截面。

次梁的正截面内力及配筋计算列于表 3-9 中。

表 3-9　次梁正截面内力及配筋计算

截面位置	边跨中	第一内支座	中跨中	中间支座
计算跨度 l_0/m	5.755	5.755	5.75	5.75
弯矩系数 α_m	1/11	−1/11	1/16	−1/16
荷载设计值 $p = g + q$/(kN/m)	27.73	27.73	27.73	27.73
弯矩 $M = \alpha_m (g+q) l_0^2$/(kN·m)	83.49	−83.49	57.30	−57.30
b 或 b'_f/mm	1920	200	1920	200
$\alpha_s = M/(\alpha_1 f_c b h_0^2)$ 或 $\alpha_s = M/(\alpha_1 f_c b'_f h_0^2)$	0.027	0.259	0.018	0.177
$\gamma_s = 0.5(1 + \sqrt{1 - 2\alpha_s})$	0.986	0.847	0.991	0.902
$A_s = M/(f_y \gamma_s h_0)$/mm²	688	801	470	516
选配钢筋	3Φ18	3Φ20	3Φ16	3Φ16
实配钢筋面/mm²	763	942	603	603

(2) 斜截面承载力计算　次梁斜截面内力及配筋计算列于表 3-10 中。

表 3-10　次梁斜截面内力及配筋计算

截面位置	边支座（支座 A）	第一内支座左侧（支座 B 左）	第一内支座右侧（支座 B 右）	中间支座（支座 C）
净跨 l_n/m	5.755	5.755	5.750	5.750
剪力系数 α_v	0.4	0.6	0.5	0.5
剪力 $V = \alpha_v (g+q) l_n$/kN	63.83	95.75	79.72	79.72
$0.25\beta_c f_c b h_0$/kN	196.8 > V，截面尺寸满足要求			
$0.7 f_t b h_0$/kN	63.14 > V，按构造配箍	63.14 < V，按计算配置箍筋		
箍筋肢数、直径	双肢Φ6			
$A_{sv} = nA_{sv1}$/mm²	2 × 28.3 = 56.6			
$s = 1.25 f_{yv} A_{sv} h_0 / (V - 0.7 f_t b h_0)$/mm	8828	199	367	367
实配箍筋间距/mm	200	200	200	200
箍筋最大间距/mm	300	200	200	200

8. 次梁配筋图

次梁配筋图如图 3-7 所示。

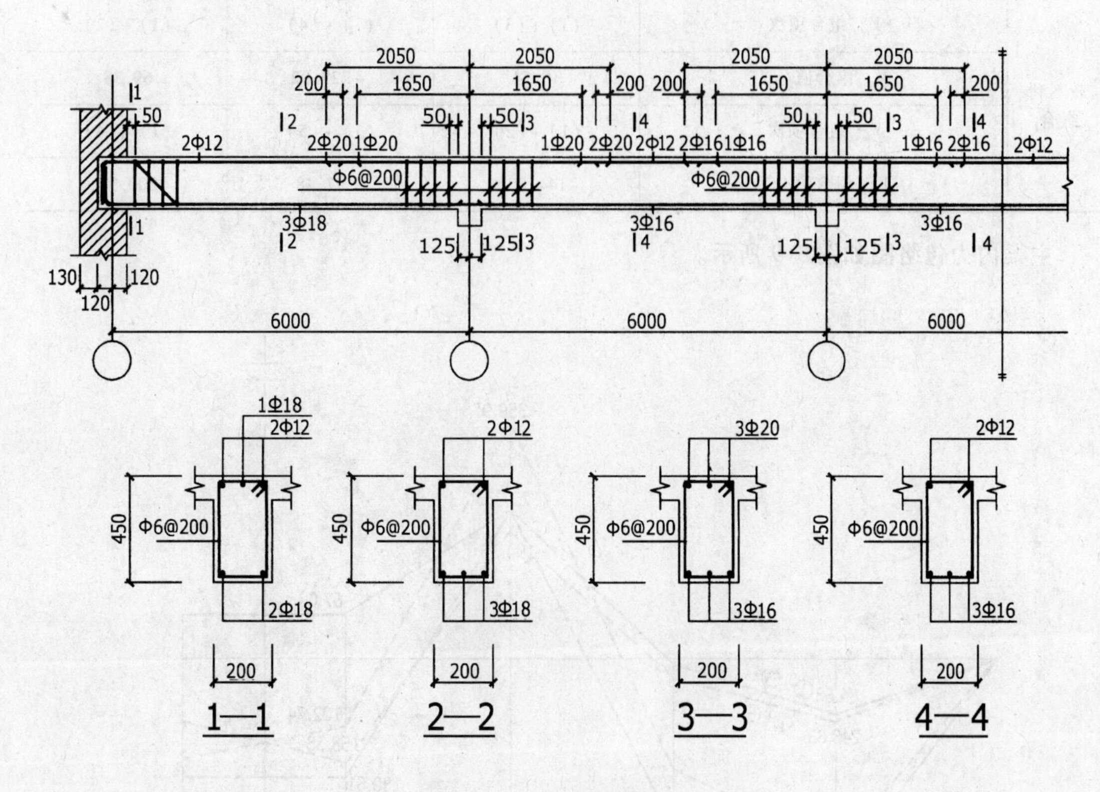

图 3-7 次梁配筋图

三、主梁的设计

1. 主梁截面尺寸

$b \times h = 250\text{mm} \times 650\text{mm}$。

2. 负荷范围

确定主梁的负荷范围并在计算书中表示出来。

3. 计算跨度

取次梁在砖墙上的支承长度 $a = 360\text{mm}$，则主梁的计算跨度为

中跨 $l_0 = l_n + b = 6900\text{mm}$，

边跨 $l_0 = l_n + b/2 + (0.025 l_n$ 和 $a/2$ 中较小者)：

$l_0 = 1.025 l_n + b/2 = [1.025 \times (6900 - 120 - 200) + 400/2]\text{mm} = 6925\text{mm}$，

$l_0 = l_n + b/2 + a/2 = [(6900 - 120 - 200) + 200 + 360/2]\text{mm} = 6960\text{mm}$，

取 $l_0 = 6945\text{mm}$。

跨度差 $\dfrac{6945 - 6900}{6900} = 0.66\% < 10\%$，可按等跨连续梁计算。

4. 计算跨数

取实际跨数 3 跨。

主梁截面尺寸、支撑情况如图 3-8 所示。

5. 荷载计算

主梁承受由次梁传来的荷载（集中力）及主梁自重（为了简化计算也折算为集中力）。

(1) 由次梁传来的恒载 $8.16 \times 6\text{kN} = 48.96\text{kN}$

(2) 主梁自重 $0.25 \times (0.65 - 0.08) \times 25 \times 2.3\text{kN} = 8.19\text{kN}$

(3) 梁侧抹灰 $(0.65 - 0.08) \times 2 \times 0.015 \times 17 \times 2.3\text{kN} = 0.67\text{kN}$

恒载标准值 $G_k = 57.82\text{kN}$

活载标准值 $P_k = 6 \times 13.8\text{kN} = 82.80\text{kN}$

恒载设计值 $G = 1.2 \times 57.82\text{kN} = 69.38\text{kN}$

活载设计值 $P = 1.3 \times 82.80\text{kN} = 107.64\text{kN}$

$G + P = (69.38 + 107.64)\text{kN} = 177.02\text{kN}$

6. 计算简图

计算简图如图 3-8 所示。

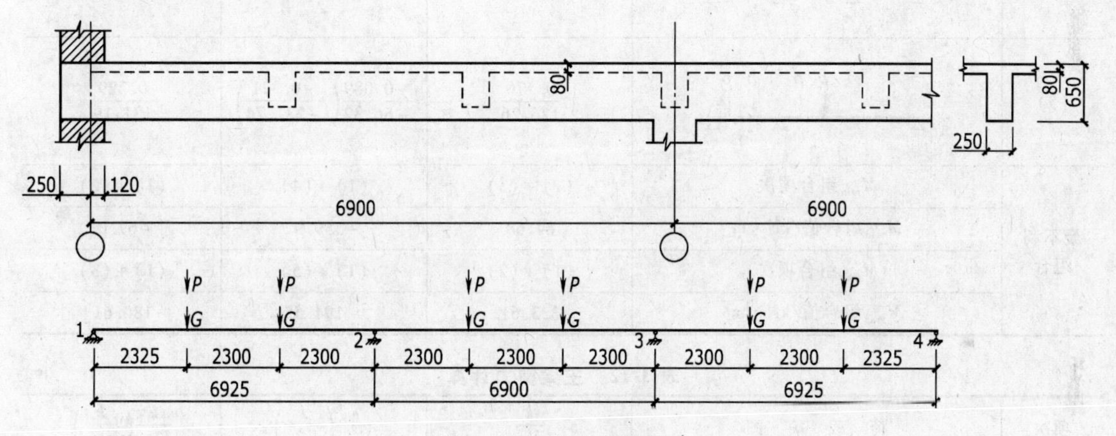

图 3-8 主梁计算简图

7. 内力计算

主梁弯矩、剪力计算分别见表 3-11 和表 3-12。

计算公式

$$M = k_1 G l_0 + k_2 Q l_0$$

$$V = k_3 G + k_4 Q$$

式中 M——弯矩设计值（kN·m）；

V——剪力设计值（kN）；

k_1、k_2——永久荷载和可变荷载作用下的弯矩系数（见附录）；

k_3、k_4——永久荷载和可变荷载作用下的剪力系数（见附录）；

边跨 $Gl_0 = 69.38 \times 6.945\text{kN·m} = 481.84\text{kN·m}$

$Pl_0 = 107.64 \times 6.945\text{kN·m} = 747.56\text{kN·m}$

中跨 $Gl_0 = 69.38 \times 6.900\text{kN·m} = 478.72\text{kN·m}$

$Pl_0 = 107.64 \times 6.900\text{kN·m} = 742.72\text{kN·m}$

支座 B：（计算支座弯矩时，计算跨度应取相邻两跨跨度的平均值）

$Gl_0 = 69.38 \times (6.945 + 6.9)/2\text{kN·m} = 480.28\text{kN·m}$

$Pl_0 = 107.64 \times (6.945 + 6.9)/2\text{kN·m} = 745.14\text{kN·m}$

表 3-11 主梁弯矩计算

项次	荷载简图	$\frac{k}{M_1}$	$\frac{k}{M_B}\left(\frac{k}{M_C}\right)$	$\frac{k}{M_2}$
(1)	 G G G G G G	$\frac{0.244}{117.57}$	$\frac{-0.267}{-128.23}$	$\frac{0.067}{32.07}$
(2)	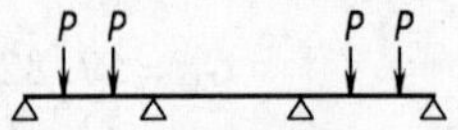 P P P P	$\frac{0.289}{216.04}$	$\frac{-0.133}{-99.10}$	$\frac{-0.133}{-99.10}$
(3)	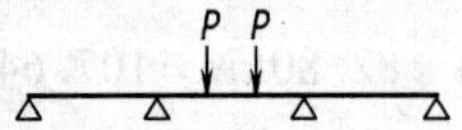 P P	$\frac{-0.044}{-32.89}$	$\frac{-0.133}{-99.10}$	$\frac{0.200}{148.54}$
(4)	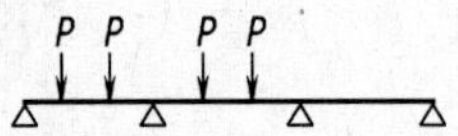 P P P P	$\frac{0.229}{171.19}$	$\frac{-0.311}{-231.74}\left(\frac{-0.089}{-66.32}\right)$	$\frac{0.170}{126.26}$
(5)	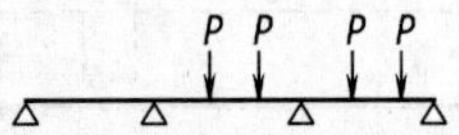 P P P P	$\frac{0.170}{126.26}$	$\frac{-0.089}{-66.32}\left(\frac{-0.311}{-231.74}\right)$	$\frac{0.229}{171.19}$
最不利组合	M_{min}组合项次	(1)+(3)	(1)+(4)	(1)+(2)
	M_{min}组合值/kN·m	84.68	-359.97	-67.03
	M_{max}组合项次	(1)+(2)	(1)+(5)	(1)+(3)
	M_{max}组合值/kN·m	333.61	-194.55	180.61

表 3-12 主梁剪力计算

项次	荷载简图	$\frac{k}{V_A}$	$\frac{k}{V_{B左}}\left(\frac{k}{V_{C右}}\right)$	$\frac{k}{V_{B右}}\left(\frac{k}{V_{C左}}\right)$
(1)	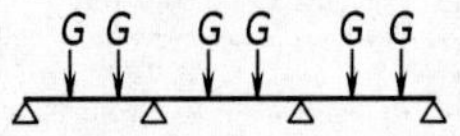 G G G G G G	$\frac{0.733}{50.86}$	$\frac{-1.267}{-87.90}$	$\frac{1.000}{69.38}$
(2)	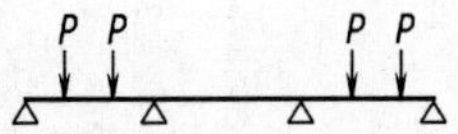 P P P P	$\frac{0.866}{93.22}$	$\frac{-1.134}{-122.06}$	$\frac{0}{0}$
(3)	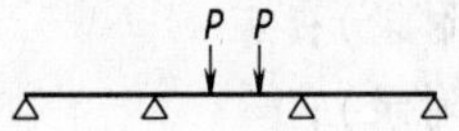 P P	$\frac{-0.133}{-14.32}$	$\frac{-0.133}{-14.32}$	$\frac{1.000}{107.64}$
(4)	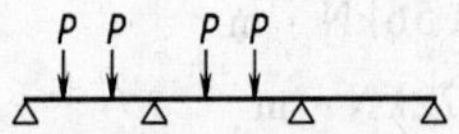 P P P P	$\frac{0.689}{74.16}$	$\frac{-1.311}{-141.12}$	$\frac{1.222}{131.54}$
(5)	 P P P P	$\frac{-0.089}{-9.58}$	$\frac{-0.089}{-9.58}$	$\frac{0.778}{83.74}$

（续）

项次	荷载简图	$\frac{k}{V_A}$	$\frac{k}{V_{B左}}\left(\frac{k}{V_{C右}}\right)$	$\frac{k}{V_{B右}}\left(\frac{k}{V_{C左}}\right)$
最不利组合	V_{min}组合项次	(1)+(3)	(1)+(4)	(1)+(2)
	V_{min}组合值/kN	36.54	-229.02	69.38
	V_{max}组合项次	(1)+(2)	(1)+(5)	(1)+(4)
	V_{max}组合值/kN	144.08	-97.48	200.92

主梁内力包络图如图 3-9 所示。

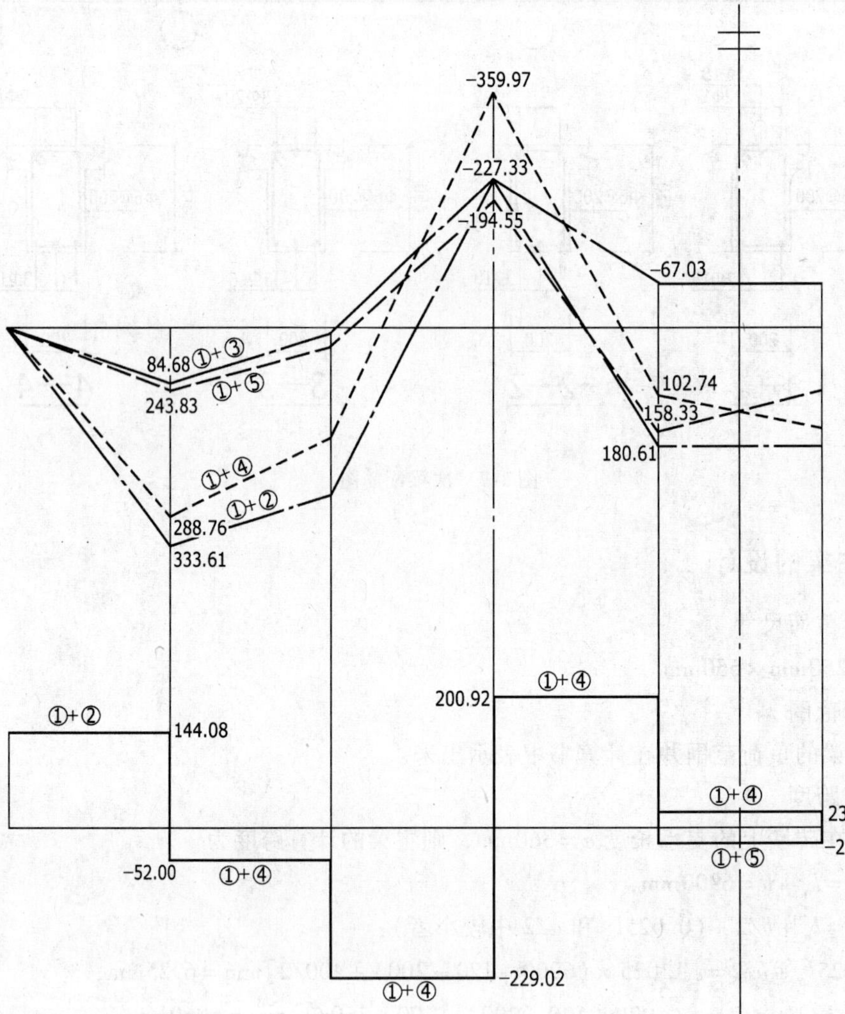

图 3-9 主梁内力包络图

8. 配筋计算

C20 混凝土在室内正常环境下保护层厚度为 30mm，$h_0=(650-40)\text{mm}=610\text{mm}$。

（1）正截面配筋计算　主梁跨中按 T 形截面进行正截面承载力计算，其翼缘宽度 b'_f取下面二者中的较小者：

$b'_f=l_0/3=6.90/3\text{m}=2.30\text{m}$，

$b'_f=b+s_n=(0.25+5.75)\text{m}=6.00\text{m}$，

取 $b'_f=2.30\text{m}$。

判别各跨跨中 T 形截面类型：$h_0=610\text{mm}$，则 $\alpha_1 f_c b'_f h'_f(h_0-h'_f/2)=1.0\times9.6\times2.30\times0.08\times(0.61-0.08/2)\text{kN}\cdot\text{m}=1006.8\text{kN}\cdot\text{m}>M_{max}=332.65\text{kN}\cdot\text{m}$。

故各跨跨中截面均属于第一类 T 形截面。

主梁正截面配筋计算列于表 3-13 中。

表 3-13　主梁正截面配筋计算

截面位置	边跨中	中间支座	中跨中
弯矩 $M/(\text{kN}\cdot\text{m})$	333.61	-359.97	-67.03 180.61
$V_0\dfrac{b}{2}/(\text{kN}\cdot\text{m})$	—	$200.92\times\dfrac{0.4}{2}=40.18$	—
$M-V_0\dfrac{b}{2}/(\text{kN}\cdot\text{m})$	333.61	-319.79	-67.03 180.61
$\alpha_s=M/(\alpha_1 f_c b h_0^2)$ 或 $\alpha_s=M/(\alpha_1 f_c b'_f h_0^2)$	0.040	0.358	0.008 0.022
$\gamma_s=0.5(1+\sqrt{1-2\alpha_s})$	0.980	0.766	0.996 0.989
$A_s=M/f_y\gamma_s h_0/\text{mm}^2$	1860	2282	368 998
选配钢筋	3Φ25(直) +1Φ25(弯)	6Φ22(直)	2Φ22(直) 2Φ22(直) +1Φ22(弯)
实配钢筋面/mm^2	1964	2281	760 1140

（2）斜截面配筋计算　主梁斜截面配筋计算列于表 3-14 中。

表 3-14　主梁斜截面配筋计算

截面位置	边支座（支座 A）	中间支座左侧（支座 B 左）	中间支座右侧（支座 B 右）
剪力 V/kN	144.08	-229.02	200.92
$0.25\beta_c f_c b h_0/\text{kN}$	$366>V$，截面尺寸满足要求		
$0.7f_t b h_0/\text{kN}$	$117<V$，按计算配置箍筋		
箍筋肢数、直径	双肢Φ8		
$A_{sv}=nA_{sv1}/\text{mm}^2$	$2\times50.3=100.6$		
箍筋间距 s/mm	200	200	200
$V_{cs}=0.7f_t b h_0+1.25f_{yv}A_{sv}h_0/S/\text{kN}$	197.54	197.54	197.54
$A_{sb}=(V-V_{cs})/0.8f_y\sin\alpha_s/\text{mm}^2$	—	265	28
选用弯起钢筋	—	1Φ25	1Φ22
实配选用弯起钢筋面积/mm^2	—	491	380

9. 次梁支座处附加箍筋计算

由次梁传来的全部集中荷载为

$$G+P=(48.96\times1.2+82.80\times1.3)\text{kN}=166.39\text{kN}$$

配置附加箍筋范围为　$3b+2h_1=(3\times200+2\times200)\text{mm}=1000\text{mm}$

$$A_{sv}=(G+P)/f_{yv}=(166.39\times10^3/210)\text{mm}^2=792.33\text{mm}^2$$

在次梁两侧各附加 4 道双肢Φ8 箍筋

$$A_{sv}=4\times2\times50.3\text{mm}^2=804.8\text{mm}^2>792.33\text{mm}^2$$

10. 主梁配筋图

主梁配筋图如图 3-10 所示。

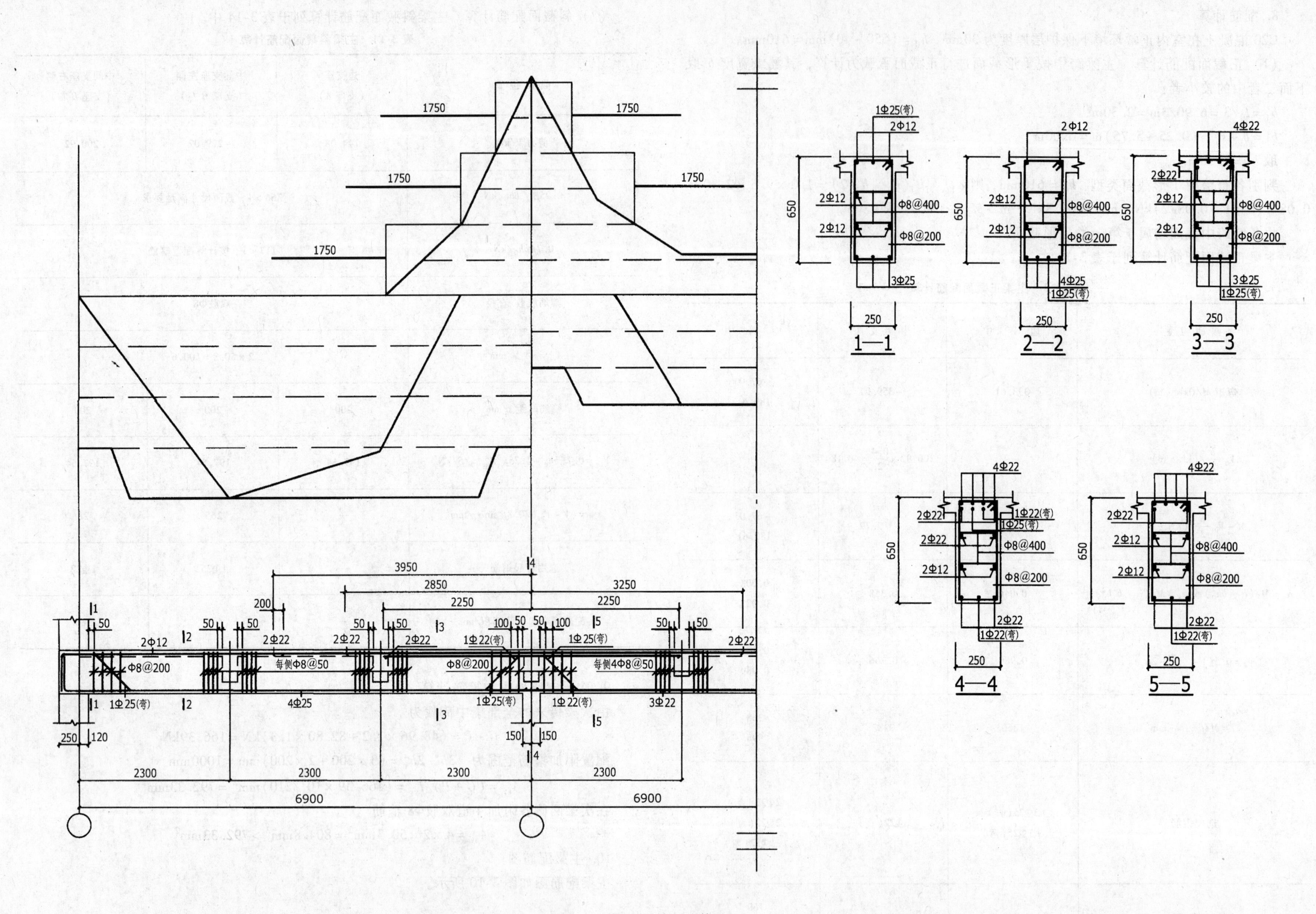

1750
1750
1750
1750
1750
3950
2850
3250
2250
2250
200
50
2Φ12
2Φ22
1Φ22(弯)
1Φ25(弯)
每侧Φ8@50
Φ8@200
每侧4Φ8@50
4Φ25
3Φ22
1Φ25(弯)
1Φ22(弯)
250
120
150
2300
6900
1—1
2—2
3—3
4—4
5—5
650
250
Φ8@400
Φ8@200
3Φ25
4Φ25
4Φ22

图 3-10 主梁配筋图

第四章　砖混结构设计实训

第一节　砖混结构设计任务书

一、设计题目

某单位门诊楼。该门诊楼建筑面积为969m²，三层。平、剖面如图4-1、图4-2、图4-3所示。

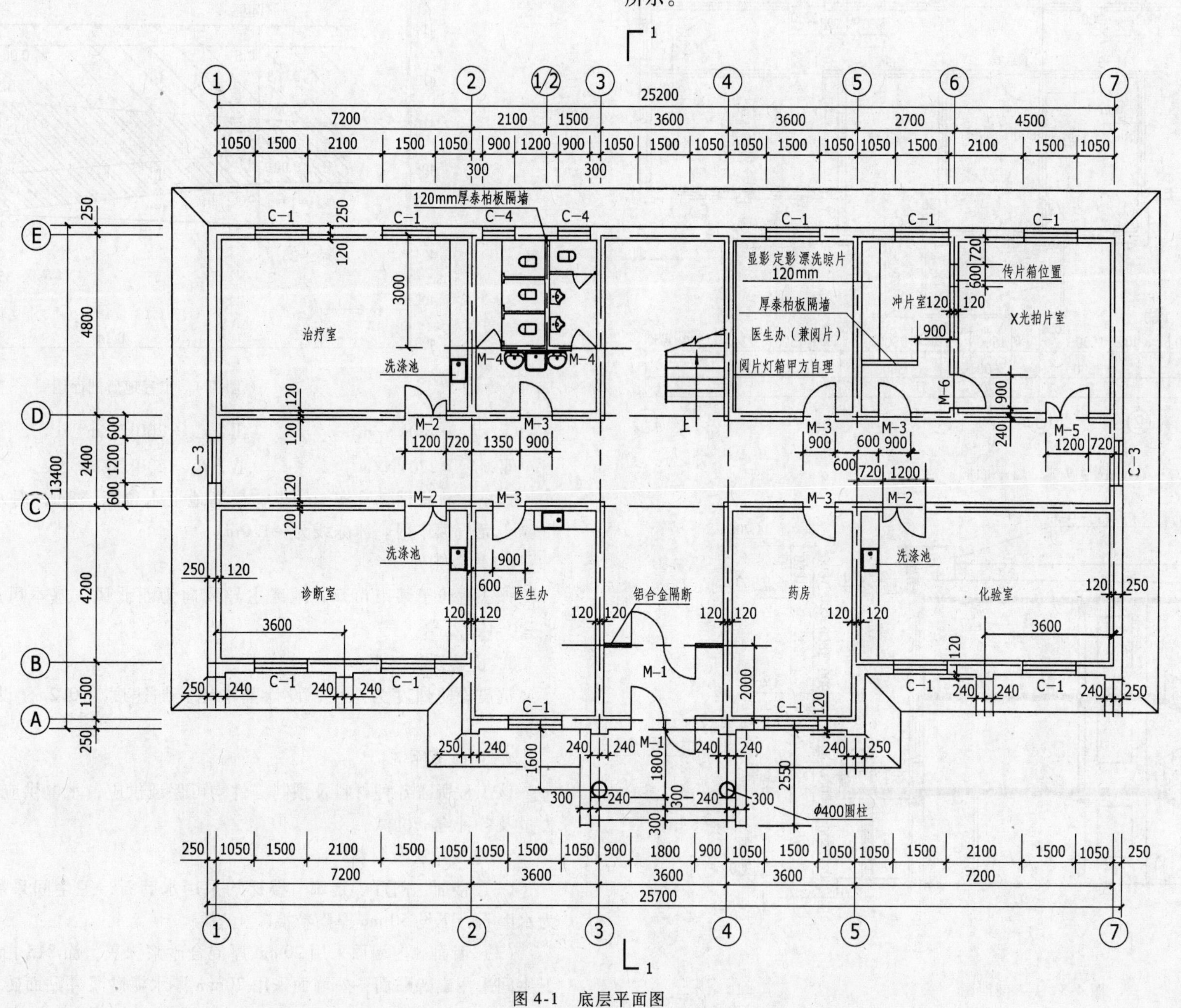

图4-1　底层平面图

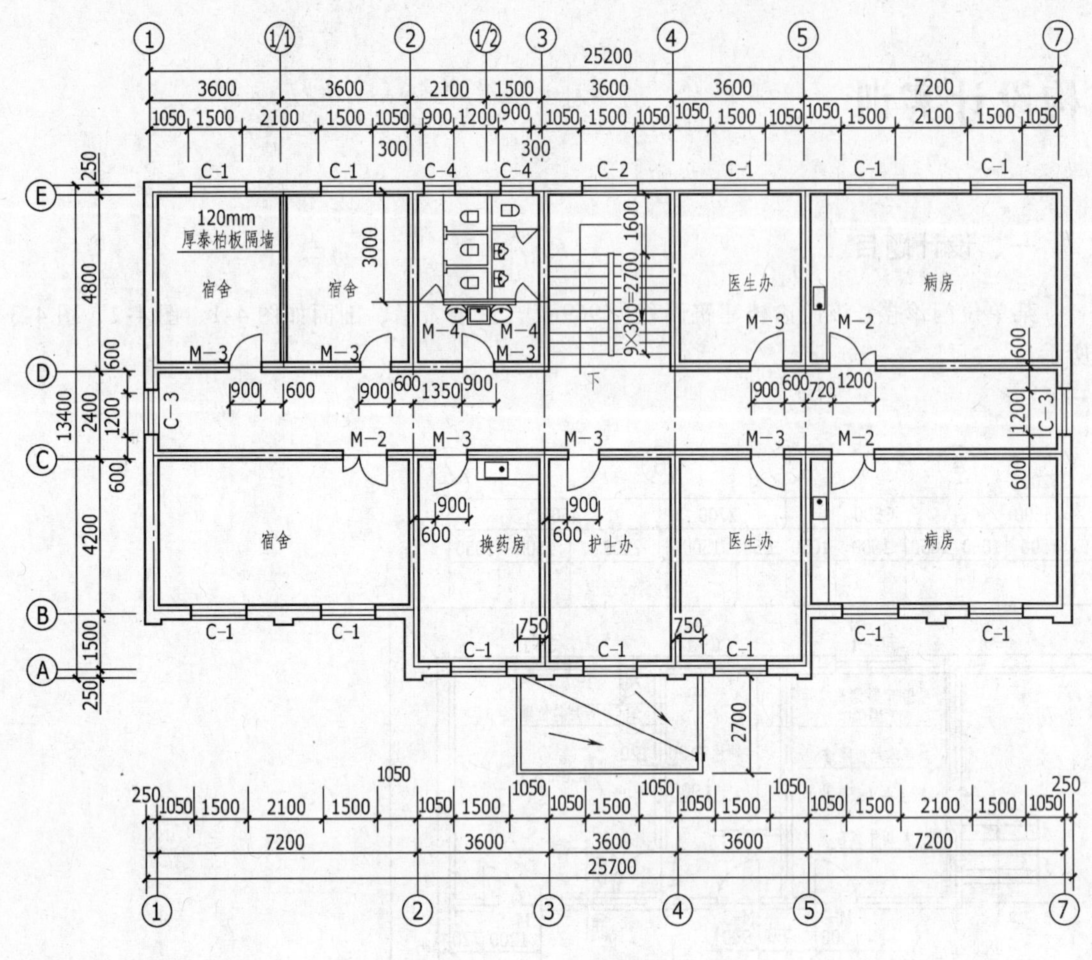

图 4-2　二层平面图

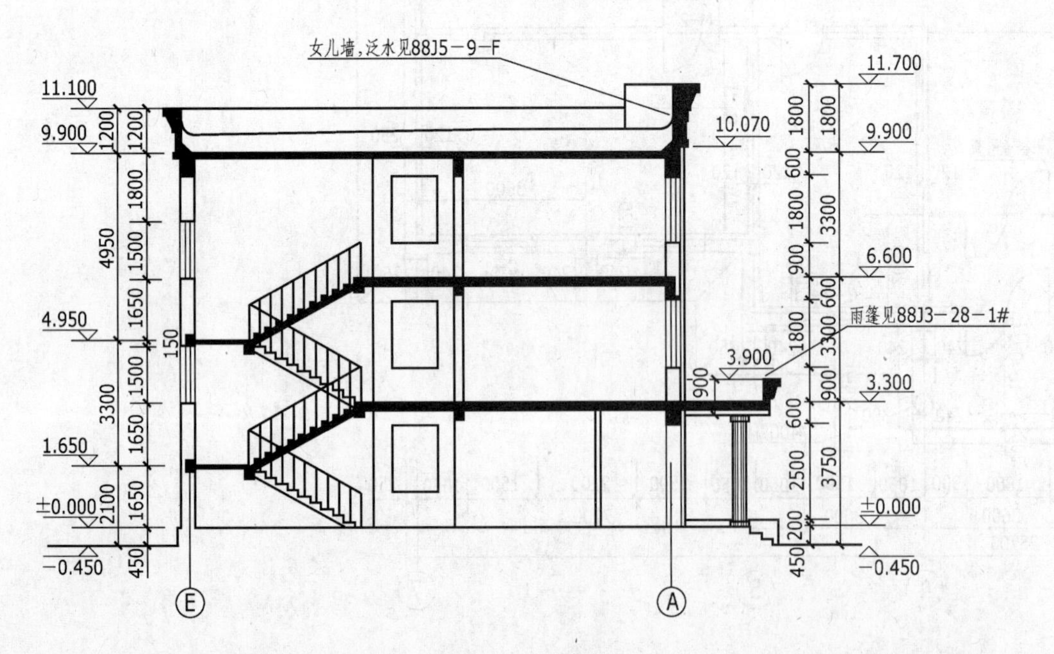

图 4-3　1-1 剖面图

二、设计资料

1. 水文地质条件

该建筑物所在场地地面平坦，土层概况如图 4-4 所示。上层为 0.5m 厚耕土，其下持力层为粘性土。根据实验结果，该土层孔隙比平均值 $e=0.85$，液性指数平均值 $I_L=0.75$，建筑物所在场地类别为Ⅱ类。在该场地勘测深度内，均属第四系地层，地基土不具有湿陷性，不考虑地基土液化问题。地基土承载力特征值如下：

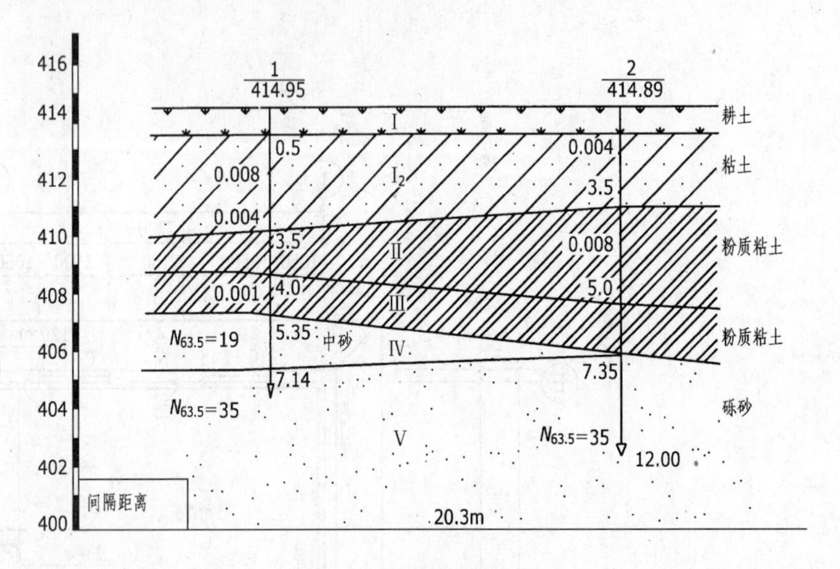

图 4-4　工程地质剖面图

Ⅰ. $f_{ak}=180\text{kN/m}^2$　　Ⅱ. $f_{ak}=200\text{kN/m}^2$

Ⅲ. $f_{ak}=220\text{kN/m}^2$　　Ⅳ. $f_{ak}=230\text{kN/m}^2$

地下水：根据钻孔实测结果，最高地下水位在 -8m，对水质进行取样分析表明，水对混凝土无侵蚀作用。冰冻线为 -1.0m。

2. 气象条件

该工程位于某市市郊，地区主导风向为西北风，基本风压 $W_0=0.5\text{kN/m}^2$；基本雪压 $S_0=0.4\text{kN/m}^2$。

3. 抗震设防要求

抗震设防烈度为八度，设计基本地震加速度为 0.2g，设计地震分组为第二组，丙类建筑。

4. 其他条件

该工程所需各种材料及预制构件均可保证供应，水电供应有保证，且有较强的施工技术力量及各种施工机械。

5. 建筑作法及材料

（1）楼面　门厅、走廊、楼梯均采用水磨石，卫生间采用防滑地砖。其他房间面层均为水磨石，下设 50mm 厚陶粒混凝土垫层。

（2）墙面　内墙面采用 20mm 厚混合砂浆抹灰，涂 815 白色涂料两度，踢脚 120mm 高；卫生间采用磁砖贴面；外墙面采用 20mm 厚水泥砂浆外贴面砖。勒脚外贴仿石面料。

（3）顶棚　除卫生间外均为批二遍腻子，涂815白色涂料两度。

（4）门窗　内门为木质，外门为铝合金，窗为塑钢窗。

（5）屋面　（自上而下）SBS防水层二道，30mm厚细石混凝土找平层，200mm厚水泥珍珠岩制品保温，上铺憎水珍珠岩砂浆找坡2%，刷乳化沥青一道，现浇钢筋混凝土板，刮二遍腻子，涂815白色涂料两度。

（6）墙体　采用多孔砖砌筑。

三、设计内容

1）结构方案选择。

2）确定静力计算方案。

3）墙体稳定性计算。

4）墙体承载力计算。

5）基础设计。

6）抗震验算。

7）楼梯计算。

8）绘制结构施工图。

四、设计要求

1. 计算书要求

书写工整、数字准确、画出必要的计算简图。

2. 制图要求

所有图线、图例尺寸和标注方法均应符合国家最新建筑制图标准，图纸上所有汉字和数字均应书写端正、排列整齐、笔画清晰，中文书写为长仿宋字。

第二节　砖混结构设计指导书

一、确定静力计算方案

主要从楼盖的类别、横墙间距以及横墙刚度考虑。

1. 结构布置方案

对多层砖混结构房屋应优先采用横墙承重的结构布置方案，其次采用纵横墙混合承重方案。不论采用何种方案，考虑到沿房屋纵向地震作用主要由纵墙承担；沿房屋横向地震作用主要由横墙承担。因此，纵横墙应均匀对称布置，同一轴线上窗间墙宜等宽匀称，同时应使墙体沿平面对齐，沿竖向上下连续。砖墙的对齐贯通能使各片墙形成相当房屋全宽的竖向整体构件，可使房屋得到最大的整体抗弯能力，使地震作用传递直接，减轻震害。

2. 楼屋盖方案

楼盖按施工方法分有现浇整体式、预制装配式和装配整体式三种。现浇整体式楼盖的整体性好、刚度大，抗震能力强、抗渗性好，但施工工期长；预制装配式楼盖施工进度快，单个构件质量好、节约劳力，但结构的整体性和刚度较差，抗震尤其不利；装配整体式楼盖通过整结措施（叠合梁、叠合板），其整体性和刚度比预制装配式好，又比现浇整体式省模板，但二次现浇工作量大。经比较，建议本设计采用现浇整体式或装配整体式。

二、荷载计算

（1）永久荷载的计算　一是要弄清建筑的构造，谨防构造层次的漏项或重复，二是要明确结构传力的途径，使所设计的结构受力明确。

（2）可变荷载的计算　按“荷载规范”的有关规定采用。

三、计算简图

（1）计算单元的选取　往往不考虑结构的连续性，通常是将空间问题简化成平面问题。

（2）计算简图的确定　涉及三个方面的问题：一是荷载的简化；二是杆件的简化；三是支承方式的简化。简化原则是尽量符合工程实际。

四、墙体验算

（1）墙体的高厚比验算　要注意实际高度和计算高度的区别，计算高度应遵守《砌体结构设计规范》（GB 50003—2001）中的规定。

（2）墙体的承载力验算　要把握计算截面的选取，墙顶截面一般选在梁底（或板底），当梁底处在窗间墙上时，近似取梁底处的内力、窗间墙的截面进行验算，此时内力与截面并不对应。墙底截面一般选在下一层梁底截面稍上或基础顶面。外墙梁底截面通常为偏心受压，墙底截面一般为轴心受压。墙体的承载力验算中并未考虑圈梁和构造柱的影响。

（3）梁端局部受压验算　要区别上部墙体传来的荷载和局部受压面积上承受的上部墙体传来的荷载的不同。

五、地基基础设计

地基基础设计必须坚持因地制宜、就地取材、经济合理的原则，根据地质勘察资料，综合考虑结构类型、材料情况和施工条件等因素确定。砌体结构为墙承重结构，多采用刚性条形基础。

（1）基础埋深的确定　要考虑室内外高差、在地下水位以上、冰冻线以下及相邻建筑的影响和地下室及地下管线。

（2）地基承载力特征值　要考虑埋深和基础宽度的修正。

（3）墙上部荷载取值　墙上部荷载传至基础时，一般取一个开间的均布线荷载按刚性角分布在条形基础上。

（4）砖基础剖面尺寸的确定　要考虑砖的模数。

六、抗震设计

根据任务书，本地区设防烈度为八度。按“抗震规范”第七章规定：

1）控制房屋总高度、层数、房屋高宽比、抗震横墙间距和房屋局部尺寸。

2）采用底部剪力法进行该砖混结构房屋抗震计算，并验算墙体截面抗震受剪承载力。

3）按“抗震规范”要求设置现浇钢筋混凝土构造柱及现浇钢筋混凝土圈梁。

砌体结构抗震验算主要是对墙体进行验算。验算截面是指承受的水平地震力较大处、竖向应力较小处、截面削弱较多处的关键部位，验算中应注意：

1）横向地震力由横墙承担，纵向地震力由纵墙承担，不能认为横向抗震验算满足了，纵向抗震就一定满足。

2）应注意荷载效应的组合，重力荷载代表值的取值，特别是活荷载的取值。

3）墙体地震力的大小取决于楼盖的水平刚度、墙体的抗剪刚度及抗弯刚度。

七、构造措施

砌体结构设计中构造措施是不可忽略的问题。因为抗震设计在很大程度上还是一种经验设计，尤其是对砌体结构，仅计算房屋总体抗侧能力及局部墙段的抗剪强度，并不能保证砌体房屋在地震时的安全，还需遵守抗震设计的总原则，进行抗震构造设计。抗震构造措施的重要性甚至超过数值计算。

抗震构造措施是从实际震害中总结出来的成功经验，并经过一定数量的模拟地震试验，归纳总结的抗震构造措施。例如，保证砌体结构大震不倒的构造柱、圈梁，保证不发生局部破坏的各种连接措施。凡是规范提出的措施都应当遵守。

八、参考资料

1. 规范

《建筑结构荷载规范》（GB 50009—2001）（本章简称“荷载规范”）

《砌体结构设计规范》（GB 50003—2001）（本章简称“砌体规范”）

《混凝土结构设计规范》（GB 50010—2002）（本章简称“混凝土规范”）

《建筑抗震设计规范》（GB 50011—2001）（本章简称“抗震规范”）

《建筑地基基础设计规范》（GB 50007—2002）（本章简称“地基规范”）

2. 手册

《建筑抗震设计手册》、《砌体结构设计手册》

3. 参考书

《建筑结构》、《抗震设计》、《地基基础》

第三节　设 计 成 果

采用现浇整体式钢筋混凝土楼（屋）盖。

1. 荷载计算

1）屋面荷载：

SBS 防水层二道　$0.3kN/m^2$

30mm 厚细石混凝土找平层　$(24\times0.03)kN/m^2=0.72kN/m^2$

200mm 厚水泥珍珠岩制品保温，上铺憎水珍珠岩砂浆找坡 2%（平均厚 350mm）

$(4\times0.35)kN/m^2=1.4kN/m^2$

100mm 厚现浇钢筋混凝土板　$(25\times0.10)kN/m^2=2.5kN/m^2$

屋面恒载标准值　$4.92kN/m^2$

屋面活载标准值（不上人屋面）　$0.50kN/m^2$

2）楼面荷载：

水磨石面层　$0.65kN/m^2$

50mm 厚陶粒混凝土垫层　$(19.5\times0.05)kN/m^2=0.98kN/m^2$

100mm 厚现浇钢筋混凝土板　$25\times0.10=2.5kN/m^2$

楼面恒载标准值　$4.13kN/m^2$

病房楼面活载标准值　$2.00kN/m^2$

走道、楼梯间楼面活荷载标准值　$2.50kN/m^2$

3）墙体自重：

240mm 厚双面粉刷多孔砖墙自重标准值　$5.24kN/m^2$

370mm 厚一面面砖一面粉刷多孔砖墙自重标准值　$7.90kN/m^2$

4）门窗自重标准值：　$0.40kN/m^2$

2. 静力计算方案

本工程最大横墙间距 $s=7.2m<32m$，且满足刚性方案对横墙的要求，故按刚性方案计算。

3. 墙体高厚比验算

由于室内地面距基础顶面高度为 $0.45m+0.5m=0.95m$，故底层墙高 $H_1=4.25m$，其他层墙高 $H=3.3m$。

采用 MU10 多孔砖，M5 混合砂浆砌筑。选择首层Ⓔ轴外纵墙及Ⓓ轴内纵墙进行验算，验算过程见表 4-1。

表中：$2H>s>H$ 故 $H_0=0.4s+0.2H$；

$\mu_2=1-0.4b_s/s$

表 4-1　墙体高厚比验算

部位	墙厚 h/mm	墙高 H/mm	墙长 s/mm	H_0 /mm	$\beta=\frac{H_0}{h}$	μ_1	μ_2	$[\beta]$	$\mu_1\mu_2[\beta]$	结论
Ⓔ轴外纵	370	4250	7200	3730	10.08	1	0.833	24	20	满足
Ⓓ轴内纵	240	4250	7200	3730	15.54	1	0.933	24	22.4	满足

4. 墙体竖向承载力验算

本工程外纵墙均为 370mm，内墙为 240mm。在大房间窗间墙上布置有楼面梁，断面为 $b\times h=200mm\times450mm$（梁高含板厚），梁重为：

$$25\times0.2\times(0.45-0.1)kN/m=1.75kN/m$$

现取底层Ⓔ轴大房间窗间墙进行验算，因梁上负担现浇双向板的荷载，故底层窗间墙承受轴向力设计值为：

$$N=\{[(4.92\times1.2+0.5\times1.4)+(4.13\times1.2+2\times1.4\times0.85)\times2]\times(3.6\times2.4)+7.9(3.6\times11.1)-1.5\times1.8\times3)\times1.2+1.5\times1.8\times0.4\times3\times1.2+1.75\times(4.8/2)\times3\times1.2\}kN$$
$$=500kN$$

上式计算中，楼面活荷载考虑了 0.85 的折减系数。现近似取墙底处内力窗间墙截面进行承载力验算，截面面积为 $2.1mm\times0.37mm=0.777m^2$，采用 MU10 多孔砖 M5 混合砂浆砌筑，$f=1.50\text{MPa}$，$\gamma_\beta=1.0$。

$\beta=\gamma_\beta H_0/h=1.0\times3.73/0.37=10.08$。

墙底处 $e/h=0$ 查表得 $\varphi=0.868$。

$[N]=\varphi fA=(0.868\times1.50\times0.777\times10^6)\text{kN}=1011.6\text{kN}>N=500\text{kN}$，满足要求。

5. 局部受压承载力验算

梁在墙上支承长度为 $a=240\text{mm}$。

1）屋面梁端局部受压验算：

梁端负荷面积及受力图如图4-5所示，由荷载设计值产生的梁端压力为

$$N_1=[(1.2\times4.92+1.4\times0.5)\times(0.6+2.4)\times1.8+1.75\times2.4]\text{kN}=39.86\text{kN}$$

上部女儿墙传来作用在梁底窗间墙截面上的应力值为：

$$\sigma_0=\frac{1.2\times5.24\times1.2\times3.6}{2.1\times0.37}\text{kN/m}^2=5.83\text{kN/m}^2$$

$$a_0=10\sqrt{\frac{h_c}{f}}=10\sqrt{\frac{450}{1.5}}=173.2\text{mm}<a=240\text{mm}$$

取 $a_0=173.2\text{mm}$，

$A_1=a_0b=173.2\times200\text{mm}^2=34641\text{mm}^2$，

$A_0=(b+2h)h=(200+2\times370)\times370\text{mm}^2=347800\text{mm}^2$，

$\gamma=1+0.35\sqrt{\frac{A_0}{A_1}-1}=1+0.35\sqrt{\frac{347800}{34641}-1}=2.05>2$，取

$\gamma=2.0$。

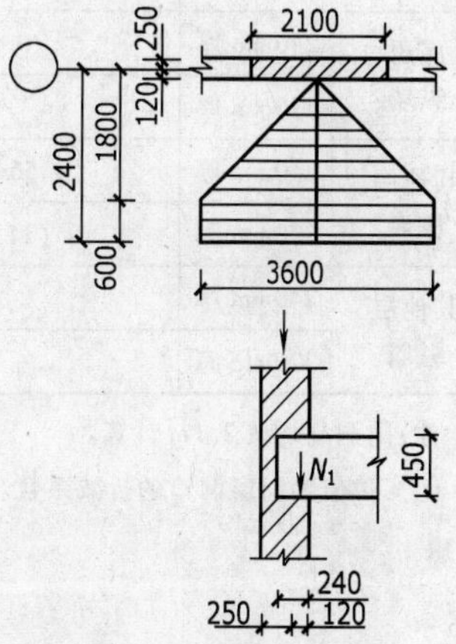

图4-5　梁端受力图

因 $A_0/A_1=10>3$，故 $\varphi=0$，又 $\eta=0.7$，

$[N]=\eta\gamma fA_1=0.7\times2\times1.5\times34641\text{N}=72746\text{N}=72.746\text{kN}>\varphi N_0+N_1=39.86\text{kN}$，满足要求。

2）楼面梁端局部受压验算与上同理，均满足要求。

6. 基础设计

根据“地基规范”3.0.1条、3.0.2条，该门诊楼地基基础设计等级为丙级，可不作地基变形验算。根据“抗震规范”4.2.1条，该砖混结构可不进行天然地基及基础的抗震承载力验算。

确定基础埋深时，根据“地基规范”5.1节，宜尽量浅埋，且宜埋置于地下水位以上、冰冻线以下。本工程基础形式为墙下刚性条形基础。

（1）基础方案　如前所述，本工程采用墙下刚性条形基础。材料为两步灰土基础，其上用MU10红砖M5水泥砂浆砌筑。

（2）基础埋深确定　基础应埋设在承载力较高的土层中，基底标高应取在地下水位以上、冰冻线以下，且应尽量浅埋，但不宜小于0.5m。现将基础置于粘土 I_2 土层中，初定基础埋深为 -1.75m（从室内地坪算起），地基承载力特征值 $f_{ak}=180\text{kN/m}^2$，$e=0.85$，$I_1=0.75$，$\gamma_m=18\text{kN/m}^3$。

（3）修正后的地基承载力特征值　修正后的地基承载力特征值为

$$f_a=f_{ak}+\eta_b\gamma(b-3)+\eta_d\gamma_m(d-0.5)$$

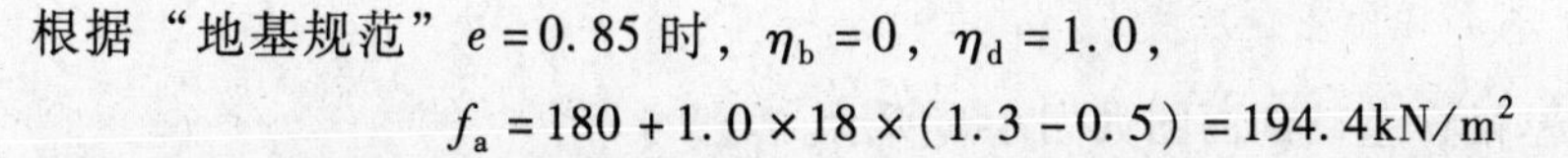

根据“地基规范”$e=0.85$ 时，$\eta_b=0$，$\eta_d=1.0$，

$$f_a=180+1.0\times18\times(1.3-0.5)=194.4\text{kN/m}^2$$

（4）横墙基础设计　现对③轴Ⓐ轴～Ⓒ轴间横墙基础进行设计，因为此处横墙受荷较大。

1）荷载计算：

横墙基础顶面以上墙体及楼盖传来的荷载为

$$N=\gamma_G(N_{屋恒}+2N_{楼恒}+2N_{墙}+N_{底墙})+\gamma_Q\beta(N_{屋活}+2N_{楼活})$$
$$=[1.2\times(17.712+29.736+34.584+22.27)+1.4\times0.85\times(1.8+14.4)]\text{kN/m}$$
$$=144.44\text{kN/m}$$

2）灰土垫层宽度为

$$b\geqslant\frac{N}{f_a-\gamma_0H}=\frac{144.44}{194.4-20\times1.75}\text{m}=0.906\text{m}$$

取 $b=1.0\text{m}$。

3）基础大放脚台阶数：

$$n\geqslant\left(\frac{b}{2}-\frac{a}{2}-b_2\right)\frac{1}{60}$$

式中　b——基础宽度（mm）；

a——墙厚（mm）；

b_2——基础最大容许悬挑长度（mm），$b_2=[b_2/H_0]H_0$；

H_0——灰土基础高度。

由“地基规范”查得 $[b_2/H_0]=1:1.5$，

$b_2=[b_2/H_0]H_0=300/1.5\text{mm}=200\text{mm}$，

$$n\geqslant\left(\frac{b}{2}-\frac{a}{2}-b_2\right)\frac{1}{60}=\left(\frac{1000}{2}-\frac{240}{2}-200\right)\times\frac{1}{60}=3，$$

取 $n=3$。

砖墙大放脚底部宽度 $b_0=(240+6\times60)\text{mm}=600\text{mm}$。

基础剖面图如图4-6所示。

（5）纵墙基础设计　现对⑪轴与Ⓓ轴相交处梁下内纵墙基础进行设计，基底标高仍为 -1.75m。

1）荷载计算。该处纵墙基础顶面以上墙体及楼盖传来的荷载为

$$N=\gamma_G(N_{屋恒}+2N_{楼恒}+2N_{墙}+N_{底墙}+N_{梁重}3/2)+\gamma_Q\beta(N_{屋活}+2N_{楼活})$$
$$=[1.2\times(17.712+29.736+34.584+22.27+3.5)+1.4\times0.85\times(1.8+14.4)]\text{kN/m}=148.64\text{kN/m}$$

2）灰土垫层宽度为

$$b\geqslant\frac{N}{f_a-\gamma_0H}=\frac{148.64}{194.4-20\times1.75}\text{m}=0.932\text{m}$$

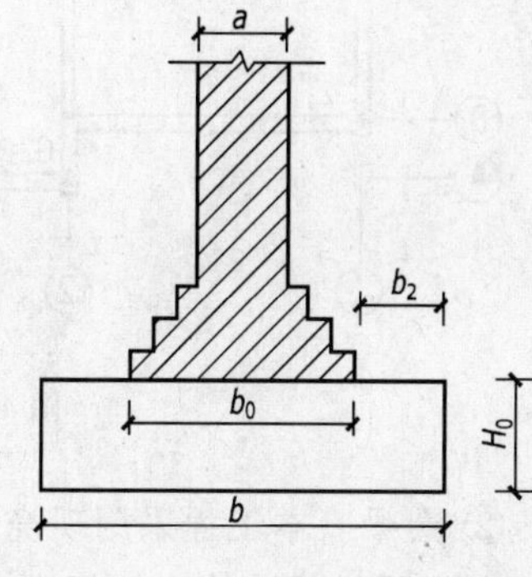

图4-6　基础剖面图

取 $b=1.0$m。

以下计算同横墙基础，基础剖面图如图 4-6 所示。

7. 抗震验算

1）检查是否满足抗震设计的一般规定：

按“抗震规范”7.1 节，检验结果见表 4-2。

表 4-2　抗震设计一般规定检验表

项　目	规范规定值	实际值	结　论
房屋总高度/m	18－3	9.9	符合规范要求
房屋层数	6－1	3	符合规范要求
房屋高宽比	2.0	0.74	符合规范要求
抗震横墙最大间距/m	15	7.2	符合规范要求
承重窗间墙最小宽度/m	1.2	2.1	符合规范要求
内墙阳角至门窗洞边最小距离/m	1.5	1.5	符合规范要求
承重外墙尽端至门窗洞边最小距离/m	1.2	1.3	符合规范要求

注：女儿墙采用有锚固措施。

2）构造柱与圈梁布置、尺寸及配筋：

① 构造柱。本工程为八度设防的三层砖混结构房屋，根据“抗震规范”要求，应在外墙各角、大房间内外墙交接处、楼梯间四角布置构造柱，具体布置如图 4-7 所示。构造柱尺寸为240mm×240mm，纵向钢筋采用 4Φ12，箍筋Φ6@200，且在圈梁上下 500mm 高度范围内箍筋加密为Φ6@100。构造柱与墙的连接砌成马牙槎，并沿墙高每 500mm 设 2Φ6 的拉接钢筋，每边伸入墙内不少于 1m。

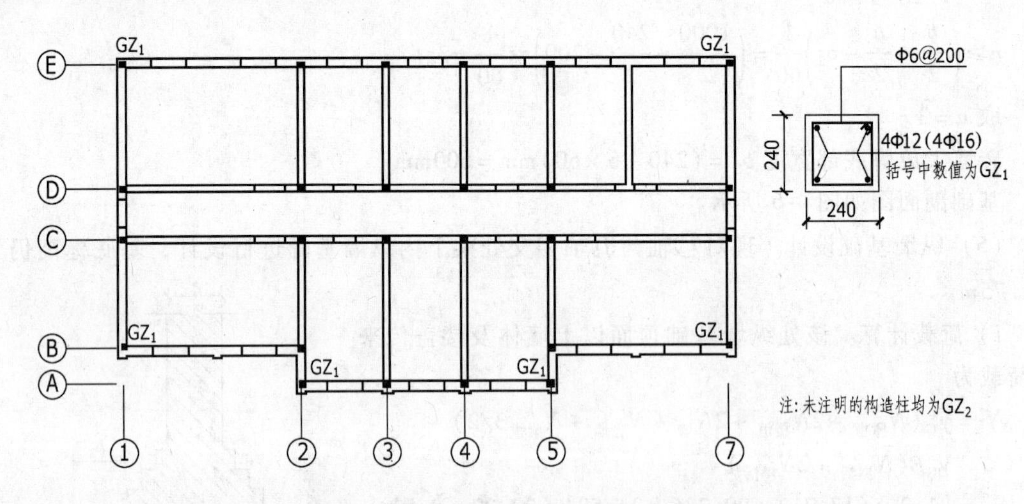

图 4-7　构造柱平面布置图及构造柱截面图

② 圈梁。本工程采用现浇钢筋混凝土板，且与墙可靠连接，因此可不设圈梁。但与构造柱对应部位的墙体上楼板内应配 4Φ12 的加强钢筋，且穿过构造柱内钢筋。

3）结构等效重力荷载代表值：

采用质量集中法将楼（屋）盖自重标准值、50% 的楼（屋）面活荷载、每层上下各半层墙自重标准值集中于楼（屋）盖各标高处，形成各质点重力荷载代表值。

墙体自重标准值见表 4-3，重力荷载代表值见表 4-4。

表 4-3　各墙体自重标准值

墙　体		墙　体　面　积/m²	重量/kN
女儿墙		(25.2＋11.4＋1.5)×2×(1.2＋1.8)/2＝114.3	114.3×5.24＝599
底层横墙	240mm 厚	(4.56×5×0.95①＋5.46×2＋3.96×2)×4.25＝172.1	172.13×5.24＝901.9
	370mm 厚	(11.16＋1.26)×4.25×2×0.95①＝100.29	100.29×7.9＝792.3
底层纵墙	240mm 厚	10.8×4×4.25×0.9①＝165.24	165.24×5.24＝865.8
	370mm 厚	25.7×2×4.25×0.85①＝185.68	185.68×7.9＝1466.89
其他层横墙	240mm 厚	(4.56×4＋5.46×2＋3.96×2)×3.3＝122.36	122.36×5.24＝641.2
	370mm 厚	(11.16＋1.26)×3.3×2×0.95①＝77.87	77.87×7.9＝615.17
其他层纵墙	240mm 厚	10.8×4×3.3×0.9①＝128.3	128.3×5.24＝672.31
	370mm 厚	25.7×2×3.3×0.85①＝144.18	144.18×7.9＝1139

注：门洞高均按 2.1m 计算。

①　数值为门窗洞口的折减系数。

表 4-4　各重力荷载代表值

层次	构件	荷载/kN	G_i/kN
三层	女儿墙	114.3×5.24＝599	G_3＝3724.56
	屋盖恒载	4.92×303.5＝1493.22	
	梁	1.75×(4.8×2＋4.2×2＋3.6)＝37.8	
	墙	(641.2＋615.17＋672.31＋1139)/2＝1533.84	
	屋面活荷载	0.4×0.5×303.5＝60.7(雪荷载组合值系数为 0.5)	
二层	楼面恒载	4.13×303.5＝1253.5	G_2＝4677.54
	楼面梁	1.75×(4.8×2＋4.2×2＋3.6)＝37.8	
	墙	641.2＋615.17＋672.31＋1139＝3067.68	
	楼面活荷载	(243×2＋60.48×2.5)×0.5＝318.6(组合值系数 0.5)	
一层	楼面恒载	1253.5	G_1＝5157.24
	楼面梁	37.8	
	墙	1533.84＋(901.94＋792.3＋865.86＋1466.89)/2＝3547.34	
	楼面活荷载	318.6	
ΣG		$G_1+G_2+G_3$	13559.34

4）水平地震作用及楼层地震剪力：采用底部剪力法计算地震作用，结构总水平地震作用标准值：

$$F_{EK}=\alpha_{max}G_{eq}=0.16\times0.85\times13559.34\text{kN}=1844.07\text{kN}$$

各质点水平地震作用标准值及楼层地震剪力，计算见表 4-5。

各重力荷载代表值、地震作用及地震剪力分布如图 4-8 所示。

表 4-5　各质点水平地震作用标准值及楼层地震剪力

楼层	G_i /kN	H_i /m	G_iH_i /kN	$\dfrac{G_iH_i}{\sum_{j=1}^{n} G_jH_j}$	$F_i=\dfrac{G_iH_i}{\sum_{j=1}^{n} G_jH_j}F_{EK}$ /kN	$V_i=\sum_{j=i}^{n} F_i$ /kN
3	3724.56	10.85	40411.5	0.414	763.44	763.44
2	4677.54	7.55	35315.43	0.362	667.55	1431
1	5157.24	4.25	21918.27	0.224	413.07	1844.07
Σ	13559.34		97645.17	1	1844.07	

图 4-8　水平地震作用计算简图及地震剪力分布图

5）抗震墙截面净面积计算：

① 横墙净面积：

$A_1=A_7=10.82\times0.37\text{m}^2=4\text{m}^2$，

$A_2=A_5=(9.49\times0.24+1.87\times0.37)\text{m}^2=2.97\text{m}^2$，

$A_3=A_4=11.36\times0.24\text{m}^2=2.726\text{m}^2$，

$A_6=4.27\times0.24\text{m}^2=1.025\text{m}^2$，

$A_{横墙}=[(4+2.97+2.726)\times2+1.025]\text{m}^2=20.417\text{m}^2$。

② 纵墙净面积：

$A_A=5.76\times0.37\text{m}^2=2.13\text{m}^2$，

$A_B=(3.96\times0.37\times2+0.48\times0.12\times2)\text{m}^2=3.046\text{m}^2$，

$A_C=17.4\times0.24\text{m}^2=4.176\text{m}^2$，

$A_D=16.5\times0.24\text{m}^2=3.96\text{m}^2$，

$A_E=15.66\times0.37\text{m}^2=5.794\text{m}^2$，

$A_{纵墙}=(2.13+3.046+4.176+3.96+5.794)\text{m}^2=19.106\text{m}^2$。

6）横墙地震剪力分配及强度验算：

需要验算的不利楼层按下列原则选取：当每层结构布置及墙体厚度相同时，取同一砂浆强度等级的最下楼层。本工程第一层为不利楼层，在第一层中只选择从属面积较大或竖向应力较小的墙段进行截面抗震承载力验算。⑥轴横墙开洞较多（因传片箱洞口较小 600mm × 400mm，可不考虑该洞口的影响），且竖向应力较小，因此取⑥轴横墙进行验算。

本工程为刚性楼盖方案，采用 MU10 多孔砖 M7.5 混合砂浆砌筑（$f_v=0.14\text{MPa}=140\text{kN/m}^2$）。

$V_{1,6K}=(1.025\times1844.07/20.423)\text{kN}=92.55\text{kN}$

墙体剪力设计值 $V_{1,6}=1.3\times92.55\text{kN}=120.315\text{kN}$

因⑥轴上有一门洞 0.9m × 2.1m 将墙分成 a、b 两段，如图 4-9 所示，两段 $\rho=h/b$ 值为：

a 墙段：$\rho_a=2.1/0.36=5.83>4$，

b 墙段：$\rho_b=2.1/3.91=0.537<1$，

因此，a 墙段的等效侧向刚度为零，剪力均由 b 墙段承受，b 墙段仅考虑剪切变形。

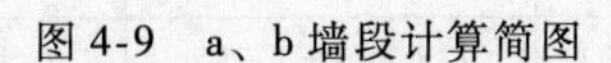

图 4-9　a、b 墙段计算简图

$V_b=V_{1,6}=120.315\text{kN}$。

b 墙段在层高半高处的平均压应力为：

楼板传来重力荷载代表值为 $N_b=[(4.13+0.5\times2)\times10.4]\text{kN}=53.35\text{kN}$，

b 墙段自重为 $N_w=(2.125\times3.91\times5.24)\text{kN}=43.54\text{kN}$，

$$\sigma_0=\frac{53.35+43.54}{0.24\times3.91}=103.25\text{kN/m}^2$$

墙体抗震承载力验算见表 4-6。

表 4-6　一层⑥轴 b 墙段墙体抗震承载力验算

墙段	σ_0 /(kN/m²)	f_v	σ_0/f_v	ζ_n	$f_{VE}=\zeta_nf_v$ /(kN/m²)	A/m²	$f_{VE}A/\gamma_{RE}$	V/kN	结论
b	103.25	140	0.738	0.948	132.7	0.9384	124.5	120.3	满足

注：1. γ_{RE} 取 1.0。

2. 用 M5 混合砂浆砌筑时，验算不满足，特将此墙改用 M7.5 混合砂浆。

7）纵向地震剪力分配及承载力验算：

① 因纵墙受力不均，有可能成为不利墙段。Ⓓ轴纵墙受到的地震作用较大且墙薄；Ⓔ轴纵墙所受压应力较小，因此都有必要验算。

② 纵墙地震剪力按各纵墙面积分配；各墙段地震剪力按墙段刚度进行分配。两纵墙墙段划分如图 4-10、图 4-11 所示，墙段刚度及地震剪力计算见表 4-7。

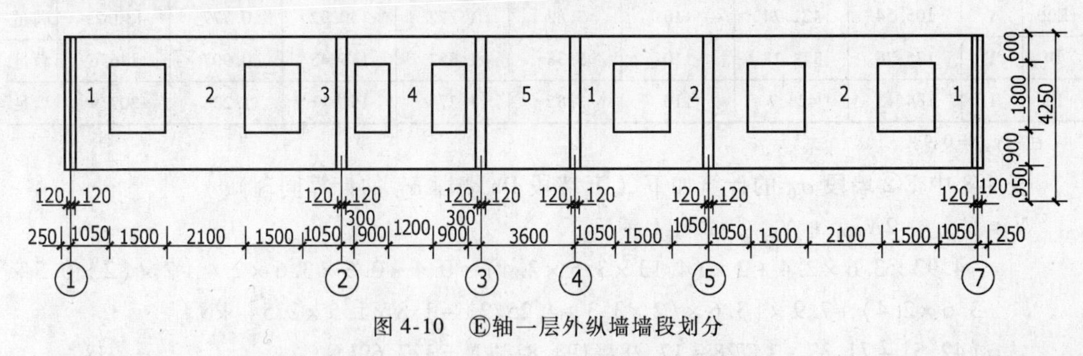

图 4-10　Ⓔ轴一层外纵墙墙段划分

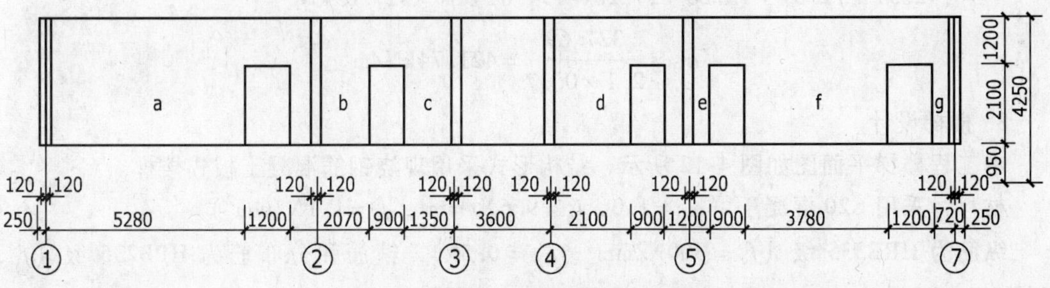

图 4-11　Ⓓ轴一层内纵墙墙段划分

③ 抗震承载力验算时应取竖向应力较小或承受较大地震剪力的墙段。从表 4-7 和墙体受荷范围观察应验算Ⓔ轴②墙段和Ⓓ轴 f 墙段 a 墙段，验算结果见表 4-8。

表 4-7　纵向墙段刚度及地震剪力

层数	墙段编号	墙段高宽比 $\rho=h/b$	墙段刚度 K_{wi}	个数	$\sum K_{wi}$	轴线总地震剪力 $V_{im}=\frac{A_i}{A_{纵}}V_i$/kN	墙段地震剪力 $V_{imj}=\frac{K_{wi}}{\sum K_{wi}}V_{im}$/kN	备　注
1	E①	1.8/1.3 = 1.385	0.147	2	2.679	$\frac{5.794\times1844\times13}{19.11}$ = 726.86	39.88	$1<\rho<4$
	E②	1.8/2.1 = 0.857	0.389	4			105.54	$\rho<1$
	E③	1.8/1.35 = 1.333	0.157	2			42.6	$1<\rho<4$
	E④	1.8/1.2 = 1.5	0.127	1			34.46	
	E⑤	4250/4950 = 0.86	0.388	1			105.27	$\rho<1$
1	Da	2.1/5.53 = 0.38	0.877	1	2.367	$\frac{3.96\times1844\times1.3}{19.11}$ = 496.77	184.13	$\rho<1$
	Db	2.1/2.07 = 1.014	0.245	1			51.44	$1<\rho<4$
	Dc	2.1/1.47 = 1.429	0.139	1			29.185	
	Dd	2.1/2.22 = 0.946	0.352	1			73.9	$\rho<1$
	De	2.1/1.2 = 1.75	0.094	1			19.73	$1<\rho<4$
	Df	2.1/3.78 = 0.556	0.599	1			125.76	$\rho<1$
	Dg	2.1/0.97 = 2.16	0.060	1			12.6	$1<\rho<4$

注：当 $\rho<1$ 时，$K_{wi}=\frac{1}{3\rho}$；当 $1<\rho<4$ 时，$K_{wi}=\frac{1}{3\rho+\rho^3}$；当 $\rho>4$ 时，$K_{wi}=0$。

表 4-8　墙段抗震承载力验算

墙段	层数	V_i /kN	σ_0 /(kN/m²)	f_v /(kN/m²)	σ_0/f_v	ζ_n	$f_{VE}=\zeta_n f_v$	A_i /m²	$\frac{f_{VE}A_i}{\gamma_{RE}}$	结论
E②	1	105.54	421.74	110	3.83	1.372	150.92	0.777	130.29	满足
Df	1	125.76	372.18	110	3.38	1.322	145.43	0.907	146.6	满足
Da	1	184.13	423.7	110	3.85	1.374	151.11	1.238	207.9	满足

注：$\gamma_{RE}=0.9$。

表 4-8 中 E②墙段 σ_0 的计算如下（Df 墙段 Da 墙段 σ_0 的计算同理）：

$$N=N_{屋恒}+2N_{楼恒}+N_{屋活}+2N_{楼活}+N_{墙}$$
$$=\{4.92\times3.6\times2.4+2\times(4.13\times3.6\times2.4)+0.4\times0.5\times3.6\times2.4+2\times(2\times0.5\times3.6\times2.4)+7.9\times[3.6\times(2\times3.3+4.25/2)-1.8\times1.5\times2.5]\}\text{kN}$$
$$=(42.51+71.37+1.728+17.28+194.81)\text{kN}=327.69\text{kN}$$
$$\sigma_0=\frac{327.69}{2.1\times0.37}=421.74\text{kN/m}^2$$

8. 楼梯设计

本工程楼梯平面图如图 4-12 所示，结构形式采用现浇钢筋混凝土板式楼梯。

材料：采用 C20 混凝土（$\alpha_1=1.0$，$f_c=9.6\text{N/mm}^2$，$f_t=1.1\text{N/mm}^2$）。

纵筋为 HRB335 级（$f_y=300\text{N/mm}^2$，$\xi_b=0.55$），箍筋和分布筋为 HPB235 级（$f_y=210\text{N/mm}^2$）。

1）楼梯梯段板计算：

板厚：$h\geqslant l/30=2700/30=90\text{mm}$，取 $h=100\text{mm}$。

取 1m 板宽为计算单元，楼梯斜板的倾角 $\cos\alpha=0.876$

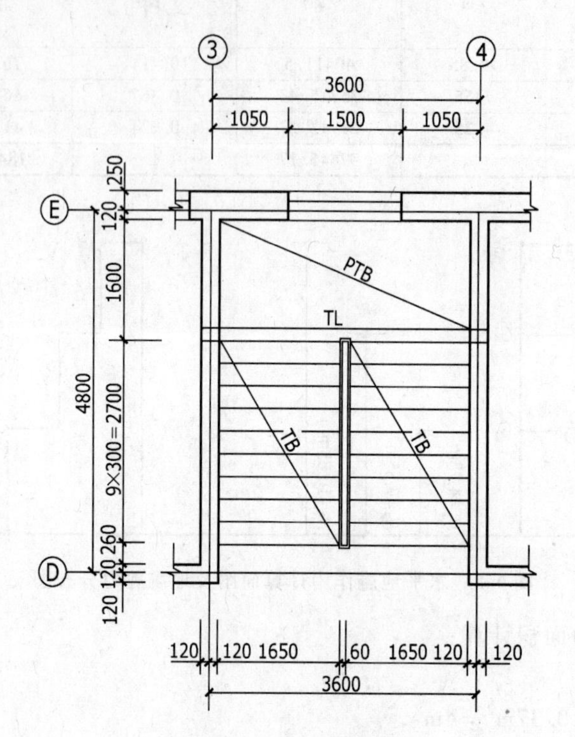

图 4-12　楼梯平面图

恒载：水磨石面层　$[1.2\times(0.3+0.165)\times0.65/0.3]\text{kN/m}=1.209\text{kN/m}$

踏步板自重　$1.2\times0.5\times0.3\times0.165\times25\times1/0.3\text{kN/m}=2.475\text{kN/m}$

斜板自重　$1.2\times0.1\times25\times1/0.876\text{kN/m}=3.425\text{kN/m}$

恒载设计值　$g=7.11\text{kN/m}$

活荷载设计值　$q=1.4\times2.5\text{kN/m}=3.5\text{kN/m}$

内力计算：

计算跨度　$l_0=l+a=(2700+200)\text{mm}=2900\text{mm}$

跨中弯距　$M=\frac{1}{10}(g+q)l_0^2=\frac{1}{10}\times(7.11+3.5)\times2.9^2\text{kN}\cdot\text{m}=8.923\text{kN}\cdot\text{m}$

配筋计算见表 4-9。

2）平台板计算：

板厚：取 1m 板宽为计算单元，板厚取 $h=70\text{mm}$。

恒载：水磨石面层　$1.2\times0.65\text{kN/m}=0.78\text{kN/m}$

平台板自重　$1.2\times0.07\times25\text{kN/m}=2.1\text{kN/m}$

恒载设计值　2.88kN/m

活荷载设计值：　$1.4\times2.5\text{kN/m}=3.5\text{kN/m}$

内力计算：

计算跨度 $l_0 = l_n + \frac{h}{2} = 1.6 + \frac{0.07}{2} = 1.635\text{m}$

跨中弯距 $M = \frac{1}{8}(g+q)l_0^2 = \frac{1}{8} \times (2.88 + 3.5) \times 1.635^2\text{kN} \cdot \text{m} = 2.13\text{kN} \cdot \text{m}$

配筋计算见表 4-9。

表 4-9 楼梯踏步斜板、平台板、平台梁配筋计算

构 件	斜 板	平 台 板	平 台 梁
弯距 M/kN · m	8.923	2.13	32.88
剪力 V/kN	—	—	35.46
截面高度 $h(h'_f)$ /mm	100	70	350(70)
有效高度 h_0/mm	75	45	310
截面宽度 $b(b'_f)$/mm	1000	1000	200(588) 一类 T
$\alpha_s = \frac{M}{\alpha_1 f_c b h_0^2}$	0.165	0.11	0.06
$\xi = 1 - \sqrt{1-2\alpha_s} < \xi_b$	0.182	0.117	0.062
$A_s = \xi b h_0 \frac{\alpha_1 f_c}{f_y}$	436.2	168.48	361.64
实配纵筋	Φ10@150	Φ8@200	3Φ14
实配面积/mm²	523	251	461
分布钢筋(架立筋)	Φ6@300	Φ6@250	(2Φ10)
$\rho_{max} > \rho = A_s/bh_0 > \rho_{min}$	1.76 > 0.7 > 0.2	1.76 > 0.5 > 0.2	1.76 > 0.74 > 0.2
$0.7 f_t b h_0$/kN	—	—	47.74 > V
箍筋	—	—	Φ6@200

注：1. ρ_{min} 取 0.2 和 $45f_t/f_y$ 中的较大值。
2. $\rho_{max} = \xi_b \alpha_1 f_c / f_y$。

3）平台梁计算：因平台板外端与过梁整体连接，故平台梁按倒 L 形截面计算。截面尺寸 $b \times h = 200\text{mm} \times 350\text{mm}$。

荷载计算

恒载：踏步斜板传来 $7.11 \times 2.7/2\text{kN/m} = 9.599\text{kN/m}$

平台板传来 $2.88 \times 1.6/2\text{kN/m} = 2.304\text{kN/m}$

梁自重 $1.2 \times 0.2 \times (0.35 - 0.07) \times 25\text{kN/m} = 1.68\text{kN/m}$

恒载设计值 $g = 13.583\text{kN/m}$

活荷载设计 $q = 1.4 \times 2.5 \times (1.35 + 0.8)\text{kN/m} = 7.525\text{kN/m}$

内力计算

计算跨度 $l_0 = l_n + a = (3.36 + 0.24)\text{m} = 3.6\text{m}$

$l_0 = 1.05 l_n = 1.05 \times 3.36\text{m} = 3.528\text{m}$ 取 $l_0 = 3.528\text{m}$。

跨中弯距 $M = \frac{1}{8} \times (13.583 + 7.525) \times 3.528^2\text{kN} \cdot \text{m} = 32.84\text{kN} \cdot \text{m}$

支座剪力 $V = \frac{1}{2}(13.583 + 7.525) \times 3.36\text{kN} = 35.46\text{kN}$

4）配筋计算：配筋计算见表 4-9，配筋如图 4-13 所示。

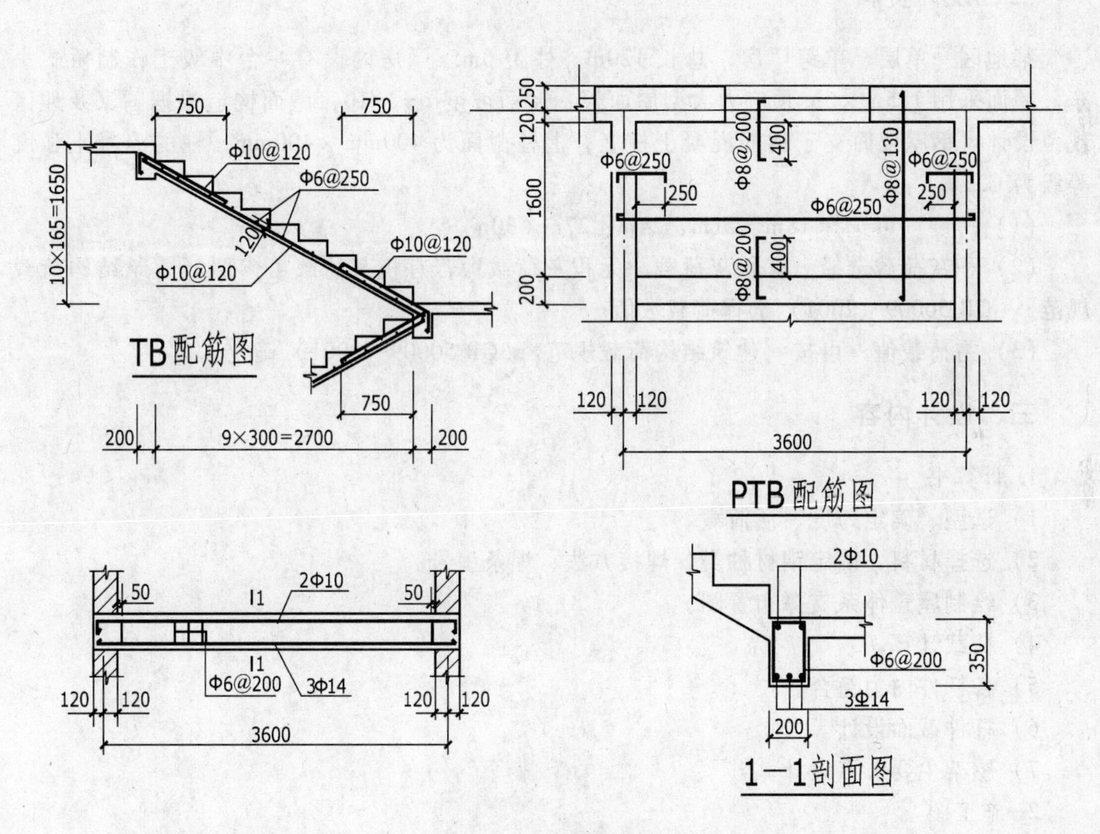

图 4-13 楼梯配筋图

第五章　钢屋架设计实训

第一节　钢屋架设计任务书

一、设计题目

设计某单层单跨工业厂房的钢屋架。

二、设计资料

某地区一单层、单跨厂房，总长120m，柱距6m。厂房内设有一台中级工作制桥式吊车。屋面采用1.5m×6m预应力大型屋面板，屋面坡度$i=1/10$，屋面构造根据国家及地区规范设计。钢屋架简支于钢筋混凝土柱上，上柱截面为400mm×400mm，柱的混凝土强度等级为C25。

（1）跨度　可选择18m、21m、24m、27m、30m。

（2）积灰荷载选择　有积灰荷载、无积灰荷载；若有积灰荷载可参照《建筑结构荷载规范》（GB 50009—2001）选择荷载数值。

（3）雪荷载值　可按《建筑结构荷载规范》（GB 50009—2001）确定。

三、设计内容

1. 计算书

1）选型、确定跨度、活荷载。

2）选择材料，确定钢材种类、焊接方法、焊条型号。

3）绘制屋盖体系支撑布置图。

4）荷载计算。

5）各杆件内力组合。

6）杆件截面设计。

7）屋架主要节点设计。

2. 施工图

绘制钢屋架施工图一张，包括：

1）屋架索引图（习惯画在图面的左上角）。比例取1:100或1:150。

2）屋架正面图。轴线比例取1:20或1:30，截面及节点板等零配件比例取1:10或1:15。

3）上、下弦杆俯视图，比例同屋架正面图。

4）必要的剖面图（端竖杆、中竖杆、托架及垂直支撑连接处），比例同屋架正面图。

5）屋架支座详图及零件详图。

6）施工图说明。

7）材料表。

8）标题栏。

四、设计要求

1. 计算书要求

书写工整、数字准确、画出必要的计算简图。

2. 制图要求

所有图线、图例尺寸和标注方法均应符合国家最新建筑制图标准，图纸上所有汉字和数字均应书写端正、排列整齐、笔画清晰，中文书写为长仿宋体。

第二节　钢屋架设计指导书

一、选择屋架类型

1. 屋盖的结构体系

屋盖钢结构的形式主要包括：平面杆系结构中的桁架，拱、门式刚架，空间杆系结构中的网架结构，立体桁架，网壳结构及悬索结构等。以多榀平面桁架为主要承力结构的屋盖结构一般由平面钢桁架（钢屋架）檩条、天窗架、托架、屋盖支撑和屋面材料（屋面板）等组成。

钢屋盖结构体系分为有檩体系和无檩体系。

（1）无檩体系　无檩体系是指屋架上直接放置混凝土屋面板，上铺保温层和防水层的构造方式。无檩体系一般适用于预应力混凝土大型屋面板等重型屋面。无檩体系屋面刚度大、耐久性高，但是屋面自重大，增加了屋架和柱的荷载。

（2）有檩体系　有檩体系是指屋架上设置檩条，檩条上铺设轻型屋面材料的构造方式。如压型钢板、压型铝合金板、石棉瓦、瓦楞铁皮等。有檩体系常用于轻型屋面材料。

屋盖结构体系无论选用有檩体系还是无檩体系，在结构布置中都力求使屋架节点受力，尽量避免或减少出现节间荷载，使杆件承受局部弯矩。

2. 屋架的外形

屋架选型是设计的第一步，屋架常用的外形有：三角形、梯形、平行弦和人字形等。

（1）三角形屋架　三角形屋架适用于要求坡度较陡（$i>1/3$）的有檩体系屋盖且通常与柱子铰接连接。但是由于屋架在荷载作用下的弯矩图与屋架外形相差悬殊，因此屋架弦杆受力不均，支座处内力较大，跨中内力较小，弦杆的截面不能充分发挥作用，支座处上、下弦杆交角较小、内力较大，因此支座节点构造复杂。三角形屋架在布置腹杆时要处理好檩距与上弦节点之间的关系。

三角形屋架的高度，当屋面坡度$i=1/3\sim1/2$时，$H=(1/6\sim1/4)L$。

（2）梯形屋架　梯形屋架适用于屋面坡度较为平缓（$i=1/8\sim1/12$）的无檩体系屋盖。由于屋架在荷载作用下的弯矩图与屋架外形比较接近，屋架弦杆受力较为均匀。梯形屋架与柱的连接可以做成铰接也可以做成刚接。刚性连接可以提高建筑物的横向刚度。

梯形屋架高度，跨中高度主要取决于经济要求，一般为 $H=(1/10\sim1/8)L$。端部高度：当屋架与柱刚接时，端部高度一般为 $H_0=(1/6\sim1/12)L$，通常取 2.0～2.5m；当屋架与柱铰接时，端部高度可按跨中经济高度与上弦坡度来决定。

（3）人字形屋架　人字形屋架适用于坡度 $i=1/20\sim1/10$ 的屋盖体系。人字形屋架有较好的空间观感，制作时不用起拱，多用于大跨结构。人字形屋架上、下弦可以是平行的，节点构造较为统一；上、下弦也可以做成不同坡度或下弦水平，可以改善屋架受力状况。

人字形屋架跨中高度一般为 2.0～2.5m，跨度大于 36m 时，可取较大高度，但不得超过 3m；端部高度一般为（$1/18\sim1/12$）L。

（4）平行弦屋架　平行弦屋架在构造上有较突出的优点，弦杆及腹杆分别等长、节点形式相同、构造简单、便于工业化制作，因此应用较广泛。多用于单坡屋盖和双坡屋盖，或用作托架、支撑体系。

3. 选取屋架外形时应考虑的影响因素

1）建筑物的用途。

2）屋面材料要求的排水坡度。

3）屋架用料经济、整体刚度大。

4）便于制造、运输和安装。

5）杆件内力，屋架外形直接影响杆件的内力。

另外，屋架腹杆布置时应使内力分布趋于合理，尽量使长杆受拉、短杆受压，腹杆数目宜少，总长度要短，斜腹杆的倾角一般在 30°～60°之间，腹杆布置时应注意使荷载都作用在桁架的节点上，尽量避免由于非节点荷载而使弦杆承受局部弯矩。节点构造要求简单合理、便于制作。

二、选择钢材、焊接方法和焊条型号

1. 钢材选用时主要考虑的因素

（1）结构的重要性　对重型工业建筑结构、大跨度结构、高层或超高层的民用建筑结构或构筑物等重要结构，应考虑选用质量好的钢材；对一般工业与民用建筑结构，可按工作性质分别选用普通质量钢材。另外，按照《建筑结构可靠度设计统一标准》的规定，建筑结构及其构件根据破坏可能产生后果的严重性（危及人的生命、造成经济损失、产生社会影响等），把建筑物分为重要的、一般的和次要的，设计时相应的安全等级为一级（重要的）、二级（一般的）和三级（次要的）。安全等级不同，要求使用的钢材质量也不同，安全等级越高，选用的钢材质量越好。

（2）荷载情况　结构所受的荷载可分为静荷载和动荷载两种。承受直接动荷载的结构和强烈地震区的结构，应选用综合性能好的钢材；承受静荷载或间接动荷载的结构则选用一般质量的普通钢材，如 Q235 钢。

（3）连接方法　钢结构的连接方法有焊缝连接、螺栓联接和铆钉连接三种。焊缝连接具有构造简单、用料经济、不削弱截面、连接刚度大、密闭性好等优点。但是在焊接过程中焊缝附近存在热影响区，会使构件产生焊接残余应力和焊接残余变形，使焊缝附近材质变脆，同时焊接过程中易发生咬边、烧穿、弧坑、气孔、夹渣、未焊透等缺陷，导致结构产生裂缝或脆断的危险。因此，焊接结构的钢材质量应严格要求。如在化学成分上，一定要严格控制易使钢材质量变脆的化学元素，如使钢材产生高温热脆的硫（S）元素以及使钢材产生低温冷脆的磷（P）元素等。对于采用螺栓联接和铆钉连接的非焊接构件，可适当放宽硫、磷的含量。

（4）结构所处的温度和环境　温度影响着钢材的机械性能，一般情况下，钢材的塑性和韧性随温度的降低而降低。钢材处于低温时，韧性急剧下降，容易发生冷脆。因此经常处于或有可能处于低温条件下工作的钢结构，尤其是焊接结构，应选用具有良好抗低温脆断能力的镇静钢。此外，露天结构的钢材容易产生时效，有害介质作用的钢材容易腐蚀、疲劳和断裂，也应加以区别地选择不同材质。

（5）钢材厚度　薄钢材辊轧次数多，轧制的压缩比大，厚度大的钢材压缩比小，所以厚度大的钢材不但强度较小，而且塑性、冲击韧性和焊接性能也较差。因此，厚度大的焊接结构应采用材质较好的钢材。

2. 钢材选用的建议

1）承重结构的钢材应保证抗拉强度、屈服点、伸长率和硫、磷的极限含量，对焊接结构还应保证碳的极限含量。由于 Q235—A 钢的碳含量不作为交货条件，故不允许用于焊接结构。

2）焊接承重结构以及重要的非焊接承重结构的钢材应具有冷弯试验的合格保证。

3）对于需要验算疲劳的以及主要的受拉或受弯的焊接结构的钢材，应具有常温冲击韧性的合格保证。当结构工作温度等于或低于 0℃但高于 -20℃时，Q235 钢和 Q345 钢应具有 0℃冲击韧性的合格保证；对 Q390 钢和 Q420 钢应具有 -20℃冲击韧性的合格保证。当结构工作温度等于或低于 -20℃时，对 Q235 钢和 Q345 钢应具有 -20℃冲击韧性的合格保证；对 Q390 钢和 Q420 钢应具有 -40℃冲击韧性的合格保证。

3. 焊接方法及焊条型号的选择

1）钢材的焊接方法很多，主要有电弧焊、电渣焊和电阻焊等，在钢结构中主要采用电弧焊。

2）焊条选用应和焊接钢材的强度和性能相适应，一般为：Q235 钢材采用 E43 型焊条；16Mn 钢采用 E50 型焊条；15MnV 钢采用 E55 型焊条。

三、布置屋架支撑

屋架在自身平面内为几何不变体系，并具有较大的刚度，能承受屋架平面内的各种荷载。但是，屋架侧向（即屋架平面外）刚度和稳定性则很差。因此，为使屋架结构有足够的空间强度和稳定性，必须在屋架间设置支撑系统以增加屋架的整体稳定性。

1. 支撑的作用

1）形成空间几何不变体系，保证结构的空间整体性。

2）为屋架上、下弦杆提供侧向支撑点，避免压杆侧向失稳，防止拉杆产生过大的振动。

3）承担并传递水平荷载。如风荷载、悬挂吊车水平荷载和地震荷载等。

4）保证结构安装时的稳定和方便。

2. 支撑的种类及布置

支撑共有上弦横向水平支撑、下弦横向水平支撑、纵向水平支撑、垂直支撑、系杆五种。

（1）上弦横向水平支撑　通常情况下，在屋架上弦和天窗架上均应设置横向水平支撑。横向水平支撑一般设置在房屋或纵向温度区段两端。温度区段较长时应在中间增设一道或几道横向水平支撑，使两道横向水平支撑间距不大于 60m。从受力考虑，端部横向水平支撑最好设置在第一开间，但有时为了统一横向支撑尺寸，可将屋架横向水平支撑布置在第二柱间，在第一柱间设置刚性系杆传递水平荷载。

(2) 下弦横向水平支撑　当屋架间距小于12m，尚应在屋架下弦设置横向水平支撑，以增加屋架的整体刚度；当屋架跨度较小又无吊车或振动设备时，可不设下弦横向水平支撑。下弦横向水平支撑一般与上弦横向水平支撑布置在同一柱间以形成空间稳定体系。

(3) 纵向水平支撑　一般房屋不设纵向水平支撑，但是当房屋较高、跨度较大、空间刚度要求较高时，或设有较大吨位中级工作制吊车或有较大振动设备时，应设置纵向水平支撑。屋架间距小于12m时，纵向水平支撑通常设置在屋架下弦，但三角形屋架及端斜杆为下降式且主要支座设在上弦处的梯形和人字形屋架，也可布置在上弦平面内。当屋架间距大于等于12m时，纵向水平支撑设置在屋架的上弦平面内。

(4) 垂直支撑　无论何种屋架均应设置垂直支撑。屋架的垂直支撑应与上、下弦杆横向水平支撑设置在同一柱间。

对于三角形屋架，当屋架跨度小于等于18m时，可仅在跨中设置一道垂直支撑；当跨度大于18m时，宜设置两道垂直支撑。

对于梯形屋架，跨度小于等于30m时，可在屋架中间及两端设置垂直支撑；当屋架跨度大于30m时，可在跨度1/3处及屋架端部设置垂直支撑。

(5) 系杆　为保证屋架的整体稳定和传递水平荷载，在屋架上弦及下弦平面内均应设置系杆。系杆分为刚性系杆和柔性系杆。刚性系杆是指能承受压力和拉力的杆件；柔性系杆是指只能承受拉力的杆件。一般情况下，屋架主要支撑节点处的系杆、屋架上弦屋脊处的系杆为刚性系杆。当横向水平支撑设在第二柱间，第一柱间的所有系杆均为刚性系杆，其他情况可使用柔性系杆。通常刚性系杆采用由双角钢组成的十字形截面，而柔性系杆采用单角钢。

四、内力计算

1. 荷载汇集

屋架上的荷载有永久荷载和可变荷载。永久荷载包括屋架及支撑自重、屋面材料自重；可变荷载包括屋面均布活荷载、风荷载、雪荷载和积灰荷载等。荷载的取值及计算按《建筑结构荷载规范》(GB 50009—2001) 确定。

2. 内力计算

屋架属于桁架，因此屋架中各杆件内力的求解可采用结构力学中学习的求解桁架方法：节点法、截面法或图解法中的任何一种，视具体情况而定。

五、杆件内力组合

屋架的不同荷载情况会引起不同的杆件内力。设计时考虑各种可能的荷载组合，找出杆件的最不利内力。对于桁架中的轴心受力杆件，其最不利内力是指：拉杆的最大轴心拉力；压杆的最大轴心压力；既可能受压也可能受拉的杆件的最大轴心压力和最大轴心拉力。因此屋架设计时应考虑以下三种荷载组合：

1) 组合一：全跨永久荷载 + 全跨可变荷载。

2) 组合二：全跨永久荷载 + 半跨可变荷载。

3) 组合三：全跨屋架及支撑自重 + 半跨大型屋面板重 + 半跨屋面活荷载。

六、杆件截面设计

1. 杆件的计算长度

屋架中的杆件受轴心力作用，轴心受力构件的计算首先要确定构件的计算长度，杆件计算长度包括：平面内计算长度和平面外计算长度。

(1) 平面内计算长度 l_{ox}　在理想的桁架中，各节点为铰接，杆件的计算长度取节点中心的距离及杆件的几何长度。但实际构件中，桁架的节点处具有一定的刚度，对杆件有弹性嵌固作用，限制杆件的平面内转动。理论与实践研究表明，节点处的刚度主要来源于与节点相连的拉杆。汇交于节点的拉杆数量越多，产生的约束作用越大，压杆在节点处的嵌固程度越大，杆件计算长度越小。其原因是节点的嵌固程度确定各杆件的平面内计算长度。上、下弦杆，支座竖杆和支座斜杆节点嵌固程度较小，可以不考虑，计算长度取杆件的几何尺寸 l，即 $l_{ox}=l$。其他杆件考虑到节点处的牵制作用，计算长度适当折减，取 $l_{ox}=0.8l$。

(2) 平面外计算长度 l_{oy}　上、下弦杆取侧向支撑的间距；腹杆因节点平面外刚度较小，对杆件嵌固作用很弱，可忽略不计，取 $l_{oy}=l$。

(3) 中央竖杆　中央竖杆一般采用两个角钢组成的十字形截面，因截面两个主轴都不在桁架平面内，有可能产生斜向失稳，此时与杆件相连的节点板对其两个轴方向的失稳均有一定的嵌固作用。因此，斜截面计算长度稍作折减，取 $l_{ox}=l_{oy}=0.9l$。

总之，桁架中各杆件的计算长度应按表5-1桁架弦杆和腹杆的计算长度表的规定采用。

表 5-1　桁架弦杆和腹杆的计算长度表

项次	弯曲方向	弦杆	腹杆	
			支座斜杆和支座竖杆	其他腹杆
1	在桁架平面内	l	l	$0.8l$
2	在桁架平面外	l_1	l	l
3	斜平面	—	l	$0.9l$

注：l 为杆件的几何长度，l_1 为桁架弦杆的侧向支撑点间距。

2. 杆件的容许长细比

桁架杆件长细比的大小直接影响杆件的使用。当构件的长细比太大时，将使构件产生以下一些不利影响。

1) 使用期间因自重的作用产生过大挠度。

2) 在运输安装过程中因刚度不足产生弯曲。

3) 在动力荷载作用下引起较大的振动，影响使用。

《钢结构设计规范》(GB 50017—2003) 分别规定了受拉和受压构件的容许长细比，见表5-2和表5-3的相应规定。

表 5-2　受拉杆件的容许长细比

项次	构件名称	承受静力荷载或间接承受动力荷载的结构		直接承受动力荷载的结构
		一般建筑结构	有重级工作制吊车的厂房	
1	桁架的杆件	350	250	250
2	吊车梁或吊车桁架以下的柱间支撑	300	200	—
3	其他拉杆、支撑、系杆等(张紧的圆钢除外)	400	350	—

表 5-3　受压杆件的容许长细比

项　次	构　件　名　称	容许长细比
1	柱、桁架和天窗架构件	150
	柱的缀条、吊车梁或吊车梁桁架以下的柱间支撑	
2	支撑(吊车梁或吊车梁桁架以下的柱间支撑除外)	200
	用以减小受压构件长细比的杆件	

3. 杆件的截面设计

(1) 杆件截面选择的原则　杆件截面选择的原则应考虑以下几点：

1) 宽肢薄壁。在面积相同的条件下，优先选用肢宽而薄的肢件组成的截面，使截面面积的分布尽量开展，以增加截面的惯性矩和回转半径，提高构件的刚度和整体稳定性。

但是为了满足构件局部稳定性的要求，一般情况下，板件或肢件的最小厚度为 5mm，对于跨度较小的屋架最小可用到 4mm。

2) 等稳定性。使两个主轴方向的整体稳定性相等，即 $\phi_x = \phi_y$，以达到经济的效果。

3) 制造省工、构造简便，满足经济性的要求。

4) 便于与其他构件进行连接。

5) 同一屋架中的型钢规格不宜太多，以便订货。如果选用的型钢规格过多，可将数量较少的小型号钢进行调整，同时尽量避免选用相同肢长而厚度相差很小的型钢，以免施工时产生混料错误。

(2) 截面形式的选择　轴心受力构件的截面形式分为型钢截面和组合截面两种。普通屋架杆件的截面一般选用两个角钢组成的 T 形组合截面，受力较为合理。中央竖杆由于力较小及考虑屋架的对称性，宜采用两角钢组成的十字形截面。两角钢的拼接方式有等肢角钢相拼、不等肢角钢长肢相拼和不等肢角钢短肢相拼三种形式。角钢的拼接方式决定了截面两个轴的回转半径的关系，要做到截面绕两个轴转动等稳定，就必须根据平面内和平面外长细比，并结合截面特性，合理地选择角钢的拼接方式。

(3) 截面设计　根据各杆件的最不利荷载进行截面设计，具体见设计实例。

七、屋架节点设计

1. 节点设计一般要求

1) 桁架应以杆件的形心线为轴线并在节点处相交于一点，以避免杆件承受偏心力。为制造方便，通常取角钢肢背至轴线的距离为 5mm 的倍数。

2) 在屋架节点处，为了避免焊缝集中而使钢材材质变脆，腹杆与弦杆或腹杆与腹杆之间的焊缝净距离不宜小于 10mm，杆件之间的孔隙不小于 20mm。

3) 节点板的外形应尽可能的简单而规则，宜至少有两边平行，一般采用矩形、平行四边形和直角梯形等。节点板边缘与杆件轴线的夹角不应小于 15°。

2. 桁架的节点设计

节点设计宜结合屋架施工图的绘制进行。其程序为首先按杆件的截面绘出杆件轴线和各杆件角钢外形线，以确定节点板的构造形式，并根据腹杆内力确定腹杆和节点板连接焊缝的焊脚尺寸和焊缝长度，然后按所需焊缝长度和杆件之间应留的间隙，并适当考虑制造装配误差，确定节点板的合理形状和尺寸；最后验算弦杆和节点板的连接焊缝是否满足要求。

八、绘制施工图

工程设计的最终结果需要用施工图表达出来。施工图是设计者的主旨、意图的体现，是工程师的语言。同时，施工图更是钢结构制造厂加工制造的主要依据，必须十分重视。当屋架对称时，可仅绘制半榀屋架的施工图，大型屋架则需按运输单元绘制。钢屋架施工图的绘制依据《房屋建筑制图统一标准》(GB/T 50001—2001) 和《建筑结构制图标准》(GB/T 50105—2001) 进行。现将钢屋架施工图的绘制内容及绘制要求说明如下：

1. 图面布置

一幅钢屋架施工图包含的内容主要有：

(1) 屋架的索引图　用以表示各杆件的几何长度、各杆件内力设计值以及拱度（如需要起拱）。

(2) 屋架的正面图　用以表示各个杆件的编号、定位尺寸、填板的布置、各个节点的详图（包括节点板的尺寸、定位尺寸、各个杆件与节点板的相互几何关系、焊缝几何尺寸），以及支撑连接件的位置等。

(3) 屋架的上下弦杆投影图　用以表示上、下的支撑连接件的位置及锚栓的布置情况等。

(4) 屋架的剖面图　一般绘制屋架的端竖杆和中竖杆的剖面图，用以表示竖杆、弦杆、节点板和支撑的连接情况。

(5) 支座节点详图

(6) 大样图　用以表示某些特殊零件的几何尺寸。

(7) 材料表　材料表中列出所有杆件、节点板以及连接件的编号、截面形式、长度、数量和重量等。

(8) 说明　说明内容可多可少，一般说明钢材种类、焊条型号以及一些在图中未注明的事项。

屋架施工图的图面布置应力求紧凑、便于识图，常用的布图方式如图 5-1 所示。

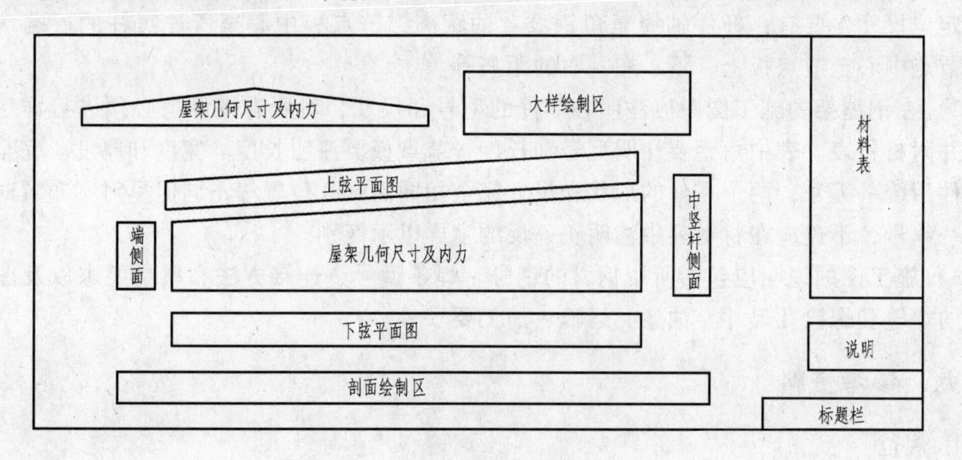

图 5-1　钢屋架施工图的布置

2. 屋架索引图

屋架索引图通常布置在图纸的左上角，比例视图纸的大小而定，一般采用 1:100 或 1:150。在屋架索引图中，一半标注屋架各杆件的几何长度 (mm)，另一半标注各杆件的计算内力设计值 (kN)。当梯形屋架跨度 $L > 24$m 或三角形屋架跨度 $L > 15$m 时，屋架挠度较大，影响使用和外观，制造时应考虑起拱，拱度约为 $L/500$，起拱值可在屋架索引图中绘出。

3. 屋架正面图

施工图的主要图面用于绘制屋架正面图，上、下弦平面图，必要的侧面图和剖面图，以及某些安装节点或特殊零件的大样图。屋架施工图通常采用两种比例尺：杆件轴线一般为1:20或1:30，以免图幅太大，但为了较清楚地表达节点的细部构造，节点（包括杆件截面、节点板和小零件）一般采用1:10或1:15。

4. 安装单元或运送单元

安装单元或运送单元是构件的一部分或全部，在安装过程或运输过程中，作为一个整体进行安装或运输。一般屋架可划分为两个或三个运送单元，但可作为一个安装单元进行安装。因此，在钢屋架的施工图中应注明各构件的型号和尺寸，并根据结构布置方案、工艺施工要求、各部位的连接方法及具体尺寸等情况，对构件进行详细编号。

编号的原则是：

1）只有所有零件的形状、尺寸、加工记号、数量和装配位置等全部相同的构件，才能用相同的编号。编号一般按主次顺序，从上到下，从左到右，同时注意同一榀屋架中各杆件的编号尽量连续。

2）不同种类的构件（如屋架、天窗架、支撑等），还应在其编号前加上不同的字母代码，以示区别。例如屋架用W、天窗架用TJ、支撑用C表示等。

3）有支撑、系杆连接的屋架和没有支撑、系杆连接的屋架，应在连接孔和连接件上有区别，应给予不同的编号，如GWJ-1、GWJ-2等，但可以只绘一张施工图在图中加以注明。如果将有无支撑和连接件的屋架都做得相同，则只需一个编号，而且施工时吊装简便。

5. 在钢屋架的施工图中应注意的问题

1）全部注明各杆件的定位尺寸、孔洞的位置，以及对工厂加工和对工地施工的所有要求。定位尺寸主要有：杆件轴线至角钢肢背的距离，节点板中心至所连腹杆的近端端部距离，节点中心至节点板上、下、左、右的距离等。

2）在钢屋架的施工图中应注明各零件的型号和尺寸，对所有零件也必须进行详尽的编号，并附材料表。表中角钢要注明型号和长度，节点板要注明长度、宽度和厚度。完全相同的零件用统一编号，两个零件的形状和尺寸完全相同而开孔位置等不同但呈对称布置时，可用同一编号，不过应在材料表中注明正、反的字样以示区别。

3）施工图的说明应包括所用钢材的钢号、焊条型号、连接方法和质量要求以及图中未注明的焊缝和螺栓孔尺寸、油漆、运输、加工要求等。

九、参考资料

1. 规范

《建筑结构荷载规范》（GB 50009—2001）

《钢结构设计规范》（GB 50017—2003）

2. 图集

《钢屋架施工图集》

3. 参考书

《钢结构原理与设计》

《土木工程专业课程设计指导书》

第三节　设 计 成 果

一、选择材料、确定屋架形式及几何尺寸

1. 选材

根据该地区的温度及层架的荷载性质，钢材选用Q235-AF，焊条选用E43型，手工焊。构件与支撑的联接采用M20普通螺栓。

2. 确定屋架形式及几何尺寸

（1）屋架跨中高度 H

$$H=(1/10\sim1/8)L=(1/10\sim1/8)\times24\text{m}=(2.4\sim3)\text{m}$$

取 $H=3.0\text{m}$。

（2）屋架端部高度 H_0

$$H_0=H-i\times12=(3.0-0.1\times12)\text{m}=1.8\text{m}$$

屋架几何尺寸如图5-2所示。

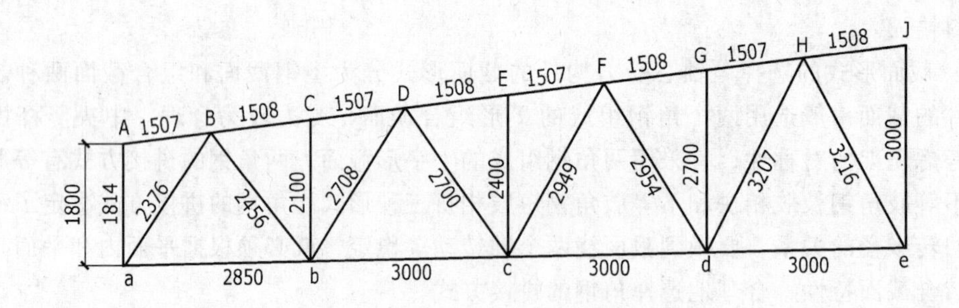

图5-2　屋架杆件尺寸详图

二、布置屋架支撑

（1）上弦横向水平支撑　在房屋两端和温度区段两端设置上弦横向水平支撑。

（2）下弦横向水平支撑　由于屋架间距小于12m，在屋架下弦设置横向水平支撑以增加屋架的整体刚度，下弦横向水平支撑与上弦横向水平支撑布置在同一柱间。

（3）纵向水平支撑　厂房吊车吨位较小，可不设置纵向水平支撑。

（4）垂直支撑　该屋架跨度为24m，大于18m，因此在屋架两端及中间共设置三道垂直支撑。

（5）系杆　为保证屋架的整体稳定和传递水平荷载，在屋架上弦及下弦平面内均设置了系杆。如图5-3为屋架支撑布置图。

三、荷载计算

1. 永久荷载

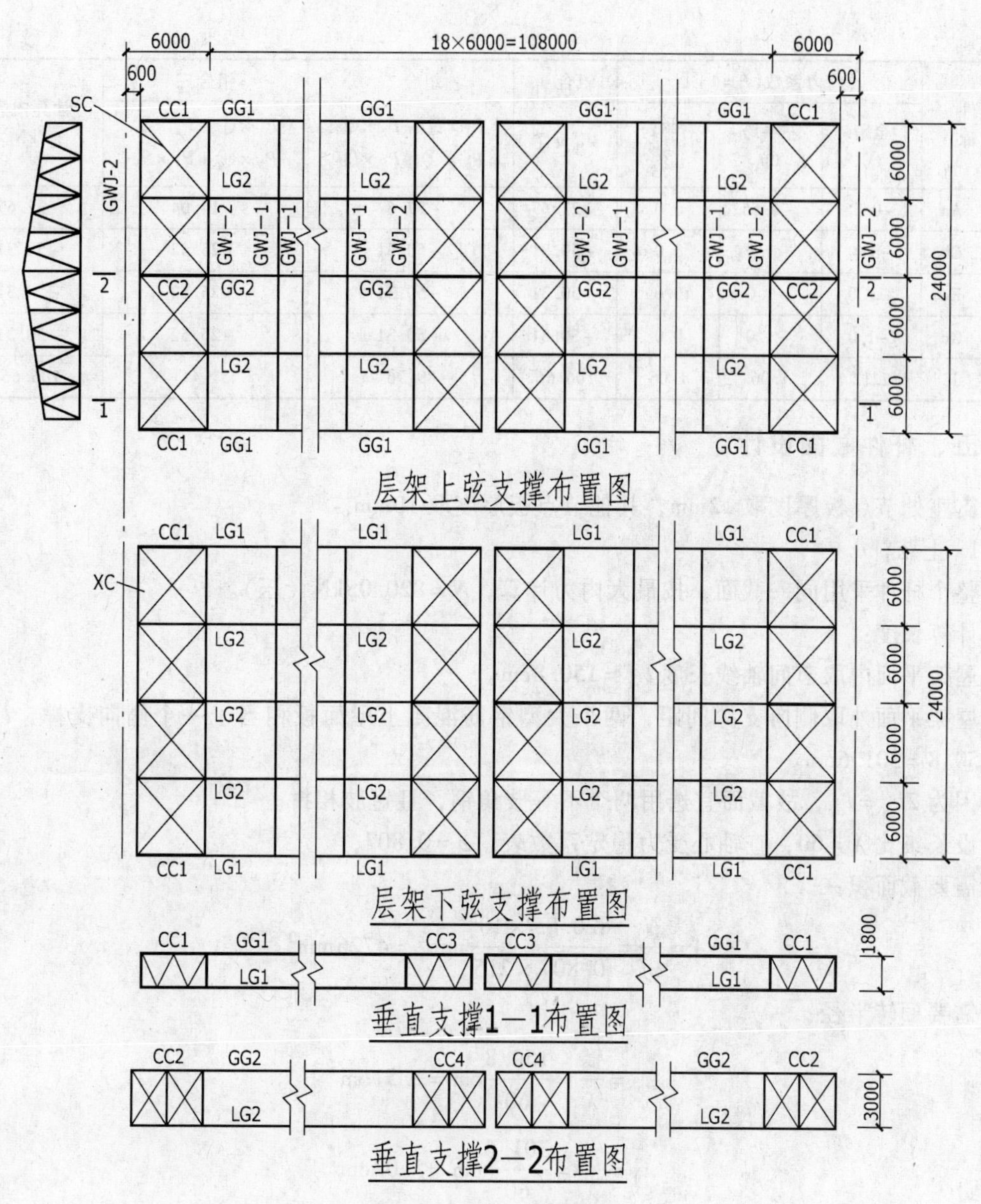

图 5-3　屋架支撑布置图

GWJ—钢屋架　SC—上弦支撑　XC—下弦支撑

CC—垂直支撑　GG—刚性支撑　LG—柔性系杆

标准值	
防水层（弹塑性改性沥青八层做法）	0.35kN/m^2
找平层（20mm 厚水泥砂浆）	$0.02\times20\text{kN/m}^2=0.4\text{kN/m}^2$
保温层（60mm 厚苯板）	0.17kN/m^2
找坡层（20mm 厚水泥砂浆）	$0.02\times20\text{kN/m}^2=0.4\text{kN/m}^2$
预应力混凝土大型屋面板	1.4kN/m^2
屋架及支撑自重	$0.12+0.26=0.38\text{kN/m}^2$
管道设备自重	0.1kN/m^2
总计	3.20kN/m^2

2. 可变荷载

屋面活荷载标准值为 0.5kN/m^2，雪荷载标准值为 0.45kN/m^2，积灰荷载设计值为 0.75kN/m^2。屋面可变荷载取活荷载和雪荷载中较大值与积灰荷载组合。因此厂房屋面可变荷载标准值为 $(0.5+0.75)\text{kN/m}^2=1.25\text{kN/m}^2$。

3. 荷载汇集

（1）屋架上弦节点总荷载设计值

$$P_{总}=(1.2\times3.2+1.4\times1.25)\times1.5\times6\text{kN}=50.31\text{kN}$$

（2）屋架上弦节点永久荷载设计值

$$P_1=1.2\times3.2\times1.5\times6\text{kN}=34.56\text{kN}$$

（3）屋架上弦节点可变荷载设计值

$$P_2=1.4\times1.25\times1.5\times6\text{kN}=15.75\text{kN}$$

（4）施工阶段屋架及支撑产生的节点永久荷载设计值

$$P_3=1.2\times0.38\times1.5\times6\text{kN}=4.104\text{kN}$$

（5）施工阶段大型屋面板及施工荷载产生的节点可变荷载设计值

$$P_4=(1.2\times1.4+1.4\times0.5)\times1.5\times6\text{kN}=21.42\text{kN}$$

四、杆件内力计算及内力组合

1. 杆件内力计算

采用图解法，（详见图 5-4）求出各杆件在单位力作用下的内力系数。

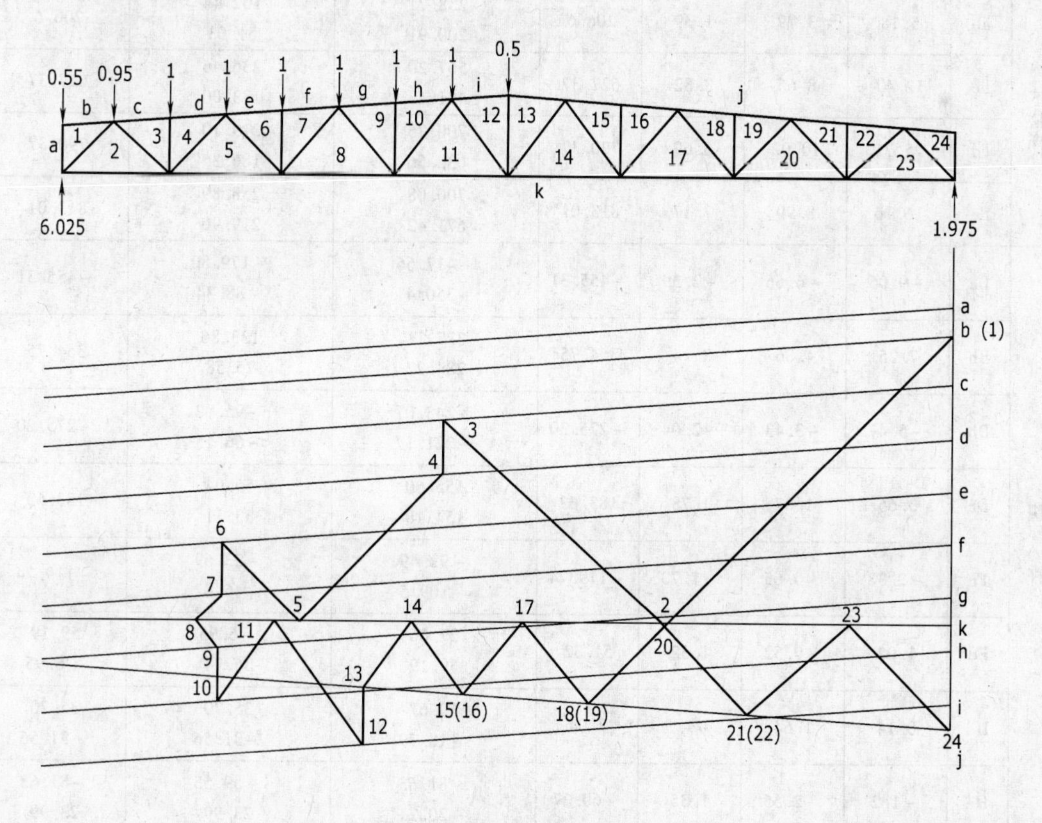

图 5-4　图解法求解内力图

2. 内力组合

屋架设计时应考虑以下三种荷载组合：

（1）组合一　全跨永久荷载 + 全跨可变荷载。

（2）组合二　全跨永久荷载 + 半跨可变荷载。

（3）组合三　全跨屋架及支撑自重 + 半跨大型屋面板重 + 半跨屋面活荷载。

屋架杆件最不利内力见表 5-4 屋架杆件内力组合表。

表 5-4　屋架杆件内力组合表

杆件名称		内力系数（$P=1$）			组合一	组合二	组合三	计算内力 /kN
		全跨 ①	左半跨 ②	右半跨 ③	$P_总 \times ①$	$P_1 \times ① + P_2 \times ②$ $P_1 \times ① + P_2 \times ③$	$P_3 \times ① + P_4 \times ②$ $P_3 \times ① + P_4 \times ③$	
上弦杆	AB	0.0	0.0	0.0	0.0	0.0	0.0	0.0
	BCD	-9.49	-6.79	-2.70	-477.44	-434.92 -370.50	-184.39 -96.78	-477.44
	DEF	-14.58	-9.74	-4.84	-733.52	-657.29 -580.11	-268.47 -163.51	-733.52
	FGH	-16.30	-9.80	-6.50	-820.05	-717.68 -665.70	-276.81 -206.13	-820.05
	HJ	-15.68	-7.84	-7.84	-788.86	-665.38 -665.38	-232.28 -232.28	-788.6
下弦杆	ab	5.18	3.79	1.39	206.6	238.71 200.91	102.44 51.03	206.6
	bc	12.47	8.65	3.82	627.37	567.20 491.13	236.46 133.00	627.37
	cd	15.71	10.02	5.69	790.37	700.75 632.56	279.10 186.35	790.37
	de	16.16	8.99	7.17	813.01	700.08 671.42	258.89 219.90	813.01
腹杆	Ba	-9.05	-6.66	-2.39	-455.31	-417.66 -350.41	-179.80 -88.34	-455.31
	Bb	7.25	4.86	2.14	364.75	327.11 284.27	133.86 75.58	364.75
	Db	-5.47	-3.43	-2.04	-275.20	-243.07 -221.17	-95.92 -66.15	-275.20
	Dc	3.65	1.87	1.78	183.63	155.60 154.18	55.04 53.11	183.63
	Fc	-2.38	-0.65	-1.73	-119.74	-92.49 -109.5	-23.69 -46.82	-119.74
	Fd	1.02	-0.52	1.52	51.32	27.06 59.19	-6.95 36.74	59.19 -6.95
	Hd	0.14	1.64	-1.5	7.04	30.67 -18.79	35.70 -31.56	35.70 -31.56
	He	-1.2	-2.55	1.35	-60.37	-81.63 -20.21	-59.55 23.99	-81.63 23.99

（续）

杆件名称		内力系数（$P=1$）			组合一	组合二	组合三	计算内力 /kN
		全跨 ①	左半跨 ②	右半跨 ③	$P_总 \times ①$	$P_1 \times ① + P_2 \times ②$ $P_1 \times ① + P_2 \times ③$	$P_3 \times ① + P_4 \times ②$ $P_3 \times ① + P_4 \times ③$	
竖杆	Aa	-0.55	-0.55	0.0	-27.67	-27.67	-14.04	-27.67
	Cb	-1.0	-1.0	0.0	-50.31	-50.31	-25.52	-50.31
	Ec	-1.0	-1.0	0.0	-50.31	-50.31	-25.52	-50.31
	Gd	-1.0	-1.0	0.0	-50.31	-50.31	-25.52	-50.31
	Je	2.12	1.06	1.06	106.66	89.96	31.41	106.66

五、杆件截面设计

支座处节点板厚度取 12mm，其他节点板厚度取 10mm。

1. 上弦杆

整个杆件采用同一截面，按最大内力计算，$N = 820.05\text{kN}$（压）。

计算长度：

屋架平面内取节间轴线长度 $l_{ox} = 150.8\text{cm}$。

屋架平面外取侧向支撑间距，两个大型钢筋混凝土屋面板相当于一个侧向支撑，$l_{oy} = 2 \times 150.8 = 301.6\text{cm}$。

因为 $2l_{ox} = l_{oy}$，故截面宜选用两个不等肢角钢，且短肢相拼。

设长细比 $\lambda = 60$，查轴心受力稳定系数表，$\varphi = 0.807$，

需要截面积：

$$A = \frac{N}{\varphi f} = \frac{820.05 \times 10^3}{0.807 \times 215}\text{mm}^2 = 4726\text{mm}^2$$

需要回转半径：

$$i_x = \frac{l_{ox}}{\lambda} = \frac{150.8}{60}\text{cm} = 2.51\text{cm}$$

$$i_y = \frac{l_{oy}}{\lambda} = \frac{301.6}{60}\text{cm} = 5.03\text{cm}$$

根据需要的 A、i_x、i_y 查角钢型钢表，选用 2∟140×90×12，$A = 5280\text{mm}^2$，$i_x = 2.54\text{cm}$，$i_y = 6.81\text{cm}$。

按所选截面进行验算：

$$\lambda_x = \frac{l_{ox}}{i_x} = \frac{150.8}{2.54} = 59.37 < [150]$$

$$\lambda_y = \frac{l_{oy}}{i_y} = \frac{301.6}{6.81} = 44.29 < [150]$$

$\lambda_{max} = 59.37$，查轴心受力构件整体稳定系数表得：$\varphi = 0.811$

$$\frac{N}{\varphi A} = \frac{820.05 \times 10^3}{0.811 \times 5280}\text{N/mm}^2 = 191.51\text{N/mm}^2 < f = 215\text{N/mm}^2$$

2. 下弦杆

整个杆件采用同一截面，按最大内力计算，$N=813.01\text{kN}$（压）。

计算长度：

屋架平面内取节间轴线长度 $l_{ox}=300\text{cm}$。

屋架平面外取侧向支撑间距，根据支撑布置取 $l_{oy}=600\text{cm}$。

因为 $2l_{ox}=l_{oy}$，故截面宜选用两个不等肢角钢短肢相拼。

计算所需净截面面积

$$A_n=\frac{N}{f}=\frac{813.01\times10^3}{215}\text{mm}^2=3782\text{mm}^2$$

查型钢表，选用 $2\llcorner 125\times80\times10$，

$$A=3942\text{mm}^2,\ i_x=2.26\text{cm},\ i_y=6.11\text{cm}$$

按所选截面进行验算

$$\frac{N}{A_n}=\frac{813.01\times10^3}{3942}\text{N/mm}^2=206.24\text{N/mm}^2<f=215\text{N/mm}^2$$

$$\lambda_x=\frac{l_{ox}}{i_x}=\frac{300}{2.26}=132.74<[350]$$

$$\lambda_y=\frac{l_{oy}}{i_y}=\frac{600}{6.11}=98.2<[350]$$

3. 端斜杆 Ba

已知内力 $N=455.31\text{kN}$（压）。

计算长度：$l_{ox}=l_{oy}=237.6\text{cm}$

因为 $l_{ox}=l_{oy}$，故截面宜选用两个不等肢角钢长肢相拼。

设 $\lambda=60$，查轴心受力稳定系数表，$\varphi=0.807$，

需要截面积：

$$A=\frac{N}{\varphi f}=\frac{455.31\times10^3}{0.807\times215}\text{mm}^2=2624\text{mm}^2$$

需要回转半径：

$$i_x=\frac{l_{ox}}{\lambda}=\frac{237.6}{60}\text{cm}=3.96\text{cm}$$

$$i_y=\frac{l_{oy}}{\lambda}=\frac{237.6}{60}\text{cm}=3.96\text{cm}$$

根据需要的 A、i_x、i_y 查角钢型钢表，选用 $2\llcorner 125\times80\times8$，$A=3200\text{mm}^2$，$i_x=4.01\text{cm}$，$i_y=3.27\text{cm}$。

按所选截面进行验算

$$\lambda_x=\frac{l_{ox}}{i_x}=\frac{237.6}{4.01}=59.25<[150]$$

$$\lambda_y=\frac{l_{oy}}{i_y}=\frac{237.6}{3.27}=72.66<[150]$$

$\lambda_{max}=72.66$，查轴心受力构件整体稳定系数表得：$\varphi=0.735$。

$$\frac{N}{\varphi A}=\frac{455.31\times10^3}{0.735\times3200}\text{N/mm}^2=193.58\text{N/mm}^2<f=215\text{N/mm}^2$$

4. 中间竖杆

已知内力 $N=106.66\text{kN}$，选用两个角钢组成的十字形截面。

$l_{ox}=l_{oy}=0.9l$，

所需净截面面积为

$$A_n=\frac{N}{f}=\frac{106.66\times10^3}{215}\text{mm}^2=496\text{mm}^2$$

查型钢表，选用 $2\llcorner 63\times5$，

$A=1228\text{mm}^2$，$i_{min}=2.45\text{cm}$

按所选截面进行验算：

$$\frac{N}{A_n}=\frac{106.66\times10^3}{1228}\text{N/mm}^2=86.86\text{N/mm}^2<f=215\text{N/mm}^2$$

$$\lambda=\frac{l_0}{i_{min}}=\frac{270}{2.45}=110.2<[350]$$

各杆件截面详见截面选择表 5-5。

表 5-5 杆件截面选择表

杆件		内力 /kN	截面规格	面积 /cm²	计算长度/cm		回转半径/cm		长细比	λ	φ_{min}	应力 /(N/mm²)
名称	编号				l_{ox}	l_{oy}	i_x	i_y	λ_{max}			
上弦		−820.05	短肢相拼 2140×90×12	52.80	150.8	301.6	2.54	6.81	59.37	150	0.811	191.51
下弦		813.01	短肢相拼 125×80×10	39.24	300	600	2.26	6.11	132.74	350	—	206.24
斜腹杆	Ba	−455.31	长肢相拼 125×80×8	32.00	237.6	237.6	4.01	3.27	72.66	150	0.735	193.58
	Bb	364.75	等肢角钢 80×6	18.80	197.2	246.5	2.47	3.65	79.84	350	—	194.40
	Db	−275.20	等肢角钢 90×6	21.27	216.7	270.9	2.79	4.05	77.68	150	0.702	−184.22
	Dc	183.63	等肢角钢 63×5	12.28	215.9	269.9	1.94	2.97	111.30	350	—	149.54
	Fc	−119.74	等肢角钢 80×6	18.80	237.1	296.4	2.47	3.65	95.99	150	0.581	−109.62
	Fd	59.19 −6.95	等肢角钢 63×5	12.28	236.2	295.3	1.94	2.97	121.75	150	0.427	48.20 −13.25
	Hd	35.70 −31.56	等肢角钢 63×5	12.28	258.1	322.6	1.94	2.97	133	150	0.374	29.07 −78.93
	He	−81.63 23.99	等肢角钢 63×5	12.28	257.2	321.5	1.94	2.97	132.6	150	0.376	−176.79

（续）

杆件 名称	杆件 编号	内力 /kN	截面规格	面积 /cm²	计算长度/cm l_{ox}	计算长度/cm l_{oy}	回转半径/cm i_x	回转半径/cm i_y	长细比 λ_{max}	λ	φ_{min}	应力 /(N/mm²)
竖杆	Aa	-27.67	等肢角钢 63×5	12.28	181.5		1.94	2.97	93.56	150	0.597	-37.74
	Cb	-50.31	等肢角钢 56×5	10.83	168.0	210.0	1.72	2.69	97.67	150	0.571	-81.34
	Ec	-50.31	等肢角钢 56×5	10.83	192.0	240.0	1.72	2.69	116.28	150	0.456	-101.87
	Cd	-50.31	等肢角钢 56×5	10.83	216.0	270.0	1.72	2.69	125.58	150	0.408	-113.86
	Je	106.66	等肢角钢 63×5	12.28	270.0		2.45		110.2	350	—	86.86

六、屋架节点设计

1. 计算屋架各杆件与节点板连接所需焊缝

以端斜杆 Ba 为例：

内力设计值 $N=455.31\text{kN}$（压），焊缝内力分配系数为：肢背 $\alpha_1=\frac{2}{3}$，肢尖 $\alpha_2=\frac{1}{3}$，角焊缝强度设计值 $f_f^w=160\text{N/mm}^2$。

肢背角焊缝所能承受的内力：$N_1=\frac{2}{3}N=\frac{2}{3}\times455.31\text{kN}=303.54\text{kN}$。

肢尖角焊缝所能承受的内力：$N_2=\frac{1}{3}N=\frac{1}{3}\times455.31\text{kN}=151.77\text{kN}$。

肢背所需要的焊缝面积为：$h_{f1}l_{w1}=\frac{N_1}{2\times0.7\times160}=\frac{303.54}{2\times0.7\times160}\text{mm}^2=1355\text{mm}^2$。

肢尖所需要的焊缝面积为：$h_{f2}l_{w2}=\frac{N_2}{2\times0.7\times160}=\frac{151.77}{2\times0.7\times160}\text{mm}^2=678\text{mm}^2$。

端斜杆截面为 2∟125×80×8，节点板厚为 10mm，根据焊缝构造要求确定焊脚高度。

肢背：

$$h_{fmin}=1.5\sqrt{t_{max}}=1.5\sqrt{10}\text{mm}=4.74\text{mm}$$
$$h_{fmax}=1.2t_{min}=1.2\times8\text{mm}=9.6\text{mm}$$

肢尖：

$$h_{fmin}=1.5\sqrt{t_{max}}=1.5\sqrt{10}\text{mm}=4.74\text{mm}$$
$$h_{fmax}=t-(1\sim2)=[8-(1\sim2)]\ \text{mm}=(6\sim7)\text{mm}$$

因此，取 $h_{f1}=8\text{mm}$，$h_{f2}=6\text{mm}$，故

肢背所需要的焊缝长度为

$$l_{w1}=\frac{1355}{8}+2h_{f1}=(169.3+2\times8)\text{mm}=185\text{mm}$$

取 $l_{w1}=190\text{mm}$，满足构造要求：$l_{wmin}=8h_f=8\times8\text{mm}=64\text{mm}$；$l_{wmax}=60h_f=60\times8\text{mm}=480\text{mm}$。

肢尖所需要的焊缝长度为

$$l_{w2}=\frac{678}{6}+2h_{f2}=(113+2\times6)\text{mm}=125\text{mm}$$

取 $l_{w2}=150\text{mm}$，满足构造要求：$l_{wmin}=8h_f=8\times6\text{mm}=48\text{mm}$；$l_{wmax}=60h_f=60\times6\text{mm}=360\text{mm}$。

各杆件与节点板连接所需焊缝见表 5-6。

表 5-6 屋架各杆件与节点板连接所需焊缝表

杆件		内力设计值 N/kN	需要焊缝面积/mm² 肢背 $h_{f1}l_{w1}$	需要焊缝面积/mm² 肢尖 $h_{f2}l_{w2}$	实际采用焊缝/mm 肢背 $h_{f1}-l_{w1}$	实际采用焊缝/mm 肢尖 $h_{f2}-l_{w2}$
斜杆	Ba	-455.31	1355	678	8-190	6-150
	Bb	364.75	1085	543	6-200	5-120
	Db	-275.20	819	410	6-160	5-100
	Dc	183.63	550	273	6-110	5-80
	Fc	119.74	357	—	6-80	—
	其他	<118	—	—	—	—
竖杆		<118	—	—	—	—

注："—"表示按构造施焊，取构造角焊缝 h_f-l_w 为 5-80。

2. 节点设计

选有代表性的节点进行设计，本例选择一般节点 b，上部有集中力的节点 B、屋脊节点 J、下弦跨中节点 e、支座节点 a 进行设计，如图 5-5 所示。

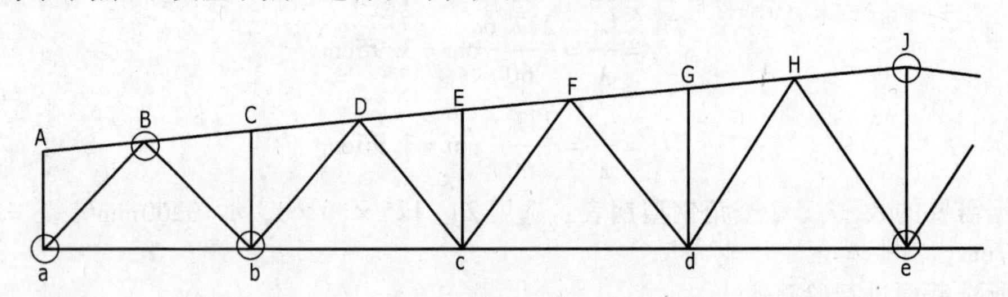

图 5-5 节点选择图示

（1）节点一 一般节点 b。

一般节点系指无集中荷载和无弦杆拼接的节点，其构造如图 5-6 所示，各腹杆与节点板连接的角焊缝尺寸见表 5-6，用作图法，按一定比例围出节点板，量取下弦杆与节点板的焊缝长度为 445mm，该处弦杆内力差 $\Delta N=N_1-N_2=(627.37-206.60)\text{kN}=420.77\text{kN}$，验算焊缝是否满足要求。

根据构造要求，设肢背和肢尖的焊脚尺寸分别为 10mm 和 8mm。所需焊缝长度为

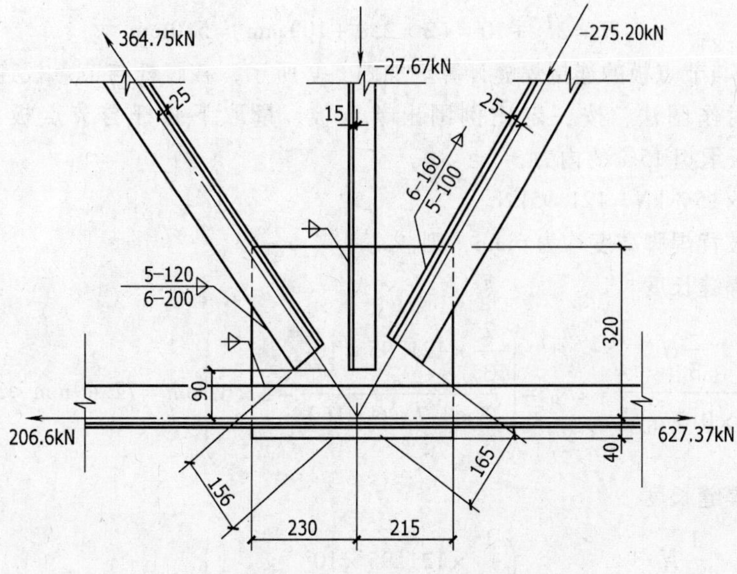

图 5-6　一般节点 b 构造图

$$\text{肢背：}l_{w1}=\frac{\frac{2}{3}\Delta N}{2\times0.7h_{f1}f_f^w}+2h_{f1}=\left(\frac{\frac{2}{3}\times420.77\times10^3}{2\times0.7\times10\times160}+2\times10\right)\text{mm}=145\text{mm}<445\text{mm}。$$

$$\text{肢尖：}l_{w2}=\frac{\frac{1}{3}\Delta N}{2\times0.7h_{f2}f_f^w}+2h_{f2}=\left(\frac{\frac{1}{3}\times420.77\times10^3}{2\times0.7\times8\times160}+2\times8\right)\text{mm}=94\text{mm}<445\text{mm}。$$

（2）节点二　上部有集中力作用的节点 B。

同节点一，用作图法确定节点板尺寸，如图 5-7 所示，量得上弦杆与节点板焊缝长度为 455mm，节点受到竖向集中力 P 与轴向力 ΔN 共同作用，验算焊缝。

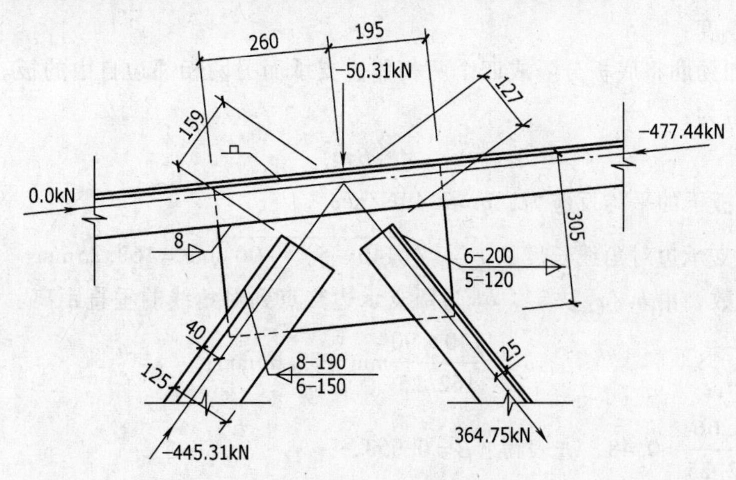

图 5-7　节点 B 构造图

屋架上弦节点为便于搁置屋面构件，常将节点板缩近弦杆角钢背一定距离，并采用槽焊缝。设计时，槽焊缝可视为 $h_{f1}=t/2$ 的两条角焊缝。由于槽焊缝质量变异性大，不够可靠，因此，在计算时认为竖向集中力由槽焊缝承担。

已知：$P=50.31\text{kN}$，$h_{f1}=5\text{mm}$，$f_f^w=160\text{N/mm}^2$

槽焊缝所需焊缝长度为

$$l_{w1}=\frac{P}{\beta_f\times2\times0.7h_{f1}f_f^w}+2h_{f1}=\left(\frac{50.31\times10^3}{1.22\times2\times0.7\times5\times160}+2\times5\right)\text{mm}=47\text{mm}<455\text{mm}$$

水平杆力差 ΔN 由肢尖焊缝承担，把力向肢尖焊缝轴线简化，转化成轴心剪力和弯矩共同作用。

已知：肢尖焊缝承受的内力差为

$$\Delta N=N_1-N_2=(477.44-0)\text{kN}=477.44\text{kN}$$

偏心距 $e=(90-21.2)\text{mm}=68.8\text{mm}$，

$$\text{弯矩 }M=\Delta Ne=477.44\times68.8\times10^3\text{N}\cdot\text{mm}=32.8\times10^6\text{N}\cdot\text{mm}。$$

设肢尖焊缝焊脚高度 $h_{f2}=8\text{mm}$，已知 $l_w=455\text{mm}$，则

$$\tau_f=\frac{\Delta N}{2\times0.7h_fl_w}=\frac{477.44\times10^3}{2\times0.7\times8\times(455-16)}\text{N/mm}^2=97.10\text{N/mm}^2$$

$$\sigma_f=\frac{M}{W_f}=\frac{6\times477.44\times10^3\times68.8}{2\times0.7\times8\times(455-16)^2}\text{N/mm}^2=91.31\text{N/mm}^2$$

$$\sqrt{\left(\frac{\sigma_f}{\beta_f}\right)^2+\tau_f^2}=\sqrt{\left(\frac{91.31}{1.22}\right)^2+97.10^2}\text{N/mm}^2=122.6\text{N/mm}^2<f_f^w=160\text{N/mm}^2$$

（3）节点三　屋脊节点 J。

1）确定拼接角钢的长度。弦杆用与杆件同型号的角钢进行拼接。为使拼接角钢与弦杆之间能够密合，并便于施焊，须将拼接角钢进行切肢、切棱，切掉部分占角钢面积的 15%，部分界面削弱由节点板来补偿。屋脊节点构造如图 5-8 所示。

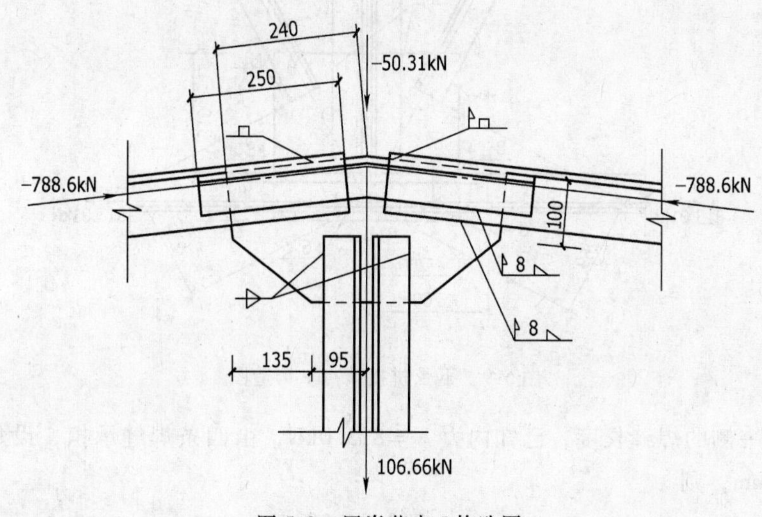

图 5-8　屋脊节点 J 构造图

计算拼接一侧的焊缝长度，已知内力 $N=820.05\text{kN}$，由四条焊缝承担，设角钢肢尖、肢背焊脚高度 8mm，则

$$l_w=\frac{N}{4\times0.7h_f f_f^w}+2h_f=\left(\frac{820.05\times10^3}{4\times0.7\times8\times160}+2\times8\right)\text{mm}=245\text{mm}$$

取 $l_w=250$mm。

拼接角钢长度：

$$L=2l_w+50=(2\times245+50)\text{mm}=540\text{mm}$$

2）上弦杆与节点板的连接焊缝计算。上弦杆肢背与节点板用槽焊缝，承受节点竖向荷载，验算从略。

上弦杆肢尖与节点板用角焊缝连接，承担15%的内力。

$N=820.05\times15\%\text{kN}=123\text{kN}$。

偏心距 $e=(90-21.2)\text{mm}=68.8\text{mm}$。

设肢尖焊缝焊脚高度 $h_{f2}=8$mm，焊缝一侧 $l_w=200$mm，则

$$\tau_f=\frac{\Delta N}{2\times0.7h_f l_w}=\frac{123\times10^3}{2\times0.7\times8\times(200-16)}\text{N/mm}^2=59.69\text{N/mm}^2$$

$$\sigma_f=\frac{M}{W_f}=\frac{6\times123\times10^3\times68.8}{2\times0.7\times8\times(200-16)^2}\text{N/mm}^2=133.9\text{N/mm}^2$$

$$\sqrt{\left(\frac{\sigma_f}{\beta_f}\right)^2+\tau_f^2}=\sqrt{\left(\frac{133.9}{1.22}\right)^2+59.69^2}\text{N/mm}^2=124.94\text{N/mm}^2<f_f^w=160\text{N/mm}^2$$

（4）节点四　下弦跨中节点e。

1）确定拼接角钢的长度同上弦杆，用同型号的角钢进行拼接。为使拼接角钢与弦杆之间能够密合，并便于施焊，须将拼接角钢进行切肢、切棱，切掉部分占角钢面积的15%，部分界面削弱由节点板来补偿。节点构造如图5-9所示。

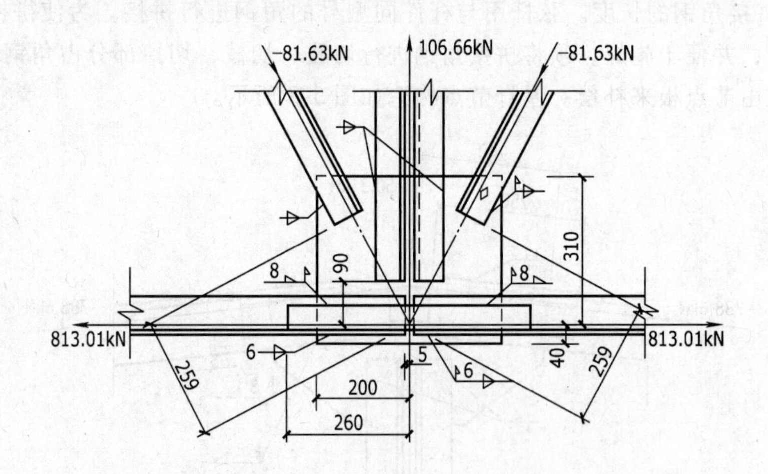

图5-9　下弦拼接节点e构造图

计算拼接一侧的焊缝长度，已知内力 $N=813.0$kN，由四条焊缝承担，设角钢肢尖、肢背焊脚高度8mm，则

$$l_w=\frac{N}{4\times0.7h_f f_f^w}+2h_f=\left(\frac{813.0\times10^3}{4\times0.7\times8\times160}+2\times8\right)\text{mm}=243\text{mm}$$

取 $l_w=250$mm。

拼接角钢长度：

$$L=2l_w+10=(2\times250+10)\text{mm}=510\text{mm}$$

2）下弦杆与节点板的连接焊缝计算。如图5-9所示，各腹杆与节点板连接的角焊缝尺寸见表5-6，用作图法，按一定比例围出节点板，量取下弦杆与节点板的焊缝长度为360mm，节点板承担15%的内力，

$N=813.0\times15\%\text{kN}=121.95\text{kN}$。

设肢尖、肢背焊脚高度均为6mm，则

肢背所需焊缝长度

$$l_{w1}=\frac{\frac{2}{3}N}{2\times0.7h_{f1}f_f^w}+2h_{f1}=\left(\frac{\frac{2}{3}\times121.95\times10^3}{2\times0.7\times6\times160}+2\times6\right)\text{mm}=72.49\text{mm}<360\text{mm}$$

肢尖所需焊缝长度

$$l_{w2}=\frac{\frac{1}{3}N}{2\times0.7h_{f2}f_f^w}+2h_{f2}=\left(\frac{\frac{1}{3}\times121.95\times10^3}{2\times0.7\times6\times160}+2\times6\right)\text{mm}=42.25\text{mm}<400\text{mm}$$

（5）节点五　支座节点a。

屋架支座中线缩进柱外边缘150mm，柱宽400mm，取支座底板三面与柱边距离10mm，内侧按对称布置，则底板尺寸为 $2a\times2b$，$a=140$mm；$b=190$mm。锚栓采用M22，支座中线处设加劲肋90mm×10mm。支座构造如图5-10所示。

1）支座底板计算。计算时，底板尺寸偏安全，仅考虑节点板加劲肋范围内面积，加劲肋以外部分底板刚度较差，认为受反力较小而忽略不计。底板支座受力面积：$A=2\times140\times2\times96\text{mm}^2=53760\text{mm}^2$，支座反力：$R=402.48$kN，混凝土抗压强度 $f_c=10\text{N/mm}^2$，柱顶混凝土承受的压应力：

$$q=\frac{R}{A}=\frac{402.48\times10^3}{53760}\text{N/mm}^2=7.49\text{N/mm}^2<f_c=10\text{N/mm}^2$$

确定底板厚度：

节点板和加劲肋将底板分隔成四个两相邻边支承而另两相邻边自由的板。每块板的单位宽度的最大弯矩为：

$$M=\beta qa_2^2$$

式中　q——底板下的平均反应力，$q=7.49\text{N/mm}^2$；

a_2——两支承边对角线长度，$a_2=\sqrt{(140-5)^2+90^2}\text{mm}=162.25\text{mm}$；

β——系数，由 b_2/a_2 决定，b_2 为两支承边交点到对角线的垂直距离。

$$b_2=\frac{140\times90}{162.25}\text{mm}=77.66\text{mm},$$

$b_2/a_2=\dfrac{77.66}{162.25}=0.48$，查表得：$\beta=0.053$，

$$M=\beta qa_2^2=0.053\times7.49\times162.25^2\text{N}\cdot\text{mm}=10450.26\text{N}\cdot\text{mm}$$

$$t \geqslant \sqrt{\frac{6M}{f}}=\sqrt{\frac{6\times 10450.26}{215}}\text{mm}=17.1\text{mm}，取 t=20\text{mm}$$

2）加劲肋与节点板的连接焊缝计算。通过弦杆与节点板的焊缝计算，围成节点板，量得节点板高度为450mm，加劲肋取同样高度，其尺寸为90mm×10mm×450mm。为了避免焊缝集中，对加劲肋进行切角，切角后加劲肋净高为400mm，净宽为60mm，如图5-10所示。

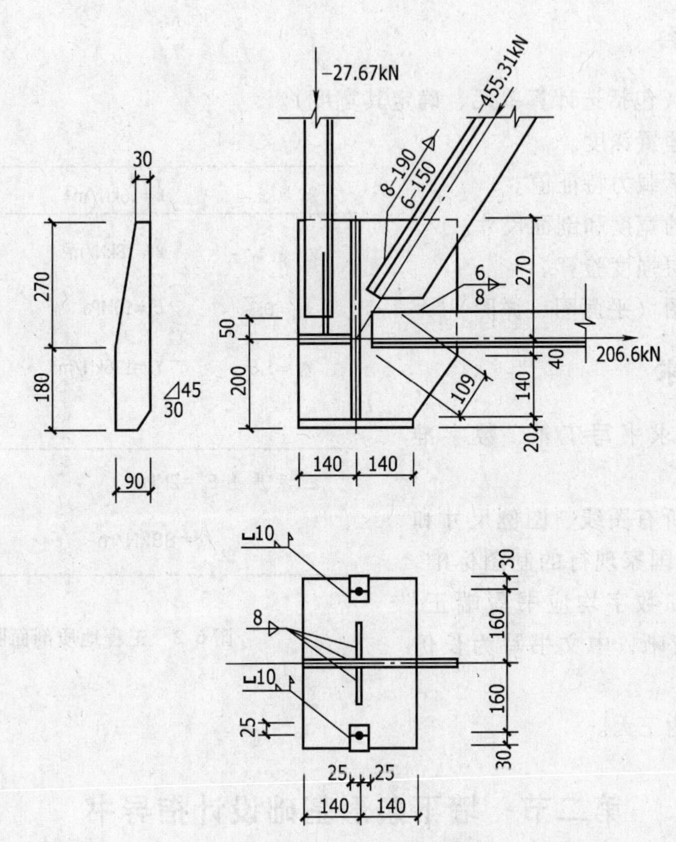

图5-10　支座节点构造图

计算时，偏安全按每个加劲肋承受支座反力的四分之一，并假设此合力作用于切角后净宽的中点。则：

$$V=\frac{R}{4}=\frac{402.48}{4}\text{kN}=100.62\text{kN}$$

偏心距：

$$e=\left(\frac{60}{2}+30\right)\text{mm}=60\text{mm}$$

焊缝承受的弯矩：$M=Ve=100.62\times 60\text{kN}\cdot\text{mm}=6037.2\text{kN}\cdot\text{mm}$

$$\tau_f=\frac{V}{2\times 0.7h_f l_w}=\frac{100.62\times 10^3}{2\times 0.7\times 8\times(400-16)}\text{N/mm}^2=23.39\text{N/mm}^2$$

$$\sigma_f=\frac{M}{W_f}=\frac{6\times 6037.2\times 10^3}{2\times 0.7\times 8\times(400-16)^2}\text{N/mm}^2=21.93\text{N/mm}^2$$

$$\sqrt{\left(\frac{\sigma_f}{\beta_f}\right)^2+\tau_f^2}=\sqrt{\left(\frac{23.39}{1.22}\right)^2+21.93^2}\text{N/mm}^2=29.13\text{N/mm}^2<f_f^w=160\text{N/mm}^2$$

3）节点板、加劲肋与底板的连接焊缝计算。节点板、加劲肋与底板的连接焊缝总长度

$$\Sigma l_w=[2\times(280-16)+4\times(60-16)]\text{mm}=704\text{mm}$$

$$\sigma_f=\frac{R}{\beta_f\times 0.7h_f\Sigma l_w}=\frac{402.48\times 10^3}{1.22\times 0.7\times 8\times 704}\text{N/mm}^2=83.68\text{N/mm}^2<f_f^w=160\text{N/mm}^2$$

3. 绘制施工图

施工图如图5-11所示（见书后）。

第六章　地基与基础设计实训

第一节　墙下条形基础设计任务书

一、设计题目

某教学楼采用毛石条形基础，教学楼建筑平面如图6-1所示，试设计该基础。

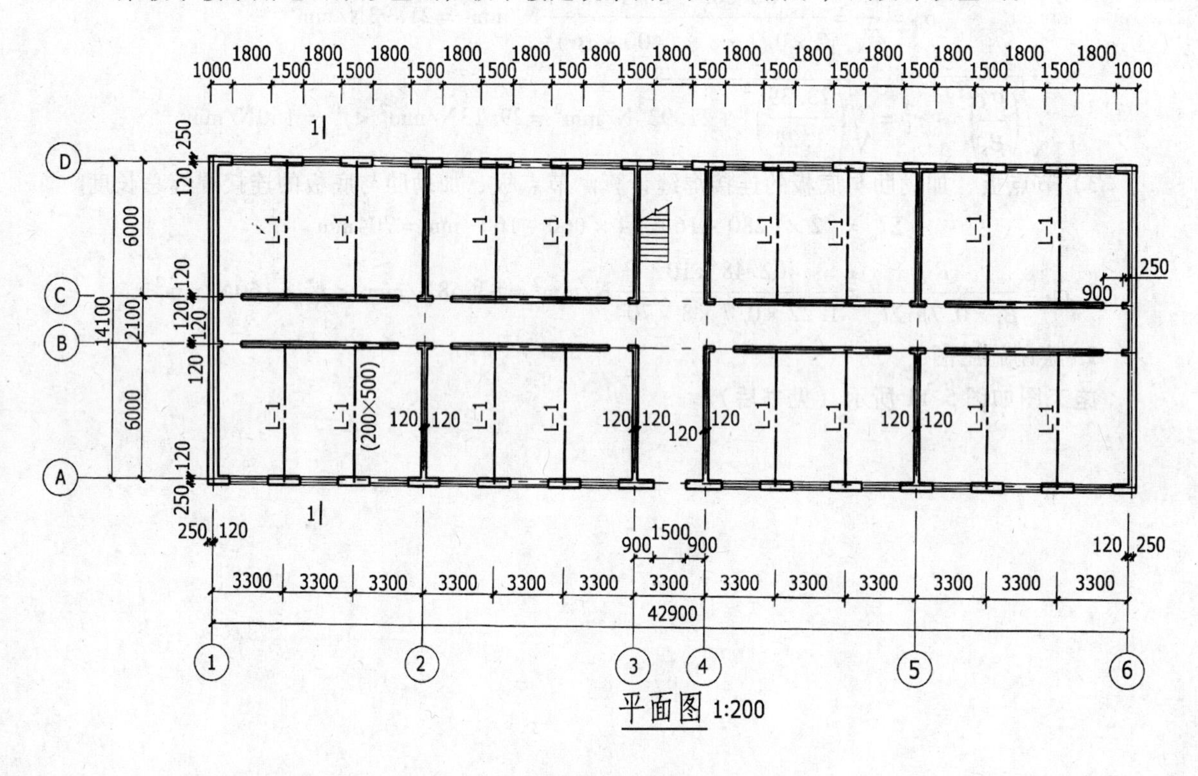

图6-1　平面图

二、设计资料

1）该地区地形平坦，工程地质条件如图6-2所示，地下水位在天然地表下8.5m，水质良好，无腐蚀性。

2）室外设计地面-0.6m，室外设计地面标高同天然地面标高。

3）梁L-1截面尺寸为200mm×500mm，伸入墙内240mm，梁间距为3.3m，外墙及山墙的厚度为370mm，双面粉刷。

4）由上部结构传至基础顶面的竖向力值分别为外纵墙$\sum F_{1k}=558.57\text{kN}$，山墙$\sum F_{2k}=168.61\text{kN}$，内横墙$\sum F_{3k}=162.68\text{kN}$，内纵墙$\sum F_{4k}=1533.15\text{kN}$。

5）基础采用M5水泥砂浆砌毛石，标准冻深为1.2m。

三、设计内容

1）荷载计算（包括选计算单元、确定其宽度）。

2）确定基础埋置深度。

3）确定地基承载力特征值。

4）确定基础的宽度和剖面尺寸。

5）软弱下卧层强度验算。

6）绘制施工图（平面图、详图）。

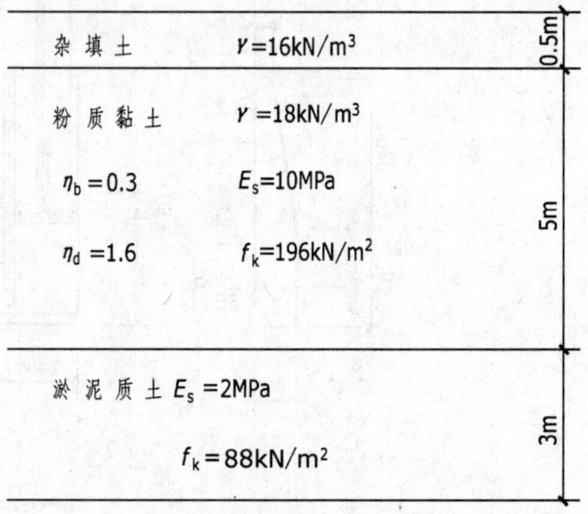

四、设计要求

1）计算书要求书写工整、数字准确、图文并茂。

2）制图要求所有图线、图例尺寸和标注方法均应符合国家现行的制图标准，图样上所有汉字和数字均应书写端正、排列整齐、笔画清晰，中文书写为长仿宋体。

3）设计时间为三天。

杂填土　$\gamma=16\text{kN/m}^3$　0.5m
粉质黏土　$\gamma=18\text{kN/m}^3$
$\eta_b=0.3$　$E_s=10\text{MPa}$　5m
$\eta_d=1.6$　$f_k=196\text{kN/m}^2$
淤泥质土 $E_s=2\text{MPa}$　3m
$f_k=88\text{kN/m}^2$

图6-2　工程地质剖面图

第二节　墙下条形基础设计指导书

一、荷载计算

1. 选定计算单元

对有门窗洞口的墙体，取洞口间墙体为计算单元；对无门窗洞口的墙体，则可取1m为计算单元（在计算书上应表示出来）。

2. 荷载计算

计算每个计算单元上的竖向力值（已知竖向力值除以计算单元宽度）。

二、确定基础埋置深度 *d*

《建筑地基基础设计规范》（GB 50007—2002）规定$d_{min}=Z_d-h_{max}$或经验确定$d_{min}=Z_0+(100\sim200)\text{mm}$。

式中　Z_d——设计冻深（m），$Z_d=Z_0\psi_{zs}\psi_{zw}\psi_{ze}$；

Z_0——标准冻深（m）；

ψ_{zs}——土的类别对冻深的影响系数，按规范中表 5.1.7-1；

ψ_{zw}——土的冻胀性对冻深的影响系数，按规范中表 5.1.7-2；

ψ_{ze}——环境对冻深的影响系数，按规范中表 5.1.7-3。

三、确定地基承载力特征值 f_a

$$f_a = f_{ak} + \eta_b \gamma (b-3) + \eta_d \gamma_m (d-0.5)$$

式中 f_a——修正后的地基承载力特征值（kPa）；

f_{ak}——地基承载力特征值（已知）（kPa）；

η_b、η_d——基础宽度和埋深的地基承载力修正系数（已知）；

γ——基础底面以下土的重度，地下水位以下取浮重度（kN/m^3）；

γ_m——基础底面以上土的加权平均重度，地下水位以下取浮重度（kN/m^3）；

b——基础底面宽度（m），当 $b<3m$ 时，按 3m 取值；$b>6m$ 按 6m 取值；

d——基础埋置深度（m）。

四、确定基础的宽度、高度

$$b \geqslant \frac{F_k}{f_a - \bar{\gamma}\bar{h}}$$

$$H_0 \geqslant \frac{b-b_0}{2\tan\alpha} = \frac{b_2}{[b_2/H_0]}$$

式中 F_k——相应于荷载效应标准组合时，上部结构传至基础顶面的竖向力值（kN）。当基础为柱下独立基础时，轴向力算至基础顶面；当为基础墙下条形基础时，取 1m 长度内的轴向力（kN/m）算至室内地面标高处；

$\bar{\gamma}$——基础及基础上的土重的平均重度，取 $\bar{\gamma}=20kN/m^3$；当有地下水时，取 $\bar{\gamma}'=20-9.8=10.2kN/m^3$；

$\bar{h}$——计算基础自重及基础上的土自重 G_k 时的平均高度（m）；

b_2——基础台阶宽度（m）；

H_0——基础高度（m）。

五、软弱下卧层强度验算

如果在地基土持力层以下的压缩层范围内存在软弱下卧层，则需按下式验算下卧层顶面的地基强度，即

$$p_z + p_{cz} \leqslant f_{az}$$

式中 p_z——相应于荷载效应标准组合时，软弱下卧层顶面处的附加应力值（kPa）；

p_{cz}——软弱下卧层顶面处土的自重压力标准值（kPa）；

f_{az}——软弱下卧层顶面处经深度修正后的地基承载力特征值（kPa）。

六、绘制施工图（2 号图纸一张）

合理确定绘图比例（平面图 1:100、详图 1:20～1:30）、图幅布置；符合《建筑制图标准》（GB/T 50104—2001）有关要求。

七、参考资料

1. 规范

《建筑地基基础设计规范》（GB 50007—2002）

《砌体结构设计规范》（GB 50003—2001）

2. 参考书

《土力学与地基基础》

《地基与基础》

第三节　墙下条形基础设计成果

1. 荷载计算

（1）选定计算单元　取房屋中有代表性的一段作为计算单元。如图 6-3 所示。

外纵墙：取两窗中心间的墙体。

内纵墙：取①、②轴线之间两门中心间的墙体。

山墙、横墙：分别取 1m 宽墙体。

（2）荷载计算

外纵墙：取两窗中心线间的距离 3.3m 为计算单元宽度，则

$$F_{1k} = \frac{\Sigma F_{1k}}{3.3} = \frac{558.57}{3.3} kN/m = 169.26 kN/m$$

山墙：取 1m 为计算单元宽度，则

$$F_{2k} = \frac{\Sigma F_{2k}}{1} = \frac{168.61}{1} kN/m = 168.61 kN/m$$

内横墙：取 1m 为计算单元宽度，则

$$F_{3k} = \frac{\Sigma F_{3k}}{1} = \frac{162.68}{1} kN/m = 162.68 kN/m$$

内纵墙：取两门中心线间的距离 8.26m 为计算单元宽度，则

$$F_{4k} = \frac{\Sigma F_{4k}}{8.26} = \frac{1533.15}{8.26} kN/m = 185.61 kN/m$$

2. 确定基础的埋置深度 d

$$d = Z_0 + 200 = (1200+200)mm = 1400mm$$

3. 确定地基承载特征值 f_a

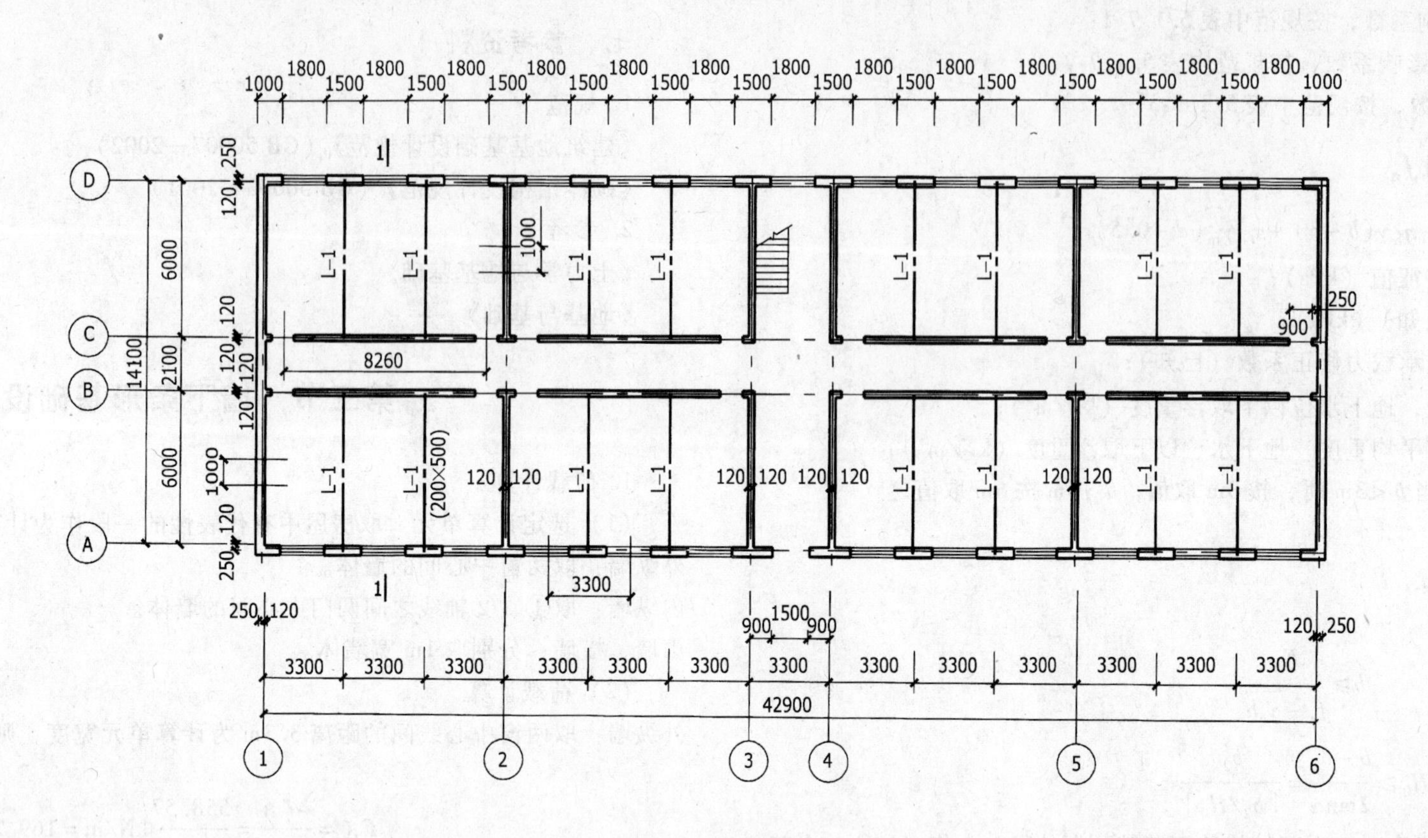

图 6-3 墙的计算单元

假设 $b<3\text{m}$，因 $d=1.4\text{m}>0.5\text{m}$，故只需对地基承载力特征值进行深度修正。

$$\gamma_m=\frac{16\times0.5+18\times0.9}{0.5+0.9}\text{kN/m}^3=17.29\text{kN/m}^3$$

$$f_a=f_{ak}+\eta_d\gamma_m(d-0.5)=[196+1.6\times17.29\times(1.4-0.5)]\text{kPa}=220.89\text{kPa}$$

4. 确定基础的宽度、高度

（1）基础宽度

外纵墙：

$$b_1\geqslant\frac{F_{1k}}{f_a-\bar{\gamma}\times\bar{h}}=\frac{169.26}{220.89-20\times\left(1.4+\dfrac{0.6}{2}\right)}\text{m}=0.905\text{m}$$

山墙：

$$b_2\geqslant\frac{F_{2k}}{f_a-\bar{\gamma}\times\bar{h}}=\frac{168.61}{220.89-20\times\left(1.4+\dfrac{0.6}{2}\right)}\text{m}=0.902\text{m}$$

内横墙：

$$b_3\geqslant\frac{F_{3k}}{f_a-\bar{\gamma}\times\bar{h}}=\frac{162.68}{220.89-20\times2.0}\text{m}=0.899\text{m}$$

内纵墙：

$$b_4\geqslant\frac{F_{4k}}{f_a-\bar{\gamma}\times\bar{h}}=\frac{185.61}{220.89-20\times2.0}\text{m}=1.026\text{m}$$

故取 $b=1.2\text{m}<3\text{m}$，符合假设条件。

（2）基础高度

基础采用毛石，M5 水泥砂浆砌筑。

内横墙和内纵墙基础采用三层毛石，则每层台阶的宽度为

$$b_2=\left(\frac{1.2}{2}-\frac{0.24}{2}\right)\times\frac{1}{3}\text{m}=0.16\text{m}\ （符合构造要求）$$

查《建筑地基基础设计规范》（GB 50007—2002）允许台阶宽高比 $[b_2/H_0=1/1.5]$，则每层台阶的高度为

$$H_0\geqslant\frac{b_2}{[b_2/H_0]}=\frac{0.16}{1/1.5}\text{m}=0.24\text{m}$$

综合构造要求，取 $H_0=0.4\text{m}$。

最上一层台阶顶面距室外设计地坪为

$$(1.4-0.4\times3)\text{m}=0.2\text{m}>0.1\text{m}$$

故符合构造要求。内墙基础详图如图 6-4 所示。

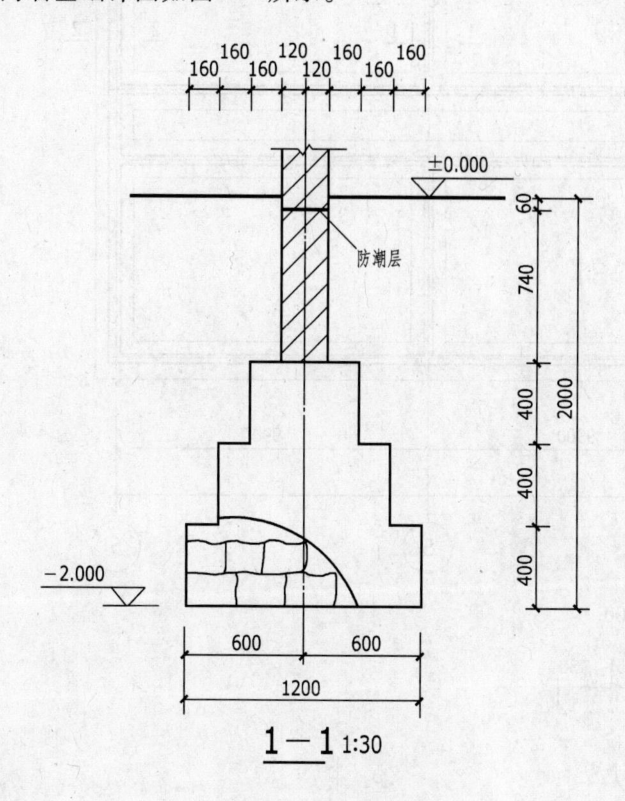

图 6-4 内墙基础详图

外纵墙和山墙基础仍采用三层毛石，每层台阶高 0.4m，则每层台阶的允许宽度为 $b\leqslant[b_2/H_0]H_0=\dfrac{1}{1.5}\times0.4\text{m}=0.267\text{m}$。

又因单侧三层台阶的总宽度为 $(1.2-0.37)\text{m}/2=0.415\text{m}$，故取三层台阶的宽度分别为 0.115m、0.15m、0.15m，均小于 0.2m（符合构造要求）。

最上一层台阶顶面距室外设计地坪为

$(1.4-0.4\times3)\text{m}=0.2\text{m}>0.1\text{m}$ 符合构造要求。（如图 6-5 所示）

5. 软弱下卧层强度验算

（1）基底处附加压力

取内纵墙的竖向压力计算

$$p_0=p_k-p_c=\frac{F_k+G_k}{A}-\gamma_m d$$

$$=\left(\frac{185.61+20\times1.2\times1\times1.4}{1.2\times1}-17.29\times1.4\right)\text{kN/m}^2$$

$$=158.47\text{kN/m}^2$$

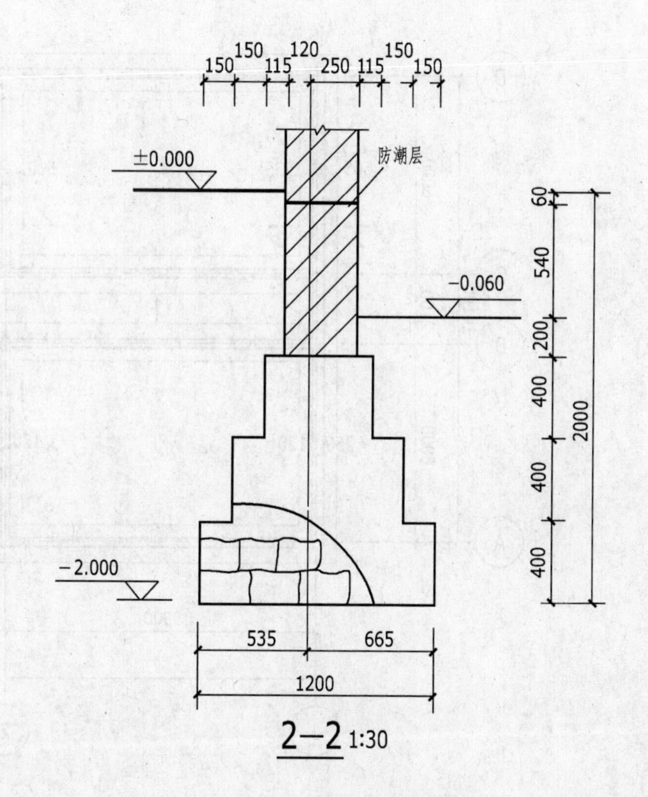

图 6-5 外墙基础详图

（2）下卧层顶面处附加压力

因 $Z/b=4.1/1.2=3.4>0.5$，$E_{s1}/E_{s2}=10/2=5$

故由《建筑地基基础设计规范》（GB 50007—2002）中表 5.2.7 查得 $\theta=25°$，则

$$p_z=\frac{bp_0}{b+2z\tan\theta}=\frac{1.2\times158.47}{1.2+2\times4.1\times\tan25°}\text{kN/m}^2=37.85\text{kN/m}^2$$

（3）下卧层顶面处自重压力

$$p_{cz}=(16\times0.5+18\times5)\text{kN/m}^2=98\text{kN/m}^2$$

（4）下卧层顶面处修正后的地基承载力特征值

$$\gamma_m=\frac{16\times0.5+18\times5}{0.5+5}\text{kN/m}^3=17.82\text{kN/m}^3$$

$$f_{az}=f_{ak}+\eta_d\gamma_m(d+z-0.5)=[88+1.0\times17.82\times(0.5+5-0.5)]\text{kN/m}^2=177.1\text{kN/m}^2$$

（5）验算下卧层的强度

$$p_z+p_{cz}=(37.85+98)\text{kN/m}^2=135.85\text{kN/m}^2<f_{az}=177.1\text{kN/m}^2$$

符合要求。

6. 绘制施工图

条形基础施工图如图 6-6 所示。

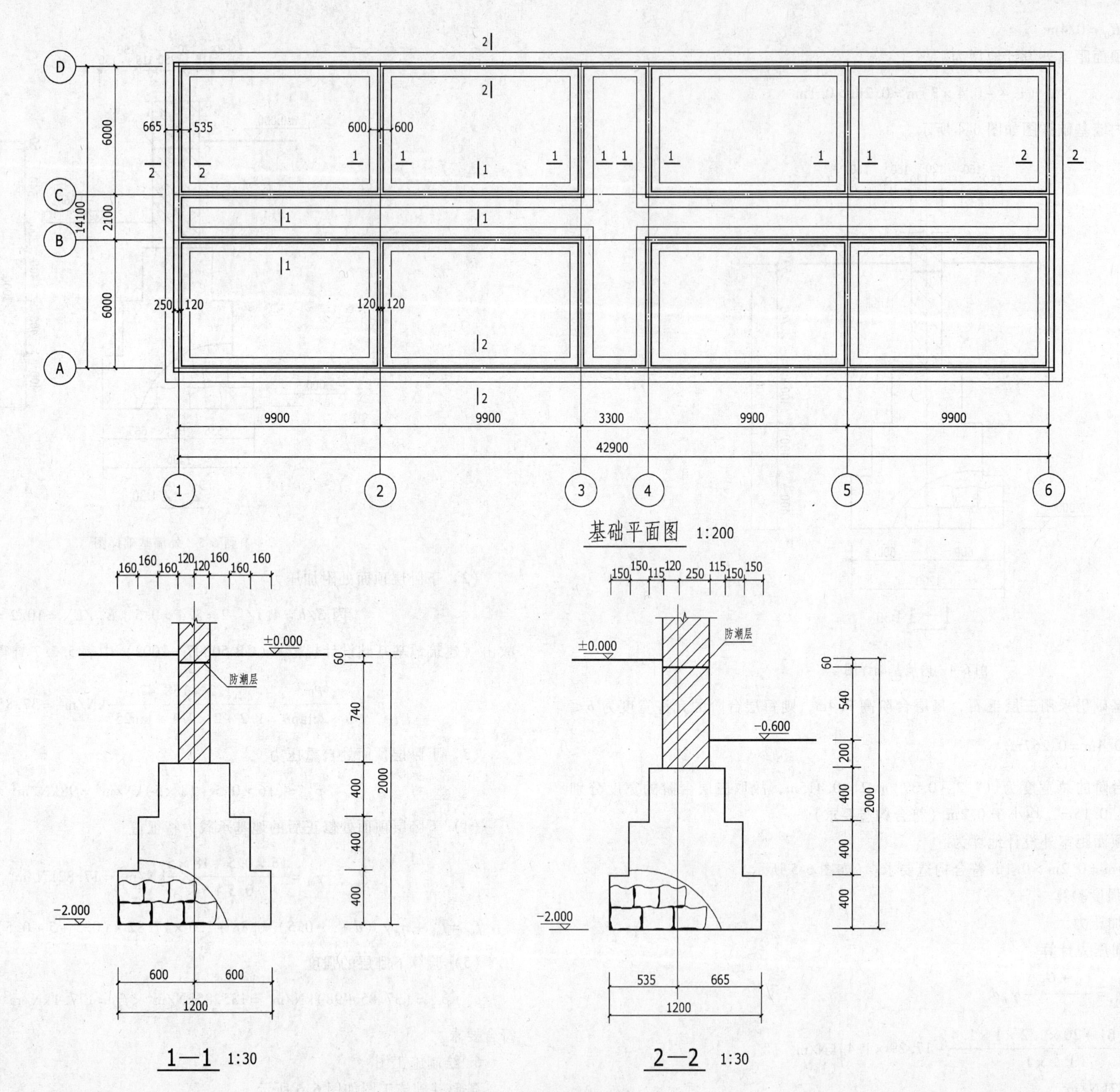

基础平面图 1:200
9900
9900
3300
9900
9900
42900
6000
2100
6000
14100
665
535
600
600
250
120
120
120
1—1 1:30
±0.000
防潮层
−2.000
60
740
400
400
400
2000
600
600
1200
2—2 1:30
±0.000
防潮层
−0.600
−2.000
60
540
200
400
400
400
2000
535
665
1200

图 6-6 条形基础施工图

第四节　柱下钢筋混凝土独立基础设计任务书

一、设计题目

某教学楼为四层钢筋混凝土框架结构，采用柱下独立基础，柱网布置如图 6-7 所示，试设计该基础。

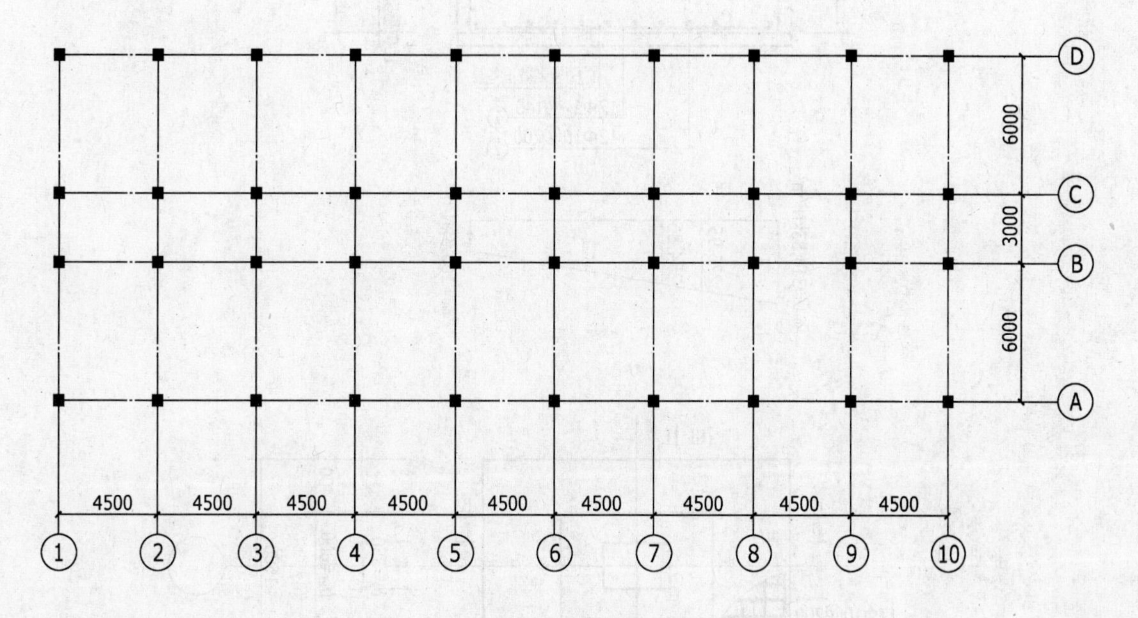

图 6-7　柱网布置图

二、设计资料

1. 工程地质条件

该地区地势平坦，无相邻建筑物，经地质勘察：持力层为黏性土，土的天然重度为 18kN/m^3，地基承载力特征值 $f_{ak}=230\text{kN/m}^2$，地下水位在 -7.5m 处，无侵蚀性，标准冻深为 1.0m（根据地区而定）。

2. 给定参数

柱截面尺寸为 350mm×500mm，在基础顶面处的相应于荷载效应标准组合，由上部结构传来轴心荷载为 680kN，弯矩值为 80kN·m，水平荷载为 10kN。

3. 材料选用

1）混凝土：采用 C20（$f_t=1.1\text{N/mm}^2$）（可以调整）。

2）钢筋：采用 HPB235（$f_y=210\text{N/mm}^2$）（可以调整）。

三、设计内容

1）确定基础埋置深度。

2）确定地基承载力特征值。

3）确定基础的底面尺寸。

4）确定基础的高度。

5）基础底板配筋计算。

6）绘制施工图（平面图、详图）。

四、设计要求

1）计算书要求书写工整、数字准确、图文并茂。

2）制图要求所有图线、图例尺寸和标注方法均应符合国家现行的制图标准，图样上所有汉字和数字均应书写端正、排列整齐、笔画清晰，中文书写为长仿宋体。

3）设计时间为 3 天。

第五节　柱下钢筋混凝土独立基础设计指导书

一、基础埋置深度 d（同本章第二节）

二、确定地基承载特征值 f_a（同本章第二节）

$$f_a=f_{ak}+\eta_b\gamma(b-3)+\eta_d\gamma_m(d-0.5)$$

三、确定基础的底面面积

$$A\geqslant\frac{F_k}{f_a-\overline{\gamma}\times\overline{h}}$$

式中各符号意义同本章第二节。

四、持力层强度验算

$$p_{\substack{kmax\\kmin}}=\frac{F_k+G_k}{A}\left(1\pm\frac{6e_0}{l}\right)\leqslant1.2f_a$$

$$p_k=\frac{p_{kmax}+p_{kmin}}{2}\leqslant f_a$$

式中　p_k——相应于荷载效应标准组合时，基础底面处的平均压力值（kPa）；

p_{kmax}——相应于荷载效应标准组合时，基础底面边缘的最大压力值（kPa）；

p_{kmin}——相应于荷载效应标准组合时，基础底面边缘的最小压力值（kPa）；

F_k——相应于荷载效应标准组合时，上部结构传至基础顶面的竖向力值（kN）；

G_k——基础自重和基础上的土重（kN）；

A——基础底面面积（m^2）；

e_0——偏心距（m）；

f_a——修正后的地基承载力特征值（kPa）；

l——矩形基础的长度（m）。

五、确定基础的高度

$$F_l \leqslant 0.7\beta_{hp} f_t a_m h_0$$

式中 F_l——相应于荷载效应基本组合时作用在 A_l（冲切验算时，取用的部分基底面积）上的地基土净反力设计值（kN）；

β_{hp}——受冲切承载力截面高度影响系数，当 h 不大于 800mm 时，β_{hp} 取 1.0；当 h 大于等于 2000mm 时，β_{hp} 取 0.9，其间按线性内插法取用；

f_t——混凝土轴心抗拉强度设计值（kPa）；

a_m——冲切破坏锥体最不利一侧计算长度（m）；

h_0——基础冲切破坏锥体的有效高度（m）。

六、底板配筋计算

$$A_{s\text{I}} = \frac{M_\text{I}}{0.9h_0 f_y};\ M_\text{I} = \frac{1}{48}(l - a_z)^2(2b + b_z)(p_{jmax} + p_{j\text{I}})$$

$$A_{s\text{II}} = \frac{M_\text{II}}{0.9h_0 f_y};\ M_\text{II} = \frac{1}{48}(b - b_z)^2(2l + a_z)(p_{jmax} + p_{jmin})$$

式中 $A_{s\text{I}}$、$A_{s\text{II}}$——平行于 l、b 方向的受力钢筋面积（m^2）；

M_I、M_II——任意截面Ⅰ—Ⅰ、Ⅱ—Ⅱ处相应于荷载效应基本组合时的弯矩设计值（kN·m）；

l、b——基础底面的长边和短边（m）；

f_y——钢筋抗拉强度设计值（N/mm^2）；

p_{jmax}、p_{jmin}——相应于荷载效应基本组合时的基础底面边缘最大和最小地基净反力设计值（kPa）；

$p_{j\text{I}}$、——任意截面Ⅰ—Ⅰ处相应于荷载效应基本组合时的基础底面地基净反力设计值（kPa）；

a_z、b_z——平行于基础长边和短边的柱边长（m）。

七、绘制施工图（2号图纸一张）

合理确定绘图比例（平面图为1:100、详图为1:20～1:30）、图幅布置；符合《建筑制图标准》的有关要求。

第六节 柱下钢筋混凝土独立基础设计成果

1. 确定基础的埋置深度 d

$$d = Z_0 + 200 = (1000 + 200)\text{mm} = 1200\text{mm}$$

根据《建筑地基基础设计》（GB 50007—2002）规定，将该独立基础设计成阶梯形，取基础高度为 650mm，基础分二级，室内外高差 300mm，如图 6-8 所示。

2. 确定地基承载特征值 f_a

假设 $b<3$m，因 $d = 1.2\text{m} > 0.5\text{m}$，故只需对地基承载力特征值进行深度修正，

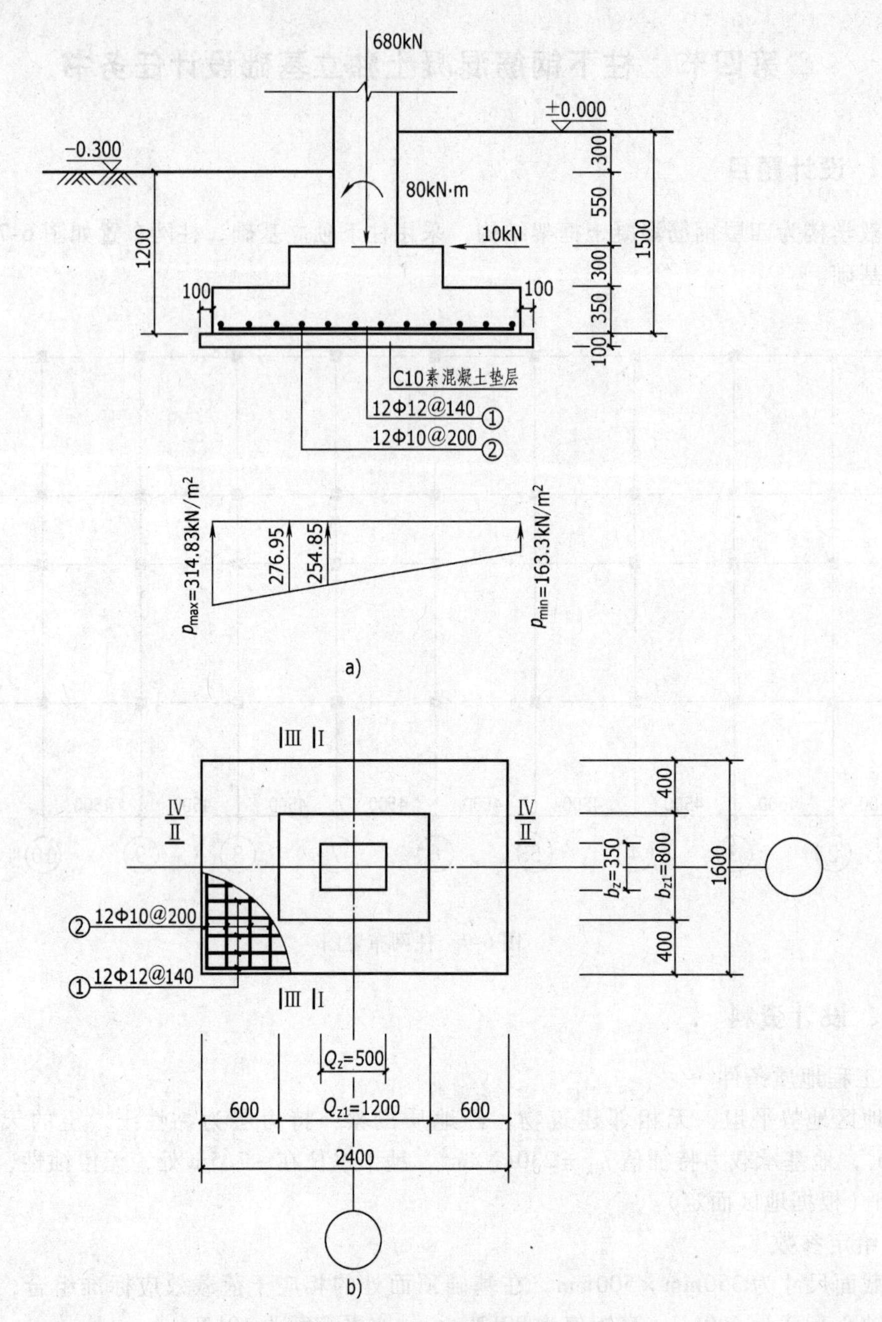

图 6-8 基础高度和底板配筋示意

a）基础高度 b）基础底板配筋

$$f_a = f_{ak} + \eta_d \gamma_m (d - 0.5) = [230 + 1.0 \times 18 \times (1.2 - 0.5)]\text{kN/m}^2 = 242.6\text{kN/m}^2$$

3. 确定基础的底面面积

$$\bar{h} = \frac{1.2 + 1.5}{2}\text{m} = 1.35\text{m}$$

$$A \geqslant \frac{F_k + P_k}{f_a - \bar{\gamma} \times \bar{h}} = \frac{680}{242.6 - 20 \times 1.35}\text{m}^2 = 3.15\text{m}^2$$

考虑偏心荷载影响，基础底面积初步扩大20%，于是

$$A' = 1.2A = 1.2 \times 3.15\text{m}^2 = 3.78\text{m}^2$$

取矩形基础长短边之比 $l/b = 1.5$，即 $l = 1.5b$

$$b = \sqrt{\frac{A}{1.5}} = \sqrt{\frac{3.78}{1.5}}\text{m} = 1.59\text{m}$$

取 $b = 1.6\text{m}$，则 $l = 2.4\text{m}$。

$$A = l \times b = 2.4\text{m} \times 1.6\text{m} = 3.84\text{m}^2$$

4. 持力层强度验算

作用在基底形心的竖向力值、力矩值分别为

$$F_k + G_k = 680\text{kN} + \bar{\gamma} A \bar{h} = (680 + 20 \times 3.84 \times 1.35)\text{kN} = 783.68\text{kN}$$

$$M_k = M + Vh = (80 + 10 \times 0.65)\text{kN} \cdot \text{m} = 86.5\text{kN} \cdot \text{m}$$

$$e_0 = \frac{M_k}{F_k + G_k} = \frac{86.5}{783.68}\text{m} = 0.11\text{m} < \frac{l}{6} = \frac{2.4\text{m}}{6} = 0.4\text{m}$$

符合要求。

$$p_{k\min}^{k\max} = \frac{F_k + G_k}{A}\left(1 \pm \frac{6e_0}{l}\right) = \frac{783.68}{3.84} \times \left(1 \pm \frac{6 \times 0.11}{2.4}\right)\text{kN/m}^2 = \begin{matrix} 260.21\text{kN/m}^2 \\ 147.96\text{kN/m}^2 \end{matrix} < 1.2f_a = 1.2 \times 242.6\text{kN/m}^2 = 291.12\text{kN/m}^2$$

$$p_k = \frac{p_{k\max} + p_{k\min}}{2} = \frac{260.21 + 147.96}{2}\text{kN/m}^2 = 204.09\text{kN/m}^2 < f_a = 242.6\text{kN/m}^2$$

故持力层强度满足要求。

5. 基础高度验算

现选用混凝土强度等级C20，HPB235钢筋，查规范表格得 $f_t = 1.1\text{N/mm}^2 = 1100\text{kN/m}^2$，$f_y = 210\text{N/mm}^2$。

地基净反力

$$p_{j\max} = p_{\max} - \frac{G}{A} = 1.35p_{k\max} - \frac{1.35G_k}{A}$$

$$= \left(1.35 \times 260.21 - \frac{1.35 \times 20 \times 3.84 \times 1.35}{3.84}\right)\text{kN/m}^2$$

$$= 314.83\text{kN/m}^2$$

$$p_{j\min} = p_{\min} - \frac{G}{A} = 1.35p_{k\min} - \frac{1.35G_k}{A}$$

$$= \left(1.35 \times 147.96 - \frac{1.35 \times 20 \times 3.84 \times 1.35}{3.84}\right)\text{kN/m}^2$$

$$= 163.3\text{kN/m}^2$$

由图6-8可知，$h = 650\text{mm}$，$h_0 = 610\text{mm}$；下阶 $h_1 = 350\text{mm}$，$h_{01} = 310\text{mm}$；$a_{z1} = 1200\text{mm}$，$b_{z1} = 800\text{mm}$。

（1）柱边截面

$$b_z + 2h_0 = (0.35 + 2 \times 0.61)\text{m} = 1.57\text{m} < b = 1.6\text{m}$$

$$A_1 = \left(\frac{l}{2} - \frac{a_z}{2} - h_0\right)b - \left(\frac{b}{2} - \frac{b_z}{2} - h_0\right)^2$$

$$= \left[\left(\frac{2.4}{2} - \frac{0.5}{2} - 0.61\right) \times 1.6 - \left(\frac{1.6}{2} - \frac{0.35}{2} - 0.61\right)^2\right]\text{m}^2$$

$$= 0.5438\text{m}^2$$

$$A_2 = (b_z + h_0)h_0$$

$$= (0.35 + 0.61) \times 0.61\text{m}^2$$

$$= 0.5856\text{m}^2$$

$$F_1 = A_1 p_{j\max} = 0.5438 \times 314.83\text{kN} = 171.2\text{kN}$$

$$0.7\beta_{hp}f_tA_2 = 0.7 \times 1.0 \times 1100 \times 0.5856\text{kN} = 450.91\text{kN} > F_1 = 171.2\text{kN}$$

符合要求。

（2）变阶处截面

$$b_{z1} + 2h_{01} = (0.8 + 2 \times 0.31)\text{m} = 1.42\text{m} < b = 1.6\text{m}$$

$$A_1 = \left(\frac{l}{2} - \frac{a_{z1}}{2} - h_{01}\right)b - \left(\frac{b}{2} - \frac{b_{z1}}{2} - h_{01}\right)^2$$

$$= \left[\left(\frac{2.4}{2} - \frac{1.2}{2} - 0.31\right) \times 1.6 - \left(\frac{1.6}{2} - \frac{0.8}{2} - 0.31\right)^2\right]\text{m}^2$$

$$= 0.4559\text{m}^2$$

$$A_2 = (b_{z1} + h_{01})h_{01}$$

$$= (0.8 + 0.31) \times 0.31\text{m}^2$$

$$= 0.3441\text{m}^2$$

$$F_1 = A_1 p_{j\max} = 0.4559 \times 314.83\text{kN} = 143.53\text{kN}$$

$$0.7\beta_{hp}f_tA_2 = 0.7 \times 1.0 \times 1100 \times 0.3441\text{kN} = 264.96\text{kN} > F_1 = 143.53\text{kN}$$

符合要求。

6. 基础底板配筋计算

1）计算基础的长边方向，Ⅰ—Ⅰ截面

柱边地基净反力

$$p_{j\text{I}} = p_{j\min} + \frac{l + a_z}{2l}(p_{j\max} - p_{j\min})$$

$$= \left[163.3 + \frac{2.4 + 0.5}{2 \times 2.4}(314.83 - 163.3)\right]\text{kN/m}^2$$

$$= 254.85\text{kN/m}^2$$

$$M_\text{I} = \frac{1}{48} \times (l - a_z)^2(2b + b_z)(p_{j\max} + p_{j\text{I}})$$

$$= \left[\frac{1}{48} \times (2.4 - 0.5)^2 \times (2 \times 1.6 + 0.35) \times (314.83 + 254.85)\right]\text{kN} \cdot \text{m}$$

$$= 152.1\text{kN} \cdot \text{m}$$

$$A_{s\text{I}} = \frac{M_\text{I}}{0.9f_yh_0} = \frac{152.1 \times 10^6}{0.9 \times 210 \times 610}\text{mm}^2 = 1319.28\text{mm}^2$$

Ⅲ-Ⅲ截面：

$$p_{j\text{Ⅲ}} = p_{j\min} + \frac{l + a_{z1}}{2l}(p_{j\max} - p_{j\min})$$

$$= \left[163.3 + \frac{2.4 + 1.2}{2 \times 2.4} \times (314.83 - 163.3)\right] \text{kN/m}^2$$

$$= 276.95 \text{kN/m}^2$$

$$M_{\text{Ⅲ}} = \frac{1}{48}(l - a_{z1})^2(2b + b_{z1})(p_{j\max} + p_{j\text{Ⅲ}})$$

$$= \left[\frac{1}{48} \times (2.4 - 1.2)^2 \times (2 \times 1.6 + 0.8) \times (314.83 + 276.95)\right] \text{kN·m}$$

$$= 71.01 \text{kN·m}$$

$$A_{s\text{Ⅲ}} = \frac{M_{\text{Ⅲ}}}{0.9 f_y h_0} = \frac{71.01 \times 10^6}{0.9 \times 210 \times 310} \text{mm}^2 = 1211.98 \text{mm}^2$$

比较 $A_{s\text{Ⅰ}}$ 和 $A_{s\text{Ⅲ}}$，应按 $A_{s\text{Ⅰ}}$ 配筋，在平行于 l 方向 1.6m 宽度范围内配 12Φ12@140（$A_s = 1356\text{mm}^2 > 1319.28\text{mm}^2$）。

2）计算基础的短边方向，Ⅱ—Ⅱ截面

$$M_{\text{Ⅱ}} = \frac{1}{48}(b - b_z)^2(2l + a_z)(p_{j\max} + p_{j\min})$$

$$= \left[\frac{1}{48} \times (1.6 - 0.35)^2 \times (2 \times 2.4 + 0.5) \times (314.83 + 163.3)\right] \text{kN·m}$$

$$= 82.49 \text{kN·m}$$

$$A_{s\text{Ⅱ}} = \frac{M_{\text{Ⅱ}}}{0.9 f_y h_0} = \frac{82.49 \times 10^6}{0.9 \times 210 \times 610} \text{mm}^2 = 715.5 \text{mm}^2$$

Ⅳ—Ⅳ截面

$$M_{\text{Ⅳ}} = \frac{1}{48}(b - b_{z1})^2(2l + a_{z1})(p_{j\max} + p_{j\min})$$

$$= \left[\frac{1}{48} \times (1.6 - 0.8)^2 \times (2 \times 2.4 + 1.2) \times (314.83 + 163.3)\right] \text{kN·m}$$

$$= 38.25 \text{kN·m}$$

$$A_{s\text{Ⅳ}} = \frac{M_{\text{Ⅳ}}}{0.9 f_y h_0} = \frac{38.25 \times 10^6}{0.9 \times 210 \times 310} \text{mm}^2 = 652.84 \text{mm}^2$$

比较 $A_{s\text{Ⅱ}}$ 和 $A_{s\text{Ⅳ}}$，应按 $A_{s\text{Ⅱ}}$ 配筋，但面积仍较小，故在平行于 b 方向 2.4m 宽度范围内按构造配 12Φ10@200（$A_s = 942\text{mm}^2 > 715.5\text{mm}^2$）。

7. 绘制施工图

独立基础施工图如图 6-9 所示。

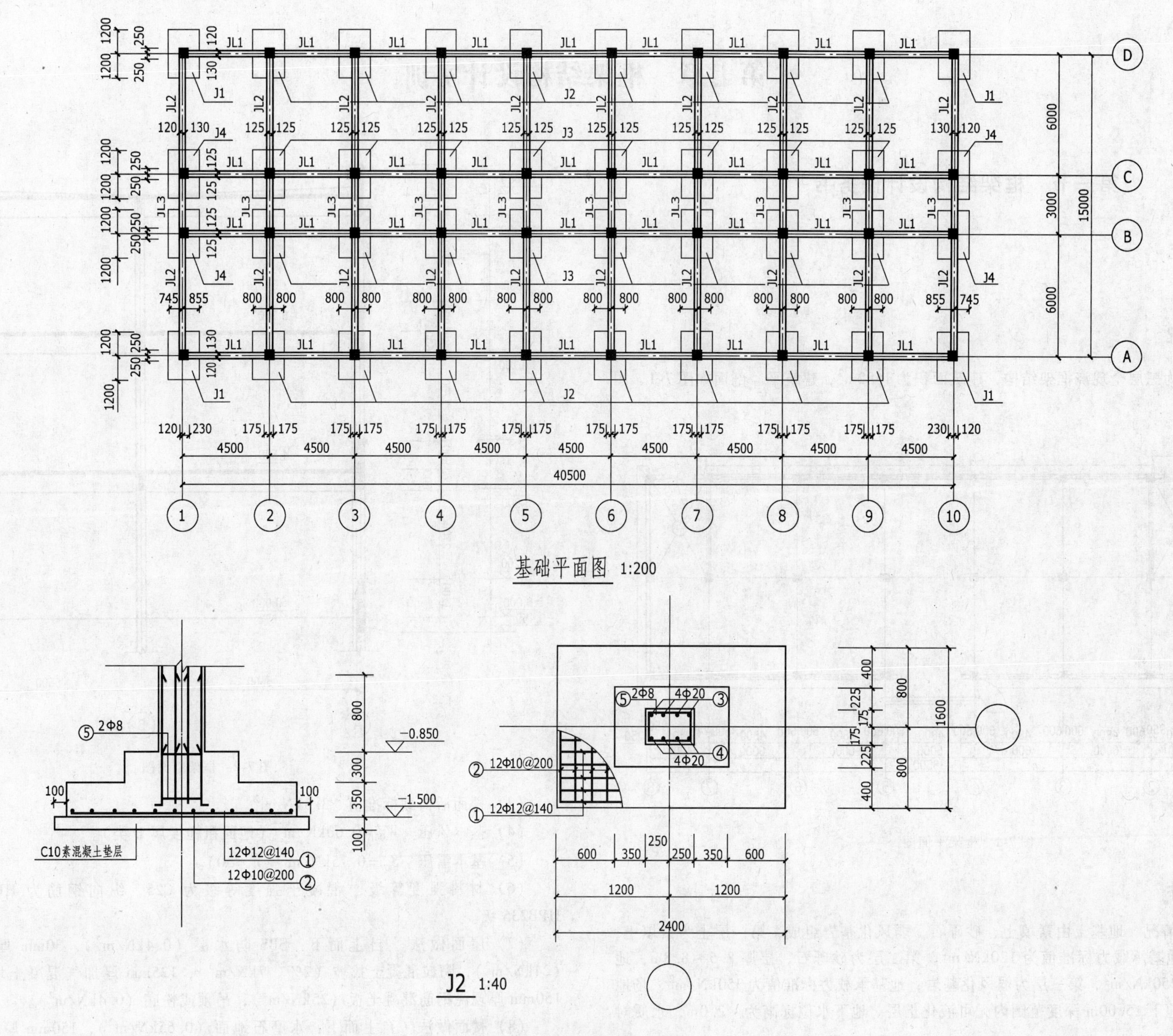

图 6-9 独立基础平面图、剖面图

第七章　框架结构设计实训

第一节　框架结构设计任务书

一、设计题目

某商业批发楼。

二、工程概况

某商业批发楼为三层全现浇框架结构，建筑面积为1582m^2，建筑平、剖面如图7-1、图7-2所示。

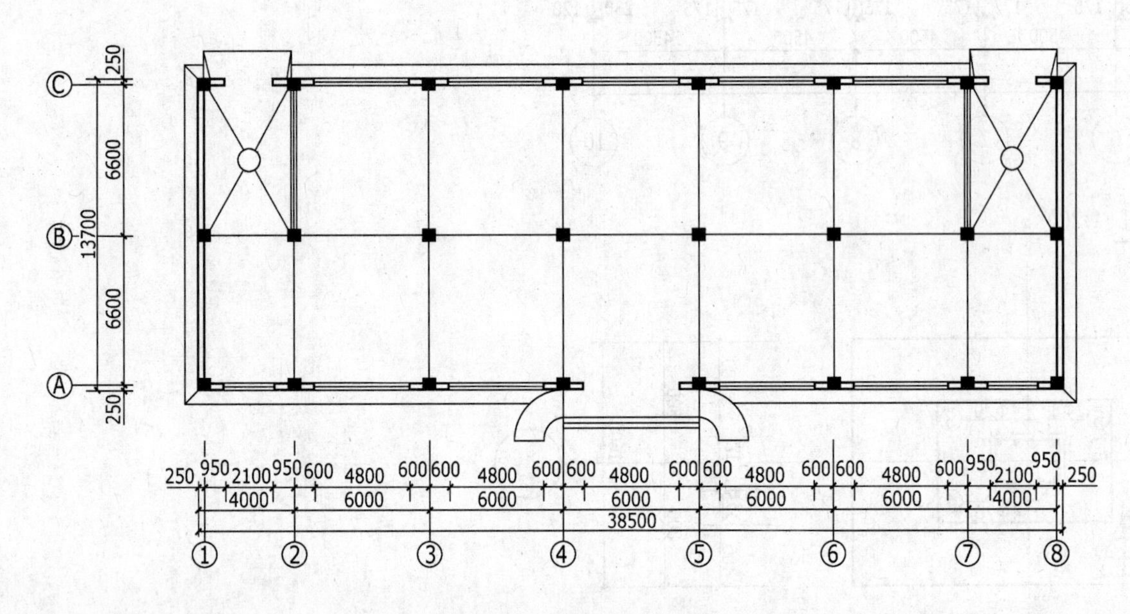

图7-1　框架平面图

三、设计条件

（1）工程地质情况　地基土由素填土、砂砾石、弱风化基岩组成，第一层土为素填土，层厚1.5～1.7m，地基承载力标准值为120kN/m^2，第二层为砂砾石，层厚8.5～8.8m，地基承载力标准值为250kN/m^2，第三层为弱风化基岩，地基承载力标准值为350kN/m^2，场地类别为Ⅱ类，场地地下15.00m深度范围内无可液化土层。地下水位标高为-2.0m，水质对混凝土无侵蚀性。

（2）抗震设防　地震设防烈度为八度，设计基本地震加速度为0.2g，设计地震分组为第一组。

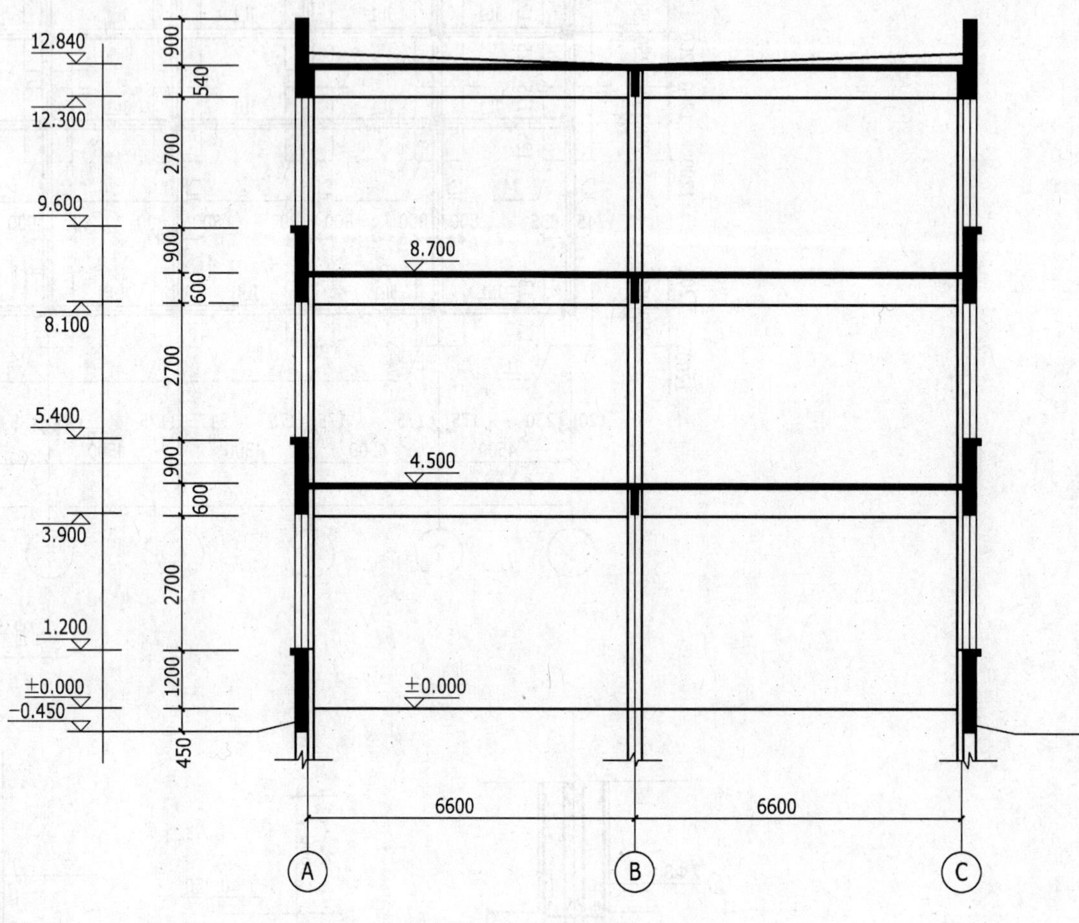

图7-2　框架剖面图

（3）楼面活荷载标准值　3.5kN/m^2。

（4）基本风压　W_0=0.60kN/m^2（地面粗糙度属B类）。

（5）基本雪压　S_0=0.75kN/m^2（n=50）。

（6）材料强度等级　混凝土强度等级为C25，纵向钢筋为HRB335级，箍筋为HPB235级。

（7）屋面做法　自上而下：SBS防水层（0.4kN/m^2），30mm厚细石混凝土找平（24kN/m^3），陶粒混凝土找坡（2%、7kN/m^3），125mm厚加气混凝土块保温（7kN/m^3），150mm厚现浇钢筋混凝土板（25kN/m^3），吊顶或粉底（0.4kN/m^2）。

（8）楼面做法　自上而下：水磨石地面（0.65kN/m^2），150mm厚现浇钢筋混凝土板（25kN/m^3），吊顶或粉底（0.4kN/m^2）。

（9）门窗做法　均采用铝合金门窗。

（10）墙体　外墙为250mm厚加气混凝土块，外贴面砖内抹灰；内墙为200mm厚加气混凝土块，两侧抹灰。

（11）其他　室内外高差450mm，初定基础底面标高为-2m，初估基础高度为1m，底层柱高5.5m。

四、设计内容

1）结构布置及截面尺寸初估。

2）荷载计算。

3）内力及侧移计算。

4）内力组合及内力调整。

5）截面设计。

第二节　框架结构设计指导书

一、设计资料

1. 规范

《混凝土结构设计规范》（GB 50010—2002）

《建筑结构荷载规范》（GB 50009—2001）

《建筑抗震设计规范》（GB 50011—2001）简称“抗震规范”

2. 手册

《静力计算手册》

《混凝土结构计算手册》

《抗震设计手册》

3. 图集

《建筑抗震构造图集》（97G329）

二、结构方案

1. 结构体系

考虑该建筑为商业批发楼，开间、进深及层高较大，根据“抗震规范”第6.1.1条，框架结构体系选择大柱网布置方案。

2. 结构抗震等级

根据“抗震规范”第6.1.2条，该全现浇框架结构处于八度设防区，总高度12.84m，因此属二级抗震。

3. 楼盖方案

考虑本工程楼面荷载较大，对于防渗、抗震要求较高，为了符合适用、经济、美观的原则和增加结构的整体性及施工方便，采用整体式双向板交梁楼盖。

4. 基础方案

根据工程地质条件，考虑地基有较好的土质，地耐力较高，采用柱下独立基础，并按“抗震规范”第6.1.14条设置基础系梁。

其余过程见本章第三节。

第三节　设计成果

一、结构布置及梁柱截面初估

1. 结构布置

结构布置如图7-3所示。

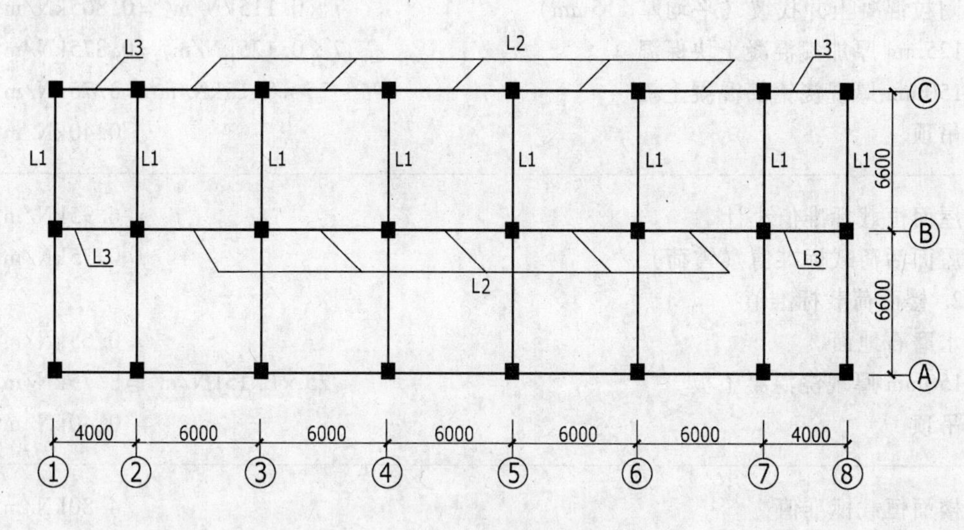

图7-3　结构布置图

2. 各梁柱截面尺寸初估

（1）框架梁　根据“抗震规范”第6.3.1条要求：梁宽不小于200mm，梁高不大于4倍梁宽，梁净跨不小于4倍的梁高。再参考受弯构件连续梁，梁高$h=(1/8\sim1/12)l$，梁宽$b=(1/2\sim1/3)h$。

（2）框架柱　根据“抗震规范”第6.3.6条，柱截面宽度b不小于300mm，柱净高与截面高度之比不宜小于4，“抗震规范”第6.3.7条，二级抗震等级框架柱轴压比限值为0.8。

框架梁，柱截面尺寸初估见表7-1。

表7-1　梁柱的截面尺寸

构　件	编　号	计算跨度l /mm	$h=(1/8\sim1/12)l$ /mm	$b=(1/2\sim1/3)h$ /mm
横向框架梁	L1	6600	650	250
纵向框架梁	L2	6000	600	250
	L3	4000	600	250
底层框架柱	Z1	5500	500	500
其他层框架柱	Z2	4200	500	500

框架梁的计算跨度以柱形心线为准，由于建筑轴线与柱形心线重合，而外墙面与柱外边线齐平，故①轴，⑧轴，Ⓐ轴，Ⓒ轴梁及填充墙均为偏心 125mm，满足“抗震规范”关于偏心距的规定。

二、荷载计算

1. 屋面荷载标准值

SBS 防水层	$0.40kN/m^2$
30mm 厚细石混凝土找平层	$24\times0.03kN/m^2=0.72kN/m^2$
陶粒混凝土并找坡（平均厚 115mm）	$7\times0.115kN/m^2=0.805kN/m^2$
125mm 厚加气混凝土块保温	$7\times0.125kN/m^2=0.875kN/m^2$
150mm 厚现浇钢筋混凝土板	$25\times0.15kN/m^2=3.75kN/m^2$
吊顶	$0.40kN/m^2$
屋面恒载标准值小计	$6.95kN/m^2$
屋面活荷载标准值（雪荷）	$0.75kN/m^2$

2. 楼面荷载标准值

水磨石地面	$0.65kN/m^2$
150mm 厚现浇混凝土板	$25\times0.15kN/m^2=3.75kN/m^2$
吊顶	$0.40kN/m^2$
楼面恒载标准值	$4.80kN/m^2$
楼面活载标准值	$3.50kN/m^2$

3. 楼面自重标准值

包括梁侧、柱侧抹灰，有吊顶房间梁不包括抹灰。

例： L1：$b\times h=0.25m\times0.65m$，净长 6.1m，

均布线荷载为 $25\times0.25\times0.65kN/m=4.06kN/m$，重量为 $4.06\times6.1kN=24.77kN$

Z1：$b\times h=0.5m\times0.5m$，净长 5.5m，

均布线荷载为 $(25\times0.5\times0.5+0.02\times40)kN/m=7.05kN/m$

Z1 重量为 $7.05\times5.5kN=38.78kN$

梁柱自重标准值见表 7-2。

表 7-2 梁柱自重

构件编号	截面 /m²	长度 /m	线荷载 /(kN/m)	每根重量 /kN	每层根数 /个	每层总重 /kN
L1	0.25×0.65	6.1	4.06	24.77	16	396.48
L2	0.25×0.6	5.5	3.75	20.63	15	309.4
L3	0.25×0.6	3.5	3.75	13.13	6	78.8
Z1	0.5×0.5	5.5	7.05	38.78	24	930.6
Z2	0.5×0.5	4.2	7.05	29.61	24	710.64

注：梁长为净跨。

4. 墙体自重标准值

外墙体均采用 250mm 厚加气混凝土块填充，内墙均采用 200mm 厚加气混凝土块填充。内墙抹灰，外墙贴面转，面荷载为

250mm 厚加气混凝土墙：$(7\times0.25+17\times0.02+0.5)kN/m^2=2.59kN/m^2$

200mm 厚加气混凝土墙：$(7\times0.2+17\times0.02\times2)kN/m^2=2.08kN/m^2$

240mm 厚砖墙砌女儿墙：$(18\times0.24+17\times0.02+0.5)kN/m^2=5.16kN/m^2$

考虑开窗，外纵墙扣除窗洞口，墙与窗重量按墙的重量乘以 1.1 系数考虑。

墙体自重标准值见表 7-3。

表 7-3 墙体自重

部位	墙体	每片面积 /m²	每片重 /kN	片数	每层重 /kN
底层	纵墙	5.5×(5.5−0.6)−4.8×2.7=14	36.26	10	362.60
		3.5×(5.5−0.6)×0.4[①]=6.86	17.77	4	71.08
	横墙	6.1×(5.5−0.65)=29.59(250mm 墙厚)	76.63	4	306.52
		6.1×(5.5−0.65)=29.59(200mm 墙厚)	61.54	2	123.08
其他层	纵墙	5.5×(4.2−0.6)−4.8×2.7=6.84	17.72	10	177.20
		3.5×(4.2−0.6)−2.7×3.2=3.96	8.16	4	32.64
	横墙	6.1×(4.2−0.65)=21.66(250mm 墙厚)	56.09	4	224.36
		6.1×(4.2−0.65)=21.66	45.05	2	90.10
屋顶	女儿墙	0.9×(38+0.26+13.2+0.26)×2=93.1	480.38	1	480.38

① 0.4 为门窗洞口的折减系数(估算法)。

5. 节点集中荷载（以③轴框架为例）

（1）框架屋面节点集中恒载标准值

① Ⓐ、Ⓒ轴处顶层边节点：

纵向框架梁自重	$(25\times0.25\times0.6+0.5\times0.6)\times5.5kN=22.28kN$
纵向框架梁传来屋面自重	$6.95\times0.5\times6\times3kN=62.55kN$
0.9m 高女儿墙自重加抹灰	$5.16\times0.9\times6kN=27.86kN$
	$G_{3A}=G_{3C}=112.96kN$

② Ⓑ轴顶层中间节点：

纵向框架梁自重	22.28kN
纵向框架传来屋面自重	$6.95\times2\times0.5\times6\times3kN=125.10kN$
	$G_{3B}=147.38kN$

（2）一二层框架楼面节点集中恒载标准值

① Ⓐ、Ⓒ轴处一二层边节点：

纵向框架梁自重	22.28kN
梁上加气混凝土墙加抹灰	17.72kN

楼面板传来　　$4.8\times0.5\times6\times3\text{kN}=43.20\text{kN}$

$G_{1A}=G_{1C}=G_{2A}=G_{2C}=83.20\text{kN}$

② Ⓑ轴一二层中间节点：

纵向框架梁自重　　22.28kN

纵向框架传来楼面重　　$4.8\times6\times3\text{kN}=86.4\text{kN}$

$G_{1B}=G_{2B}=108.68\text{kN}$

（3）框架屋面节点集中活荷载标准值

① Ⓐ、Ⓒ轴处顶层边节点：

纵向框架传来屋面活荷载　　$Q_{3A}=Q_{3C}=0.75\times0.5\times6\times3\text{kN}=6.75\text{kN}$

② Ⓑ轴处中间节点：

纵向框架梁传来屋面活荷载　　$Q_{3B}=2\times0.75\times0.5\times6\times3\text{kN}=13.5\text{kN}$

（4）框架楼面节点集中活荷载标准值

① Ⓐ、Ⓒ轴处中间层边节点：

纵向框架梁传来屋面活荷载　$Q_{1A}=Q_{1C}=Q_{2A}=Q_{2C}=3.5\times0.5\times6\times3\text{kN}=31.5\text{kN}$

② Ⓑ轴中间层传来楼面活荷载：

纵向框架梁传来楼面活荷载　　$Q_{2B}=Q_{1B}=3.5\times2\times0.5\times6\times3\text{kN}=63\text{kN}$

6. 横向框架梁上分布荷载（以③轴为例）

（1）作用在顶层③轴框架梁上恒载标准值

梁自重（均布线荷）　　$g_3'=4.06\text{kN/m}$

屋面板传来（梯形荷载）　　$g_3''=6.95\times6\text{kN/m}=41.7\text{kN/m}$

（2）作用在一二层③轴框架梁上恒载标准值

梁自重（均布线荷）　　$g_1'=g_2'=4.06\text{kN/m}$

楼面板传来（梯形荷载）　　$g_1''=g_2''=4.8\times6\text{kN/m}=28.8\text{kN/m}$

（3）作用在顶层③轴框架活荷（雪荷）标准值

屋面板传来（梯形荷载）　　$q_3'=0.75\times6\text{kN/m}=4.5\text{kN/m}$

（4）作用在中间层③轴框架梁上活荷载标准值

楼面板传来（梯形荷载）　　$q_1'=q_2'=3.5\times6\text{kN/m}=21\text{kN/m}$

7. 重力荷载代表值

根据“抗震规范”5.1.3条，顶层重力荷载代表值包括：屋面恒载、50%屋面雪荷载、顶层纵横框架梁自重、顶层半层墙柱自重及女儿墙自重。

其他层重力荷载代表值包括：楼面恒载、50%楼面均布活荷载、该层纵横框架梁自重、该层楼上下各半层柱及墙体自重。

各层楼面的重力荷载代表值如下：

$G_3=[38\times13.2\times(6.95+0.5\times0.75)+480.38+0.5\times(710.64+195.5+45.16+224.36+90.11)+(396.48+309.4+78.8)]\text{kN}=5572\text{kN}$

$G_2=[38\times13.2\times(4.8+0.5\times3.5)+(396.48+309.4+78.8)+195.5+45.16+224.36+90.11+710.64]\text{kN}=5336\text{kN}$

$G_1=[38\times13.2\times(4.8+0.5\times3.5)+(396.48+309.4+78.8)+0.5\times(930.6+398.9+78.2+710.6+123.08+306.56+195.5+45.16+224.36+90.1)]\text{kN}=5622\text{kN}$

建筑物总重力荷载代表值为：$G_E=\sum_{i=1}^{4}G_i=16530\text{kN}$

地震作用下的计算简图如图7-4所示。

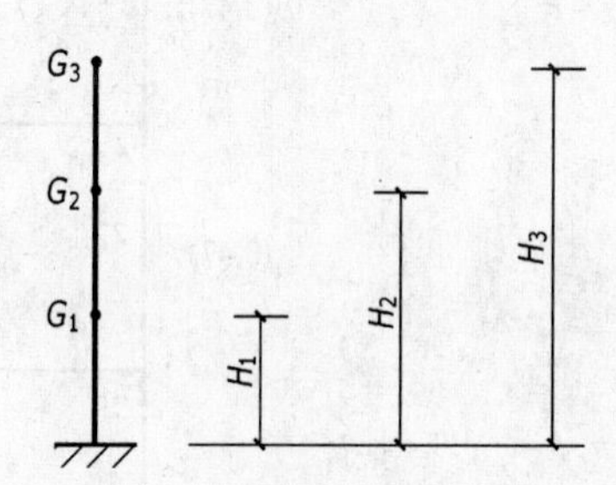

图7-4　地震作用下的计算简图

三、内力及侧移计算

（一）水平地震作用力下框架的侧移计算

1. 梁的线刚度

因本例采用现浇楼盖，在计算框架梁的截面惯性矩时，对边框架梁取 $I=1.5I_0$（I_0 为矩形梁的截面惯性矩）；对中框架梁取 $I=2.0I_0$，采用C25混凝土，$E_c=2.80\times10^4\text{N/mm}^2$。

$$I_0=bh^3/12=\frac{1}{12}\times0.25\times0.65^3\text{m}^4=5.72\times10^{-3}\text{m}^4$$

$$I_b=2.0I_0=2\times5.72\times10^{-3}\text{m}^4=11.44\times10^{-3}\text{m}^4$$

梁的线刚度为：

$$K_b=E_cI_b/l=(2.80\times10^7\times11.44\times10^{-3})/6.6\text{kN}\cdot\text{m}=4.85\times10^4\text{kN}\cdot\text{m}$$

横梁线刚度计算见表7-4。

表7-4　横梁线刚度计算表

梁号	截面 $b\times h$ /m²	跨度 /m	混凝土标号	惯性矩 I_0 /m⁴	边框架梁		中框架梁	
					$I_b=1.5I_0$	$K_b=E_cI_b/l$	$I_b=2I_0$	$K_b=E_cI_b/l$
L1	0.25×0.65	6.6	C25	5.7×10^{-3}	8.55×10^{-3}	3.64×10^4	11.4×10^{-3}	4.85×10^4
L2	0.25×0.6	6	C25	4.5×10^{-3}	6.75×10^{-3}	3.15×10^4	9×10^{-3}	4.2×10^4
L3	0.25×0.6	4	C25	4.5×10^{-3}	6.75×10^{-3}	4.73×10^4	9×10^{-3}	6.3×10^4

2. 柱的线刚度

柱的线刚度计算见表7-5。

表7-5　柱的线刚度表

柱号	截面 $b\times h$ /m²	柱高 /m	惯性矩 $I_c=bh^3/12$ /m⁴	线刚度 K_c /kN·m
Z1	0.5×0.5	5.5	$\frac{1}{12}\times0.5\times0.5^3=5.21\times10^{-3}$	2.65×10^4
Z2	0.5×0.5	4.2	$\frac{1}{12}\times0.5\times0.5^3=5.21\times10^{-3}$	3.47×10^4

横向框架计算简图如图7-5所示。

3. 横向框架柱侧向刚度

横向框架柱侧向刚度计算见表7-6。

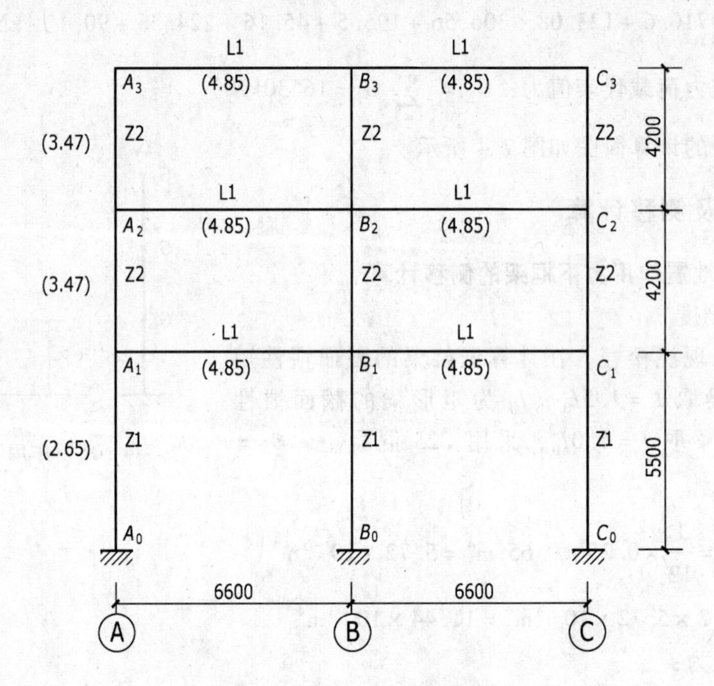

图 7-5　横向框架计算简图

注：括号内为梁或柱线刚度值，单位：$10^4\mathrm{kN\cdot m}$

表 7-6　横向框架柱侧向刚度 D 值计算

层次	柱类型	$\overline{K}=\Sigma K_b/2K_c$（一般层） $\overline{K}=\Sigma K_b/K_c$（底层）	$\alpha=\overline{K}/(2+\overline{K})$（一般层） $\alpha=(0.5+\overline{K})/(2+\overline{K})$（底层）	各柱刚度 $D_{im}=\alpha K_c 12/h^2$ (kN/m)	根数
二三层	边框架边柱	$(3.64\times2)\div(2\times3.47)=1.05$	$1.05\div(2+1.05)=0.344$	$0.344\times12\times3.47\times10^4\div4.2^2=8.12\times10^3$	4
	边框架中柱	$(4\times3.64)\div(2\times3.47)=2.1$	$2.1\div(2+2.1)=0.512$	12.09×10^3	2
	中框架边柱	$(2\times4.85)\div(2\times3.47)=1.398$	$1.398\div(2+1.398)=0.41$	9.702×10^3	12
	中框架中柱	$(4\times4.85)\div(2\times3.47)=2.795$	$2.795\div(2+2.795)=0.58$	13.76×10^3	6
	ΣD		255.644×10^3		
底层	边框架边柱	$3.64\times1\div2.65=1.374$	$(0.5+1.374)\div(2+1.374)=0.56$	$0.56\times1.05\times10^4=5.88\times10^3$	4
	边框架中柱	$3.64\times2\div2.65=2.75$	$(0.5+2.75)\div(2+2.75)=0.68$	7.15×10^3	2
	中框架边柱	$1\times4.85\div2.65=1.83$	$(0.5+1.83)\div(2+1.83)=0.61$	6.41×10^3	12
	中框架中柱	$2\times4.85\div2.65=3.66$	$(0.5+3.66)\div(2+3.66)=0.73$	7.67×10^3	6
	ΣD		160.76×10^3		

4. 横向框架自振周期

按顶点位移法计算框架的自振周期

$$T_1=1.7\alpha_0\sqrt{\Delta_{max}}$$

式中　α_0——考虑填充墙影响的周期调整系数，取 0.6～0.7，本工程中横墙较少，取 $\alpha_0=0.6$；

Δ_{max}——框架的顶点位移；

T_1——自振周期。

横向框架顶点位移的计算见表 7-7。

表 7-7　横向框架顶点位移计算

层次	G_i /kN	ΣG_i /kN	ΣD /(kN/m)	层间相对位移 $\Sigma G_i/\Sigma D$	Δi /m
3	5572	5572	2.556×10^5	0.022	0.164
2	5336	10908	2.556×10^5	0.042	0.142
1	5622	16530	1.604×10^5	0.1	0.1

$$T_1=1.7\times0.6\times\sqrt{0.164}\mathrm{s}=0.413\mathrm{s}$$

5. 横向地震作用

由“抗震规范”5.1.4 条查得，在Ⅱ类场地，八度区，结构的特征周期 T_g 和地震影响系数 α_{max} 为：$T_g=0.35$（s），$\alpha_{max}=0.16$，$\eta_2=1.0$

因为 $T_1=0.478>T_g$，所以 $\alpha_1=(T_g/T_1)^{\gamma}\eta_2\alpha_{max}=0.121$，

因为 $T_1=0.478<1.4T_g$，所以 $\delta_n=0$。顶部附加地震作用为：$\Delta F_n=\delta_n F_{EK}=0$，

$F_{EK}=\alpha_1 G_{eq}=0.121\times0.85\times16530\mathrm{kN}=1700\mathrm{kN}$

各质点的水平地震作用标准值、楼层地震作用、地震剪力及楼层间位移计算过程见表 7-8。

表中　$$F_i=\frac{G_iH_i}{\Sigma G_iH_i}F_{EK}(1-\delta_n),\ \Delta U_e=V_i/\Sigma D。$$

表 7-8　F_i、Y_i 和 ΔU_e 的计算

层次	h_i /m	H_i /m	G_i /kN	G_iH_i /kN·m	F_i /kN	V_i /kN	ΣD /(kN/m)	ΔU_e /m
3	4.2	13.9	5572	77450	815.30	815.30	255644	0.003
2	4.2	9.7	5336	51795	545.20	1360.50	255644	0.005
1	5.5	5.5	5622	30921	325.50	1686	105660	0.016
Σ			16530	160166	1686			

横向框架各层水平地震作用、地震剪力分布见图 7-6。

6. 横向框架抗震变形验算

首层　　$\theta_e=\Delta U_e/h_i=0.016\div5.5=0.0027>[\theta_e]=1/550$

不满足要求，将底层柱截面尺寸改为 550mm×550mm，则层间相对位移的限值满足规范要求。

同理可进行纵向框架变形验算，在此略。

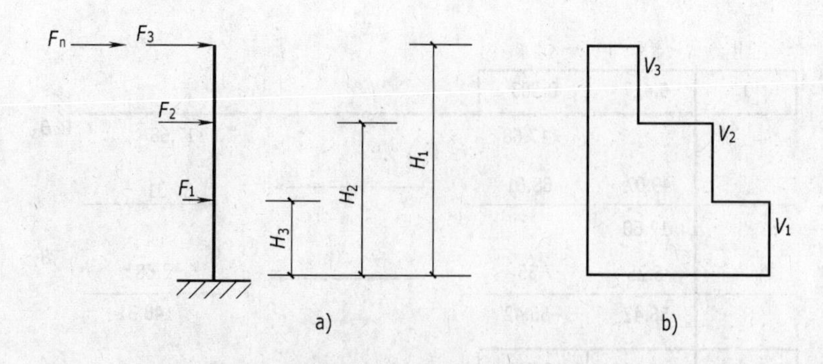

图 7-6 横向框架各层水平地震作用、地震剪力分布

a）水平地震作用分布 b）地震剪力分布

（二）水平地震力作用下横向框架的内力计算

以③轴横向框架为例进行计算。在水平地震作用下，框架柱剪力及弯矩计算采用 D 值法，其计算结果见表 7-9。

表 7-9 水平地震作用③轴框架剪力及弯矩标准值

柱号	层次	层高 h /m	层间剪力 V_{ik} /kN	层间刚度 ΣD_i /(kN/m)	各柱刚度 D_{im} /(kN/m)	$\frac{D_{im}}{\Sigma D}$	$V_{im}=\frac{D_{im}}{\Sigma D}V_{ik}$	K	y	$M_下$ /kN·m	$M_上$ /kN·m
A	3	4.2	968.59	255644	9702	0.038	36.81	1.398	0.42	64.93	89.66
	2	4.2	1613.90	255644	9702	0.038	61.33	1.398	0.47	121.10	136.50
	1	5.5	1999.07	191180	7725	0.040	79.96	3.660	0.55	241.90	197.90
B	3	4.2	968.59	255644	13760	0.054	52.30	2.796	0.45	98.85	120.80
	2	4.2	1613.90	255644	13760	0.054	87.15	2.796	0.50	183.00	183.00
	1	5.5	1999.07	191180	8818	0.046	91.96	7.321	0.55	278.20	227.60

注：表中 V_{ik}——第 i 层第 k 号柱的剪力。

y——反弯点高度系数，$y=y_0+y_1+y_2+y_3$，y_0、y_1、y_2、y_3 均查表求得，y 值计算见表 7-10。

$M_下$——柱下端弯矩，$M_下=V_{ik}yh$。

$M_上$——柱上端弯矩，$M_上=V_{ik}(1-y)h$。

表 7-10 y 值计算

柱号	层次	K	y_0	a_1	y_1	a_2	y_2	a_3	y_3	y
A	3	1.398	0.42	1	0	—	—	1	0	0.42
	2	1.398	0.47	1	0	1	0	1.31	0	0.47
	1	3.660	0.55	—	—	0.764	0	—	—	0.55
B	3	2.796	0.45	1	0	—	—	1	0	0.45
	2	2.796	0.50	1	0	1	0	1.31	0	0.50
	1	7.321	0.55	—	—	0.764	0	—	—	0.55

柱上下端弯矩求得后，利用节点平衡，求在水平地震作用下的梁端弯矩，利用平衡条件可求梁端剪力及柱轴力，计算见表 7-11。框架在左震时弯矩如图 7-7 所示，右震时，框架的弯矩图与左震时对称。

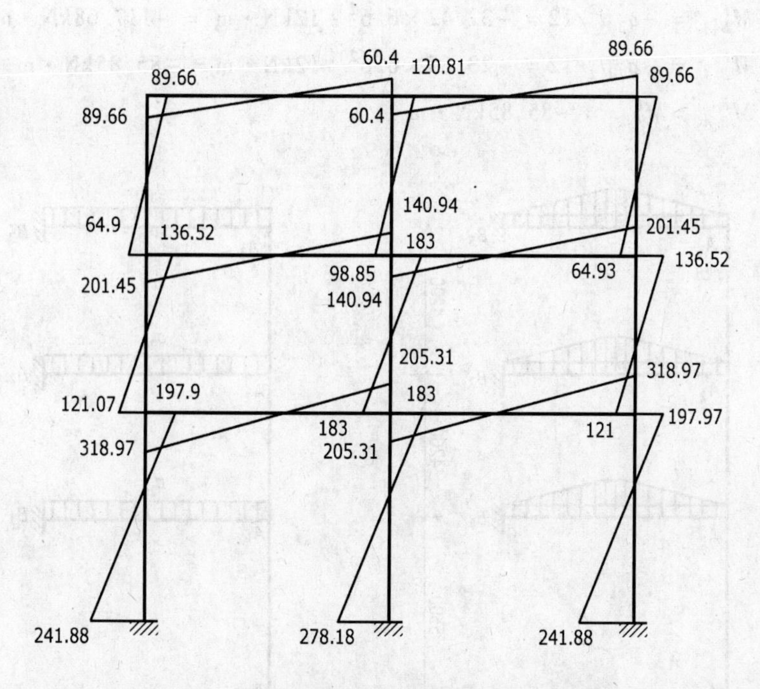

图 7-7 左震时的框架弯矩图（单位：kN·m）

表 7-11 地震力作用下框架梁端弯矩，剪力及柱轴力

层次	AB 跨				BC 跨				柱轴力		
	l /m	$M_左$ /(kN/m)	$M_右$ /(kN/m)	V_b /kN	l /m	$M_左$ /(kN/m)	$M_右$ /(kN/m)	V_b /kN	N_A /kN	N_B /kN	N_C /kN
3	6.6	89.66	60.40	22.74	6.6	60.40	89.66	22.74	−22.74	0	22.74
2	6.6	201.40	141.00	51.88	6.6	140.90	201.40	51.88	−74.62	0	74.62
1	6.6	319.00	205.30	79.44	6.6	205.30	319.00	79.44	−154.06	0	154.06

注：轴力拉为 −，压为 +。

（三）恒载作用下的内力计算

恒载作用下的内力计算采用弯矩二次分配法，由于框架梁上的分布荷载由矩形（g_i'）和梯形荷载（g_i''）两部分组成，根据固端弯矩相等的原则，先将梯形荷载化为等效均匀荷载，等效均匀荷载的计算公式见《静力计算手册》，计算简图如图 7-8 所示。

1. 框架梁上梯形荷载化为等效均布荷载

$q_{id}=(1-2\alpha^2+\alpha^3)q$；$\alpha=a/l=3/6.6=0.455$

三层 $q_{3d}=g_3'+(1-2\alpha^2+\alpha^3)g_3''=4.06+(1-2\times0.455^2+0.455^3)\times41.7=32.42\text{kN/m}$

二层 $q_{2d}=g_2'+(1-2\alpha^2+\alpha^3)g_2''=4.06+(1-2\times0.455^2+0.455^3)\times28.8=23.65\text{kN/m}$

一层 $q_{1d}=g_1'+(1-2\alpha^2+\alpha^3)g_1''=23.65\text{kN/m}$

2. 恒载作用下的杆端弯矩

本工程框架结构对称，荷载对称，故可利用对称性进行计算。

(1)固定端弯矩的计算

$M^F_{A_3B_3} = -M^F_{B_3A_3} = -q_{3d}l^2/12 = -32.42 \times 6.6^2 \div 12\text{kN}\cdot\text{m} = -117.68\text{kN}\cdot\text{m}$

$M^F_{A_2B_2} = -M^F_{B_2A_2} = -q_{2d}l_2/12 = -23.65 \times 6.6^2 \div 12\text{kN}\cdot\text{m} = -85.85\text{kN}\cdot\text{m}$

$M^F_{A_1B_1} = -M^F_{B_1A_1} = M^F_{A_2B_2} = -85.85\text{kN}\cdot\text{m}$

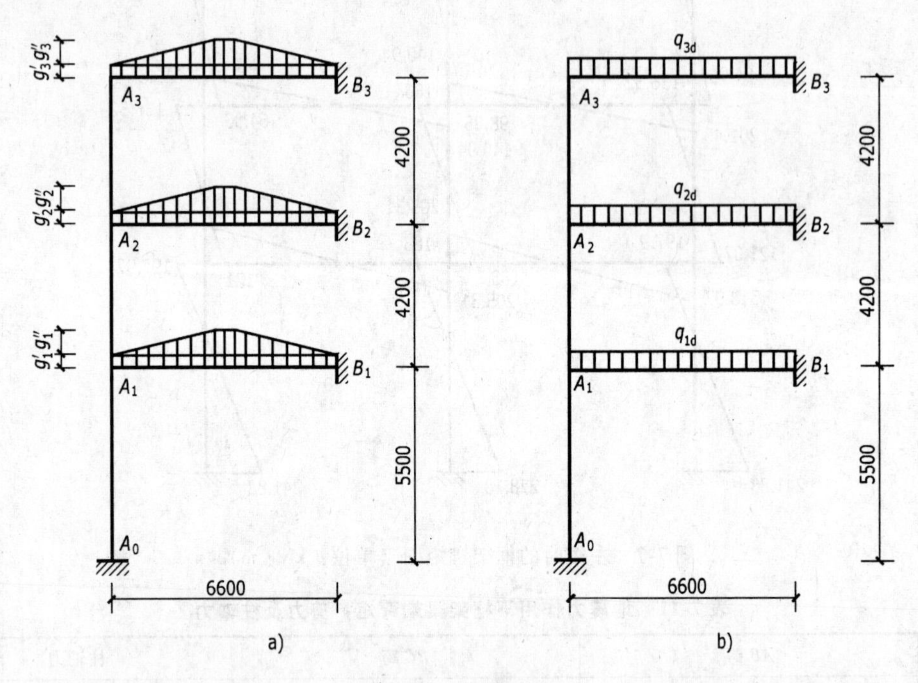

图 7-8 计算简图

a) 恒载作用下的计算简图（实际） b) 恒载作用下的计算简图（等效均布）

（2）分配系数 分配系数计算见表 7-12。

表 7-12 分配系数 μ

节点	A_3		A_2			A_1		
杆件	A_3A_2	A_3B_3	A_2A_3	A_2B_2	A_2A_1	A_1A_2	A_1B_1	A_1B_0
$S_i=4i$	4×0.715 = 2.86	4×1 = 4	4×0.715 = 2.86	4×1 = 4	4×0.715 = 2.86	4×0.715 = 2.86	4×1 = 4	4×0.546 = 2.184
ΣS_i	6.86		9.72			9.044		
$\mu=\frac{S_i}{\Sigma S_i}$	0.417	0.583	0.294	0.412	0.294	0.316	0.442	0.241

（3）杆端弯矩计算 计算过程如图 7-9 所示。

（4）恒载作用下的框架弯矩图 欲求梁跨中弯矩，则需根据求得的支座弯矩和各跨的实际荷载分布（如图 7-8a）按平衡条件计算，而不能按等效分布荷载计算。

简支梁：均布荷载下跨中弯矩 $= ql^2/8 = 4.06 \times 6.6^2/8\text{kN}\cdot\text{m} = 22.11\text{kN}\cdot\text{m}$

梯形荷载下跨中弯矩 $= ql^2/24(3-4\alpha^2)\text{kN}\cdot\text{m} = 41.7 \times 6.6^2(3-4\times0.455^2)/24\text{kN}\cdot\text{m} = 164.38\text{kN}\cdot\text{m}$

合计跨中弯矩 $= (164.38 + 22.11)\text{kN}\cdot\text{m} = 186.49\text{kN}\cdot\text{m}$

三层：$M_{AB} = -56.5 \times 0.8\text{kN}\cdot\text{m} = -45.2\text{kN}\cdot\text{m}$，$M_{BA} = 148.5 \times 0.8\text{kN}\cdot\text{m} = -118.8\text{kN}\cdot\text{m}$

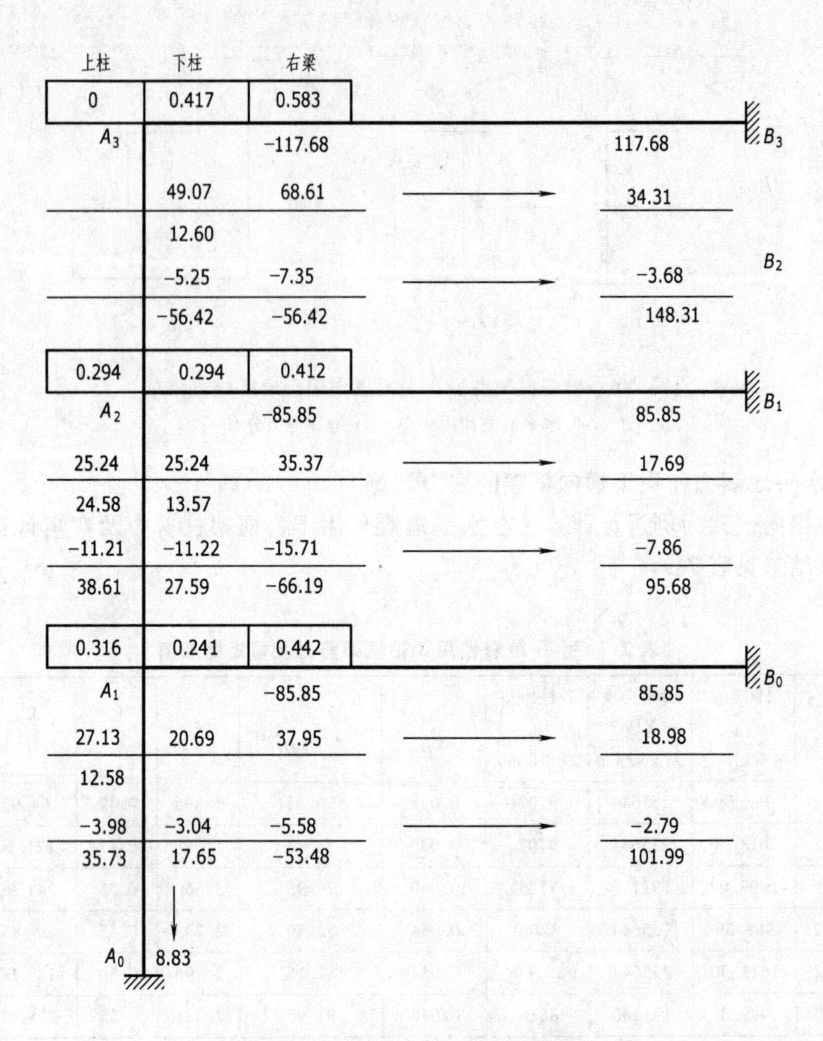

图 7-9 恒载作用下杆端弯矩计算

跨中弯矩 $= [186.49 - (45.2 + 118.8)/2]\text{kN}\cdot\text{m} = (186.49 - 82)\text{kN}\cdot\text{m} = 104.49\text{kN}\cdot\text{m}$

同理：二层跨中弯矩 $= 71.08\text{kN}\cdot\text{m}$，一层跨中弯矩 $= 73.62\text{kN}\cdot\text{m}$

3. 梁端剪力计算

恒载作用下梁端剪力计算过程见表 7-13。

表 7-13 恒载作用下梁端剪力计算

层次	q_d /(kN/m)	l /m	$q_d\frac{l}{2}$ /kN	$\Sigma M/l$ /kN	总剪力/kN	
					$V_A = q_d\frac{l}{2} - \Sigma M/l$	$V_B = q_d\frac{l}{2} + \Sigma M/l$
3	32.46	6.6	107.12	11.12	96.00	118.24
2	23.64	6.6	78.01	3.32	74.69	81.33
1	23.64	6.6	78.01	5.88	72.13	83.89

4. 柱轴力计算

柱轴力计算见表 7-14。

表 7-14　恒载作用下柱轴力计算

柱号	层次	截面	横梁剪力/kN	纵梁传来/kN	柱自重/kN	ΔN/kN	柱轴力 N/kN
A C	3	柱顶	96	112.69	29.61	208.69	208.69
		柱底				29.61	238.30
	2	柱顶	74.69	94.98	29.61	169.67	408.00
		柱底				29.61	437.58
	1	柱顶	72.13	94.98	38.78	167.11	604.70
		柱底				38.78	643.47
B	3	柱顶	118.24×2=236.48	147.38	29.61	383.86	383.86
		柱底				29.61	413.47
	2	柱顶	81.33×2=162.66	108.68	29.61	271.34	684.81
		柱底				29.61	714.42
	1	柱顶	83.89×2=167.78	108.68	38.78	276.46	990.88
		柱底				38.78	1029.66

恒载作用下③轴框架的内力图如图 7-10 所示。

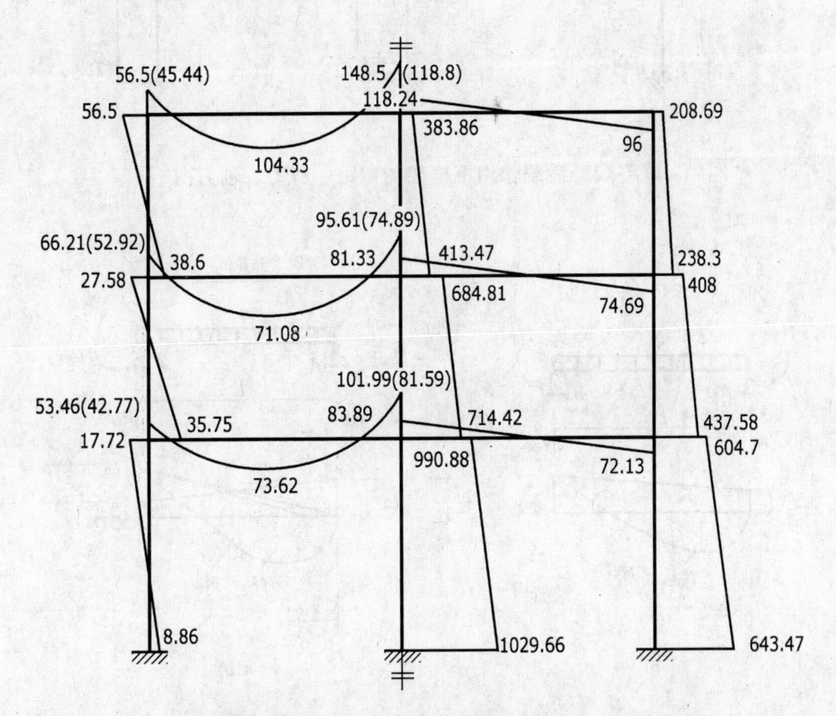

图 7-10　恒载作用下框架的弯矩、剪力、轴力图

注：括号内梁端弯矩为调幅后的数值，调幅系数为 0.8。

（四）活荷载作用下的内力计算

1. 活荷载作用下的弯矩计算

因本工程为商业批发楼，活荷载分布比较均匀，所以活荷载不利分布考虑满布法，内力计算可采用弯矩二次分配法，但对梁跨中弯矩乘 1.1～1.2 的增大系数。

（1）将框架梁上梯形荷载化为等效均匀活荷载

三层：$q_{3d}=(1-2\alpha^2+\alpha^3)q_3=(1-2\times0.455^2+0.455^3)\times4.5\text{kN/m}=3.06\text{kN/m}$

一、二层：$q_{1d}=q_{2d}=(1-2\alpha^2+\alpha^3)q_1=(1-2\times0.455^2+0.455^2)\times21\text{kN/m}=14.28\text{kN/m}$

（2）固端弯矩计算

三层：$M^F=-\dfrac{q_{3d}l^2}{12}=-\dfrac{1}{12}\times3.06\times6.6^2\text{kN}\cdot\text{m}=-11.11\text{kN}\cdot\text{m}$

一、二层：$M^F=-\dfrac{q_{1d}l^2}{12}=-\dfrac{1}{12}\times14.28\times6.6^2\text{kN}\cdot\text{m}=-51.84\text{kN}\cdot\text{m}$

（3）杆端弯矩计算

杆端弯矩计算过程如图 7-11 所示。

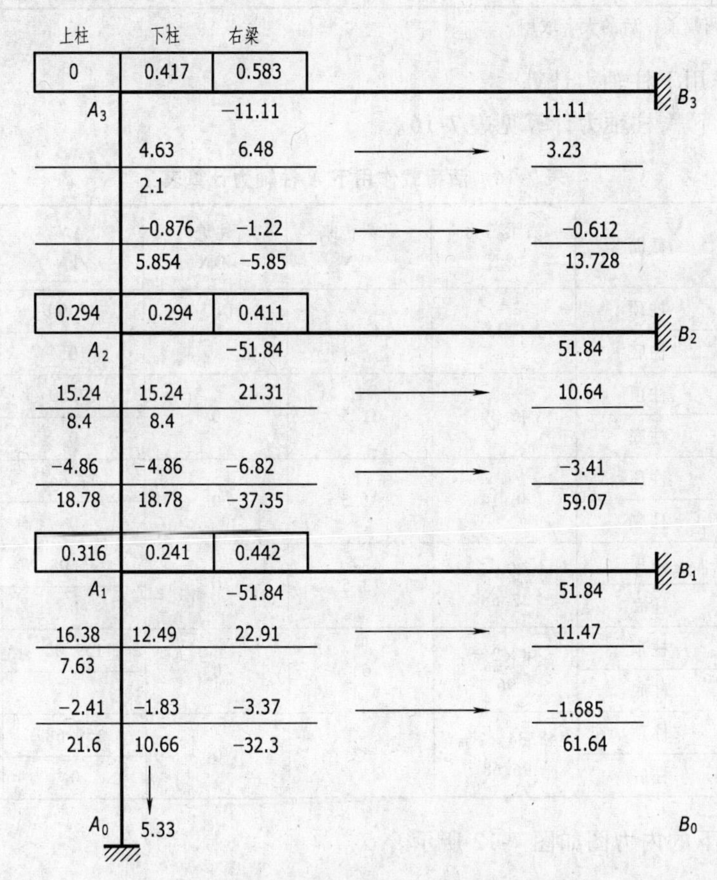

图 7-11　活载作用下杆端弯矩计算

（4）活荷载作用下的框架梁跨中弯矩计算

$M_{3跨中}=1.2[-0.8^{\ominus}(5.85+10.98)/2+1/24\times4.51\times6.6^2\times(3-4\times0.4545^2)]\text{kN}\cdot\text{m}$
$=13.27\text{kN}\cdot\text{m}$

$M_{2跨中}=1.2[-0.8^{\ominus}(10.29+16.27)/2+1/24\times21\times6.6^2\times(3-4\times0.4545^2)]\text{kN}\cdot\text{m}$
$=86.67\text{kN}\cdot\text{m}$

⊖ 0.8 为弯矩调幅系数。

$M_{1跨中}=1.2[-0.8^{\ominus}(8.9+16.98)/2+1/24\times21\times6.6^2\times(3-4\times0.4545^2)]\text{kN}\cdot\text{m}=87\text{kN}\cdot\text{m}$

2. 活荷载作用下的梁端剪力计算

活荷载作用下的梁端剪力计算过程见表 7-15。

表 7-15 活荷载作用下剪力计算过程

层次	q_d /(kN/m)	l /m	$q_d l/2$ /kN	$\Sigma M/l$ /kN	剪力/kN	
					$V_A=q_d l/2-\Sigma M/l$	$V_{B左}=q_d l/2+\Sigma M/l$
3	3.06	6.6	10.10	1.193/0.95	9.15	11.29
2	14.28	6.6	47.12	0.906/0.73	46.39	48.00
1	14.28	6.6	47.12	1.22/0.98	46.14	48.34

注：表内剪力按调幅前、后的大者取用。

3. 活荷载作用下柱轴力计算

活荷载作用下 A 柱轴力计算见表 7-16。

表 7-16 活荷载作用下 A 柱轴力计算表

柱号	层次	截面	横梁剪力 /kN	纵梁传来 /kN	柱重 /kN	ΔN /kN	柱轴力 /kN
A C	3	柱顶	9.15	6.75	0	15.90	15.90
		柱底				0	15.90
	2	柱顶	46.39	31.5	0	77.89	93.79
		柱底				0	93.79
	1	柱顶	46.14	31.5	0	77.64	171.43
		柱底				0	171.43
B	3	柱顶	11.29×2 = 22.58	13.5	0	36.08	36.08
		柱底				0	36.08
	2	柱顶	48×2 = 96	63	0	159.00	195.08
		柱底				0	195.08
	1	柱顶	48.34×2 = 96.68	63	0	159.68	354.76
		柱底				0	354.76

活荷载作用下的内力图如图 7-12 所示。

四、内力组合及调整

(一) 框架梁的内力组合

在恒载和活荷载作用下，跨间 M_{max} 可近似取跨中的 M 代替。

$$M_{max}=\frac{ql^2}{8}-(M_{左}+M_{右})/2$$

式中 $M_{左}$、$M_{右}$——梁左右端弯矩（kN·m）。

⊖ 0.8 为弯矩调幅系数。

跨中 M 若小于$\frac{ql^2}{16}$，应取 $M=\frac{ql^2}{16}$

在竖向荷载与地震力组合时，跨间最大弯矩 M_{GE} 采用数解法计算，如图 7-13 所示。

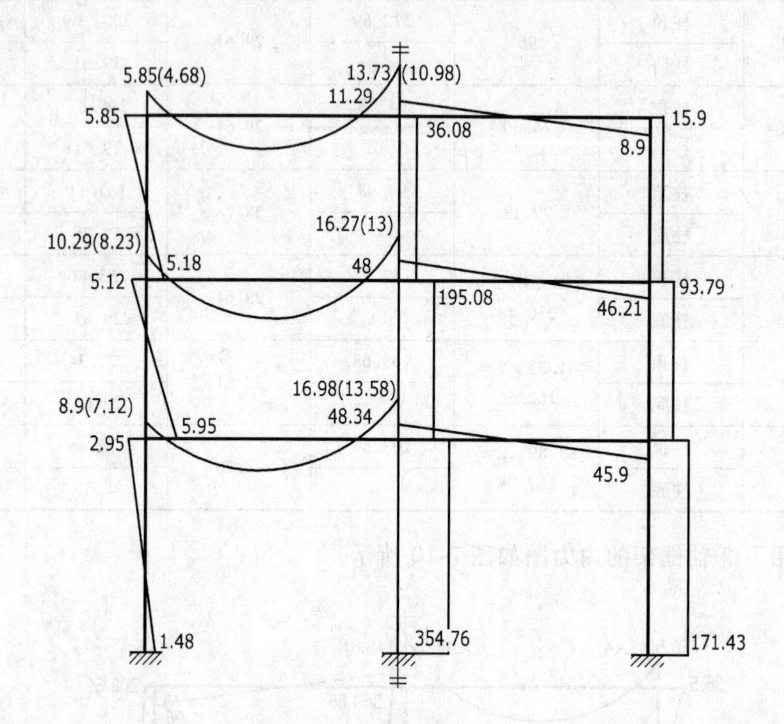

图 7-12 活载作用下框架的弯距、剪力、轴力图

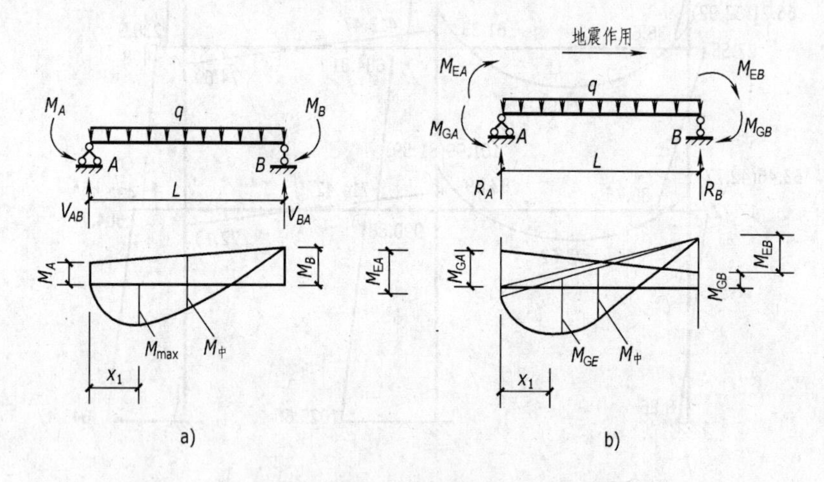

图 7-13 跨间最大弯矩

a) 竖向荷载组合 b) 竖向荷载与地震荷载组合

图中：M_{GA}，M_{GB}——重力荷载下梁端的弯矩（kN·m）；

M_{EA}，M_{EB}——水平地震作用下梁端弯矩（kN·m）；

R_A，R_B——竖向荷载与地震荷载共同作用下的梁端反力（kN）。

对 R_B 作用点取矩，$R_A=qL/2-1/L(M_{GB}-M_{GA}+M_{EA}+M_{EB})$

x 处截面弯矩为：$M = R_{Ax} - qx^2/2 - M_{GA} + M_{EA}$

由 $dM/dx = 0$，可求得跨间 M_{max} 的位置为 $x_1 = R_A/q$

将 x_1 代入任一截面 x 处的弯矩表达式，可求得跨间最大弯矩为

$M_{max} = M_{GE} = R_A^2/2q - M_{GA} + M_{EA} = qx^2/2 - M_{GA} + M_{EA}$

当右震时，公式中 M_{EA}、M_{EB} 反号。

M_{GE} 及 x_1 的具体数值见表 7-17。

表 7-17　M_{GE} 及 x_i 值计算

层	1.2(恒+0.5活)		1.3 地震		q	l	R_A		x_i		M_{GE}	
	M_{GA} /kN·m	M_{GB} /kN·m	M_{EA} /kN·m	M_{EB} /kN·m	kN/m	/m	左震 /kN	右震 /kN	左震 /m	右震 /m	左震 /kN·m	右震 /kN·m
3	57.34	148.5	116	78.52	40.79	6.6	91.2	150.4	2.237	3.69	161.3	103.8
2	68.5	97.67	262	183.2	36.94	6.6	50.1	184.9	1.355	5	227.2	131.4
1	55.6	106.1	415	266.9	36.94	6.6	11	217.5	0.297	5.89	360	170.5

注：1. 当 $x_1 > l$ 或 $x_1 < 0$ 时，表示最大弯矩发生在支座处，应取 $x_1 = l$ 或 $x_1 = 0$，用 $M = R_{Ax} - qx^2/2 - M_{GA} \pm M_{EA}$ 计算 M_{GE}。

2. 表中恒载和活荷载的组合，梁端弯矩取调幅后的数值。

3. 表中 q 值按 1.2×(恒+0.5活) 计算。

梁内力组合见表 7-18。

（二）框架柱内力组合

框架柱取每层柱顶和柱底两个控制截面，A 柱内力组合见表 7-19。B 柱内力组合见表7-20。

表 7-18　框架梁内力组合

层次	位置	内力	荷载类别			竖向荷载组合	竖向荷载与地震力组合	
			恒载①	活载②	地震③	1.2×①+1.4×②	1.2×(①+0.5×②)±1.3×③	
3	A_3 右	M	−45.44	−4.68	±89.66	−61.08	32.32	−147
		V	96	8.9	22.74	127.66	143.28	97.8
	B_3 左	M	−118.8	−10.98	±60.4	−157.93	−88.75	−209.6
		V	118.24	11.29	22.74	157.69	171.4	125.92
	跨中	M_{AB}	104.33	11.94	—	141.912	161.28	103.8
2	A_2 右	M	−52.97	−8.23	±201.45	−75.086	132.95	−269.95
		V	74.69	46.21	51.88	154.322	169.23	65.47
	B_2 左	M	−74.89	−13	±140.94	−108.068	43.27	−238.6
		V	81.33	48	51.88	164.796	178.3	74.52
	跨中	M_{AB}	71.08	86.59	—	206.522	227.23	131.43
1	A_1 右	M	−42.77	−7.12	±318.97	−61.292	263.37	−374.57
		V	72.13	45.9	79.04	150.816	193.14	35.06
	B_1 左	M	−81.59	−13.58	±205.3	−116.92	99.25	−311.37
		V	83.89	48.34	79.04	168.344	208.7	50.63
	跨中	M_{AB}	73.62	86.916	—	210.03	360	170.5

注：表中弯矩 M 的单位：kN·m，剪力 V 的单位：kN。

表 7-19　A 柱内力组合

层次	位置	内力	荷载类别			竖向荷载组合	竖向荷载与地震力组合	
			恒载①	活载②	地震③	1.2×①+1.4×②	1.2×（①+0.5×②）±1.3×③	
3	柱顶	M	56.5	5.854	±89.66	76	187.9	−45.24
		N	208.69	15.9	±22.74	272.7	290	231
	柱底	M	38.59	5.175	±64.93	53.55	133.8	−35
		N	238.3	15.9	±22.74	308	326	266
2	柱顶	M	27.58	5.115	±136.52	40.257	213.64	−141.31
		N	408	93.79	±74.62	621	643	449
	柱底	M	35.75	5.946	±121.07	51.22	203.86	−111
		N	437.58	93.79	±74.62	656.4	678.4	484.4
1	柱顶	M	17.72	2.952	±197.9	24.8	279.7	−234.83
		N	604.7	171.43	±154.06	965.6	1029	628.3
	柱底	M	8.86	1.476	±241.9	12.7	326	−302.95
		N	643.47	171.43	±154.06	1012.17	1075.2	675

注：表中弯矩 M 的单位：kN·m，剪力 V 的单位：kN。

表 7-20　B 柱内力组合表

层次	位置	内力	荷载类别			竖向荷载组合	竖向荷载与地震力组合	
			恒载①	活载②	地震③	1.2×①+1.4×②	1.2×（①+0.5×②）±1.3×③	
3	柱顶	M	0	0	±120.81	0	157.05	−157.05
		N	383.86	36.08	0	511	482	482
	柱底	M	0	0	±98.85	0	128.5	−128.5
		N	413.47	36.08	0	546.7	517.8	517.8
2	柱顶	M	0	0	±183.02	0	238	−238
		N	468.81	195.08	0	836	679.6	679.6
	柱底	M	0	0	±183.02	0	238	−238
		N	714.42	195.08	0	1130	974	974
1	柱顶	M	0	0	±183.02	0	238	−238
		N	990.9	354.76	0	1685	1402	1402
	柱底	M	0	0	±278.18	0	361.6	−361.6
		N	1029.6	354.76	0	1732	1448.4	1448.4

注：表中弯矩 M 的单位：kN·m，剪力 V 的单位：kN。

（三）内力调整

1. 强柱弱梁要求

根据“抗震规范”6.2.2 条，梁柱节点处的柱端弯矩设计值应符合下式要求：

$$\sum M_c = \eta_c \sum M_b$$

式中　$\sum M_c$——节点上下柱端截面顺时针或逆时针方向组合的弯矩设计值之和，上下柱端的弯矩设计值，可按弹性分析分配；

$\sum M_b$——节点左右梁端截面顺时针或逆时针方向组合的弯矩设计值之和；

η_c——柱端弯矩增大系数，一级取 1.4；二级取 1.2；三级取 1.1。

具体计算过程见表7-21。

表7-21 梁柱节点处柱端弯距调整计算表

节点	组合	M_{cu} /kN·m	M_{cd} /kN·m	$\sum M_c$ /kN·m	M_b^l /kN·m	M_b^r /kN·m	$\eta_c \sum M_b$ /kN·m	M'_{cu} /kN·m	M'_{cd} /kN·m
A_1	$G+E$	203.86	279.7	483.56	0	263.37	316	133.22	182.78
	$G-E$	-111	-235	-346	0	-375	-450	-144	-305
B_1	$G+E$	238	238	476	99.25	311.4	492.7	246.4	246.4
	$G-E$	-238	-238	-476	-311	-99	-493	-246	-246

注：1. 表中 $M'_{cu}=\frac{M_{cu}}{\sum M_c}\eta_c \sum M_b$；$M'_{cd}=\frac{M_{cd}}{\sum M_c}\eta_c \sum M_b$，$M$ 使杆端顺时针转动为+。

2. G 为重力荷载，E 为地震作用。

2. 强剪弱弯的要求

为保证梁柱的延性，梁端及柱端的抗剪能力应大于抗弯能力。

1）“抗震规范”6.2.4条规定：二级框架梁端截面组合的剪力设计值应按下式调整

$$V=\eta_{vb}(M_b^l+M_b^r)/l_n+V_{Gb}$$

式中 V_{Gb}——梁在重力荷载代表值作用下，按简支梁分析的梁端截面剪力设计值（kN）；

M_b^l、M_b^r——梁左右端逆时针或顺时针方向组合的弯矩设计值（kN·m）；

η_{vb}——梁端剪力增大系数，二级取1.2。

具体计算过程见表7-22。

表7-22 梁端剪力设计值调整计算表

杆件	组合	V_{Gb} /kN	l_n /m	M_b^l /kN·m	M_b^r /kN·m	$\eta_{vb}(M_b^l+M_b^r)/l_n$		V/kN	
						左	右	左	右
A_1B_1	$G+E$	174.87	6.6	263.37	99.25	-71.3	71.3	103.5	246.2
	$G-E$	174.87	6.6	-374	-311	135	-135	309.8	39.87

注：1. $V_{Gb}=1.2$（恒+0.5活）$l_n/2$，M 使杆件顺时针转动为+。

2. G 为重力荷载，E 为地震作用。

2）“抗震规范”6.2.5条规定：二级框架柱的剪力设计值应按下式调整

$$V=\eta_{vc}(M_c^b+M_c^t)/H_n$$

式中 M_c^t、M_c^b——柱的上下端顺时针或逆时针方向组合的弯矩设计值；

η_{vc}——柱剪力增大系数，二级取1.2；

H_n——柱净高。

具体计算过程见表7-23。

表7-23 柱端剪力设计值调整计算表

杆件	组合	H_n /m	M_c^t /kN·m	M_c^b /kN·m	$V=\eta_{vc}(M_c^b+M_c^t)/H_n$ /kN	
					上	下
A_1A_0	$G+E$	4.85	279.7	326	149.86	149.86
	$G-E$	4.85	-234.8	-303	-133	-133
B_1B_0	$G+E$	4.85	238	361.6	148	148
	$G-E$	4.85	-238	-361.6	-148	-148

注：1. M 使杆件顺时针转动为+，V 使杆件顺时针转动为+。

2. G 为重力荷载，E 为地震作用。

3）底层柱柱底弯矩的调整，根据“抗震规范”6.2.3条：二级框架结构的底层，柱下端截面组合的弯矩设计值，应乘增大系数1.25。底层柱纵向钢筋宜按上下端的不利情况配置。

故A柱 $G+E$：$N=1075.2\times1.25\text{kN}=1344\text{kN}$

$G-E$：$N=675\times1.25\text{kN}=843.75\text{kN}$

B柱 $G+E$：$N=1448.4\times1.25\text{kN}=1810.5\text{kN}$

$G-E$：$N=1448.4\times1.25\text{kN}=1810.5\text{kN}$

五、截面设计

根据“抗震规范”6.2.1条，截面设计应满足 $s\leqslant R/\gamma_{RE}$。

（一）梁的正截面承载力计算及斜截面承载力计算

梁在跨中截面正弯矩作用下按T形截面计算，梁在支座正弯矩作用下按T形截面计算，梁在支座处负弯矩作用下按矩形截面计算。

梁翼缘宽度取下列三项中之小值：

① $b'_f=l/3=6600/3\text{mm}=2200\text{mm}$。

② $b'_f=b+s_n=6600\text{mm}$。

③ $h'_f/h_0=150/590=0.25>0.1$，故翼缘宽度不受此限。

取 $b'_f=2200\text{mm}$。

梁的有效高度 h_0：

跨中正弯矩：$h_0=(650-60)\text{mm}=590\text{mm}$（一，二层）

$h_0=(650-35)\text{mm}=615\text{mm}$（三层）

支座正弯矩：$h_0=(650-35)\text{mm}=615\text{mm}$

支座负弯矩：$h_0=(650-70)\text{mm}=580\text{mm}$（一，二层）

$h_0=(650-50)\text{mm}=600\text{mm}$（三层）

梁采用C25混凝土：$f_t=1.27\text{N/mm}^2$

$f_c=11.9\text{N/mm}^2$

纵向钢筋为HRB335级 $f_y=300\text{N/mm}^2$

箍筋为HPB235级 $f_y=210\text{N/mm}^2$

判别T截面类型：

跨中：$M_f=\alpha_1 f_c b'_f h'_f(h_0-h'_f/2)=11.9\times2200\times150\times(590-150/2)\text{kN}\cdot\text{m}=2022\text{kN}\cdot\text{m}>M_{max}=360\text{kN}\cdot\text{m}$，故属于第一类T形截面。

支座：$M_f=\alpha_1 f_c b'_f h'_f(h_0-h'_f/2)=11.9\times2200\times150\times(615-150/2)\text{kN}\cdot\text{m}=2120.6\text{kN}\cdot\text{m}>M_{max}=374.57\text{kN}\cdot\text{m}$，故属于第一类T形截面。

1. 梁正截面配筋计算

仅取底层梁举例进行正截面承载力计算，计算过程见表7-24。

表7-24 第一层框架梁正截面承载力计算

截面	支座 A		跨中	支座 B	
	$+M$	$-M$	$+M$	$+M$	$-M$
M/kN·m	263.37	-374.57	360	99.25	-311.37

（续）

截面	支座 A		跨中	支座 B	
	$+M$	$-M$	$+M$	$+M$	$-M$
$b\times h_0/\text{mm}^2$	250×615	250×580	250×590	250×615	250×580
$M_0=M-b/2\times V_0/\text{kN}\cdot\text{m}$	311.65	365.8	360	151.4	298.7
$\gamma_{RE}M_0/\text{kN}\cdot\text{m}$	233.74	274.4	270	113.6	224
$M_{f1}/\text{kN}\cdot\text{m}$	2120.6		2022	2120.6	
截面类型	第一类T形	矩形	第一类T形	第一类T形	矩形
$\alpha_s=\gamma_{RE}M_0/(\alpha_1 f_c bh_0^2)$		0.244			0.224
$\alpha_s=\gamma_{RE}M_0/(\alpha_1 f_c b'_f h_0^2)$	0.024		0.0296	0.0115	
$\gamma_s=0.5\times(1+\sqrt{1-2\alpha_s})$	0.988	0.858	0.985	0.994	0.872
$\xi=1-\sqrt{1-2\alpha_s}$	0.024	0.284	0.03	0.0116	0.257
$A_s=\gamma_{RE}M_0/(f_y\gamma_s h_0)/\text{mm}^2$	1282	1838	1549	619.4	1476
选筋	4⌀20	5⌀22	5⌀20	2⌀20	4⌀22
实配面积/mm²	1256	1900	1570	628	
$\rho=A_s/bh_0$	0.8%	1.31%	1.06%	0.4%	

注：γ_{RE}——梁受弯承载力抗震调整系数为0.75；

2. 框架梁斜截面承载力计算

根据“混凝土设计规范”知

1）受剪承载力抗震调整系数：$\gamma_{RE}=0.85$。

2）受剪承载力设计值：$V_b\leqslant(0.42f_tbh_0+1.25f_{yv}A_{sv}h_0/s)\gamma_{RE}$。

3）梁截面组合的剪力设计值应满足：$V_b\leqslant(0.2\beta_c f_c bh_0)/\gamma_{RE}$。

仅取底层梁举例进行斜截面承载力计算，计算过程见表7-25。

表7-25　一层框架梁斜截面承载力计算

截　面	支座 A 右	支座 B 左
调整后剪力 V/kN	309.87	246.21
$\gamma_{RE}V$/kN	263.40	209.30
bh_0/mm^2	250×580	250×580
$0.2\beta_c f_c bh_0$/kN	$345.1>\gamma_{RE}V$	$345.1>\gamma_{RE}V$
箍筋直径Φ/mm 肢数(n)	$n=2$，Φ10	$n=2$，Φ10

（续）

截　面	支座 A 右	支座 B 左
A_{sv1}/mm^2	78.5	78.5
箍筋间距 s /mm	(100)200	(100)200
$V_{cs}=(0.42f_tbh_0+1.25f_{yv}A_{sv}h_0/s)$ /kN	$316.38>\gamma_{RE}V$	$316.38>\gamma_{RE}V$
$\rho_{sv,min}=0.28f_t/f_{yv}$	0.169%	0.169%
$\rho_{sv}=nA_{sv1}/bs$	0.3%	0.3%

注：1. 括号内数值为梁端加密区范围内的箍筋间距。

2. $\beta_c=1.0$。

（二）柱的截面设计

以第一层A、B柱为例进行截面设计。混凝土为C25级，$f_c=11.9\text{N/mm}^2$，$f_t=1.27\text{N/mm}^2$。纵筋为HRB335级，$f_y=300\text{N/mm}^2$，箍筋为HPB235级$f_y=210\text{N/mm}^2$。

1. 轴压比验算

轴压比验算见表7-26。

表7-26　柱轴压比验算

层次	柱别	柱底轴力 N /kN	截面 A	f_cA	$\mu=\dfrac{N}{f_cA}$	备注
1	A	1344	500×500	2975	0.45<0.8	满足
	B	1810.5	500×500	2975	0.609<0.8	满足

2. 正截面承载力计算

采用对称配筋，计算过程见表7-27。

表7-27　底层柱正截面承载力计算

杆件		柱 A_0A_1		柱 B_0B_1	
内力项		$G+E$	$G-E$	$G+E$	$G-E$
内力值	$\gamma_{RE}M$ /kN·m	0.8×326=260.8	0.8×303=242.4	0.8×361.6=289.3	
	$\gamma_{RE}N$ /kN	0.8×1344=1075.2	0.8×843.7=675	0.8×1810.5=1448.4	
$e_0=M/N$ /mm		242.6	359	199.7	
$e_a=\max(20,h/30)$ /mm		20			
$e_i=e_0+e_1$ /mm		262.6	379	219.7	
$\zeta_1=0.5f_cA/N$		1.38>1	2.2>1	1.03>1	
$l_0=1.0H$ /mm		5500			
l_0/h		11<15			

（续）

杆件	柱 A_0A_1		柱 B_0B_1	
内力项	$G+E$	$G-E$	$G+E$	$G-E$
$\eta=1+\frac{1}{1400\frac{e_i}{h_0}}\left(\frac{l_0}{h}\right)^2\zeta_1\zeta_2$	1.15	1.1	1.18	
$e=\eta e_i+0.5h_0-a_s$ /mm	512	627	469	
$x=N/(\alpha_1 f_c b)$ /mm	181 < 0.55 × 460 = 253	113.4 < 253	243 < 253	
判别大小偏心	大	大	大	大
大偏压 $A_s=A'_s$	1199		1507	
$\rho_{min}bh$ /mm²	0.008 × 500² = 2000 < 2398（全部）		2000 < 3014（全部）	
选用配筋 /mm²	每侧 4Φ20，$A_s=2\times1256=2512$		每侧 4Φ22 $A_s=2\times1520=3040$	

注：$\zeta_1=1.0$，$\zeta_2=1.0$。

3. 柱斜截面承载力计算

仅取底层柱进行举例计算，计算过程见表 7-28。

表 7-28　底层框架柱斜截面受剪承载力计算

杆件		底层柱 A_0A_1		底层柱 B_0B_1	
截面		柱顶面	柱底面	柱顶面	柱底面
内力值	$\gamma_{RE}M$ /kN · m	0.85 × 280 = 238	0.85 × 326 = 277	0.85 × 238 = 202	0.85 × 361 = 307
	$\gamma_{RE}V$ /kN	0.85 × 150 = 128	0.85 × 150 = 128	0.85 × 148 = 126	0.85 × 148 = 126
	$\gamma_{RE}N$ /kN	0.85 × 1029 = 875	0.85 × 1075 = 914	0.85 × 1402 = 1192	0.85 × 1448 = 1231
$\lambda=M/Vh_0$		4.06 > 3	4.73 > 3	3.49 > 3	5.3 > 3
$\gamma_{RE}V\leqslant0.2\beta_c f_c bh_0$ /kN		127.4 < 547.4		126 < 547.4	
$N\leqslant0.3f_cA$ /kN		874.7 < 892.5	914 > 892.5 取 $N=892.5$	1192 > 892.5 取 $N=892.5$	
$\frac{1.05}{\lambda+1}f_t bh_0$ 取 $\lambda=3$		76.67		76.67	
$\gamma_{RE}V-\frac{1.05}{\lambda+1}f_t bh_0-0.056N$ /kN		0.75		0	
选用箍筋 /mm²		Φ8 $A_{sv}=4\times50.3=201.2$			
$s=\frac{f_{yv}A_{sv}h_0}{\gamma_{RE}V-\frac{1.05}{\lambda+1}f_t bh_0-0.056N}$ /mm		按构造 200			

（续）

杆件	底层柱 A_0A_1		底层柱 B_0B_1	
截面	柱顶面	柱底面	柱顶面	柱底面
λ_v	0.1	0.1	0.13	0.13
$\rho_v=\frac{\lambda_v f_c}{f_{yv}}$（%）	0.57	0.57	0.74	0.74
加密区间距 s /mm	100	100	100	100
加密区 $\rho_v=\frac{\Sigma A_{si}l_i}{A_{cor}s}$	0.87 > 0.57		0.87 > 0.74	

注：柱中采用四肢箍。

六、节点设计

第一层横梁与 B 柱相交的节点设计：

1. 节点核心区剪力设计值

对二级框架　$$V_j=\frac{\eta_{jb}\Sigma M_b}{h_0-a'_s}\left(1-\frac{h_0-a'_s}{H_c-h_b}\right)$$

式中　ΣM_b——节点左右梁端逆时针或顺时针组合的弯矩设计值之和（kN · m），$\Sigma M_b=311.37\times2\text{kN}\cdot\text{m}=622.74\text{kN}\cdot\text{m}$；

H_c——柱的计算高度，可取上下柱反弯点间的距离，$H_c=(0.55\times5.5+0.5)\times4.2\text{m}=5.125\text{m}$；

h_b——梁截面高度，$h_b=650\text{mm}$；

h_0——梁截面有效高度，$h_0=(650-60)\text{mm}=590\text{mm}$；

η_{jb}——节点剪力增大系数，二级取 1.2。

$$V_j=\frac{1.2\times622.74\times10^6}{590-40}\left(1-\frac{590-40}{5125-650}\right)=1191.7\text{kN}$$

2. 节点核心区截面验算

框架节点核心区组合的剪力设计值应符合如下条件：

$$V_j\leqslant(0.3\eta_j f_c b_j h_j)/\gamma_{RE}$$

式中：$b_j=550\text{mm}$；$h_j=500\text{mm}$；$\eta_j=1.5$；$\gamma_{RE}=0.85$。则

$(0.3\eta_j f_c b_j h_j)/\gamma_{RE}=(0.3\times1.5\times11.9\times550\times500)/0.85\text{N}=1732.5\text{kN}>V_j=1191.7\text{kN}$，满足要求。

3. 节点核心区截面抗剪承载力验算

设计表达式：$$V_j\leqslant\frac{1}{\gamma_{RE}}\left(1.1\eta_j f_t b_j h_j+0.05\eta_j N\frac{b_j}{b_c}+f_{yv}A_{svj}\frac{h_{b0}-a'_s}{s}\right)$$

由 B 柱内力组合查得 $N=1402\text{kN}<0.5f_c bh_0=1487.5\text{kN}$，

$A_{svj}=nA_{sv1}(h_0-a'_s)/s$，设节点核心区箍筋为 4 股Φ10@100，则

$$A_{svj}=4\times50.3\times(460-40)/100\text{mm}^2=845\text{mm}^2$$

为使节点核心区满足抗剪强度，将一层混凝土设为 C25，$f_c=14.3\text{kN/mm}^2$，

$$V_j \leqslant \frac{1}{\gamma_{RE}}\left(1.1\eta_j f_t b_j h_j + 0.05\eta_j N\frac{b_j}{b_c} + f_{yv}A_{svj}\frac{h_{b0}-a'_s}{s}\right)$$

$$\frac{1}{0.85}\times\left(1.1\times1.5\times1.43\times500^2+0.05\times1.5\times1402\times\frac{500}{500}+210\times845\times\frac{590-40}{100}\right)\text{kN}=$$

$1842.3\text{kN} > V_j = 1191.7\text{kN}$，满足要求。

七、计算机复核

本例采用 PKPM 结构 CAD 设计软件进行复核，计算结果如图 7-14 ~ 图 7-20 所示。

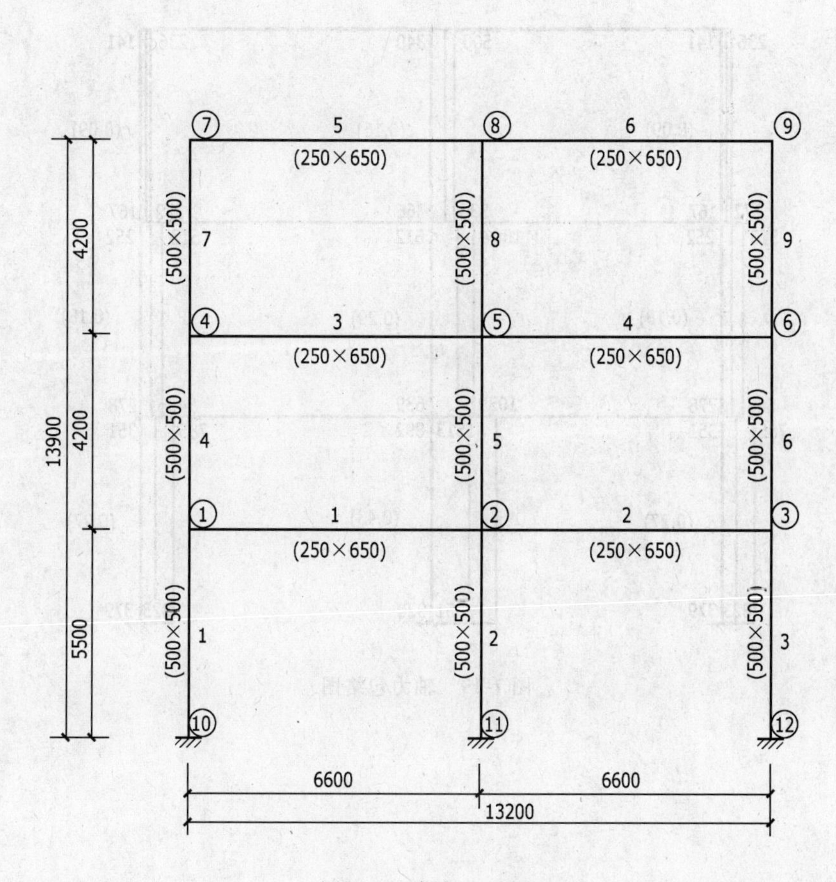

图 7-14　框架立面图

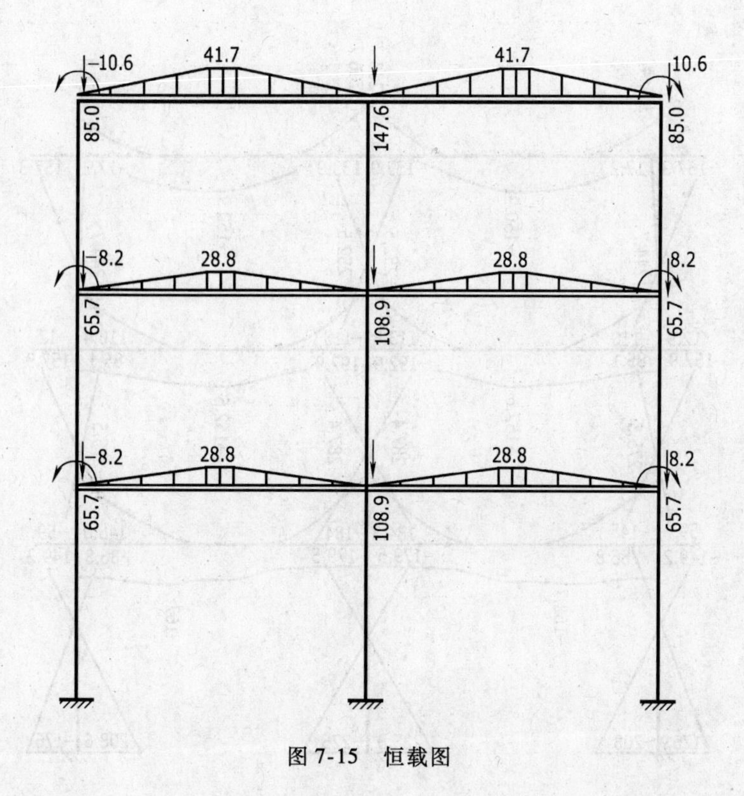

图 7-15　恒载图

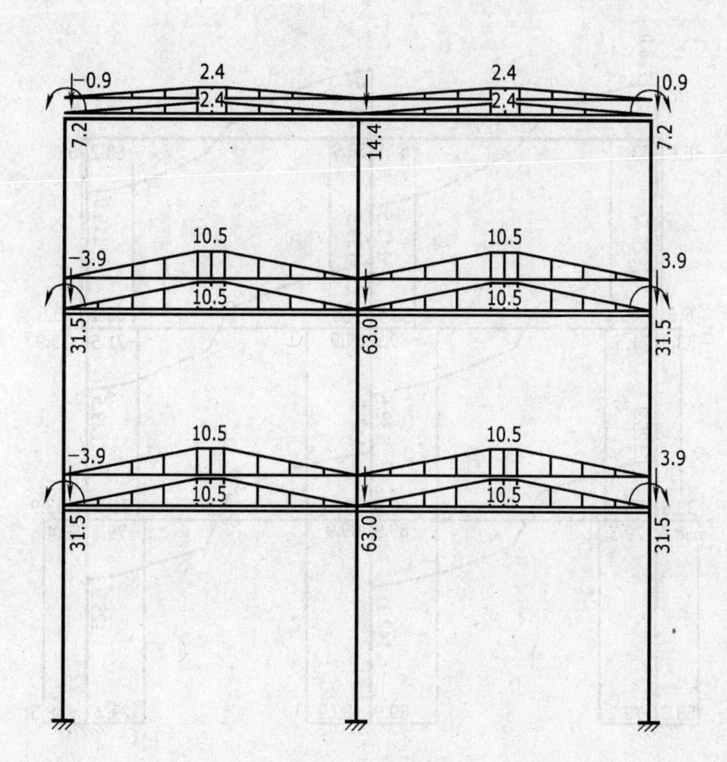

图 7-16　活载图

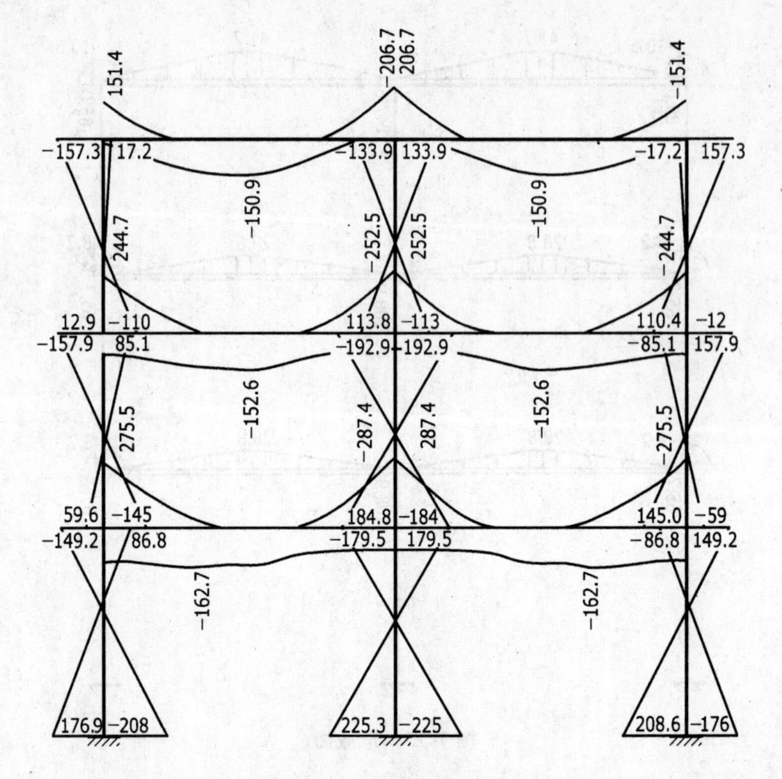

图 7-17　弯矩包络图

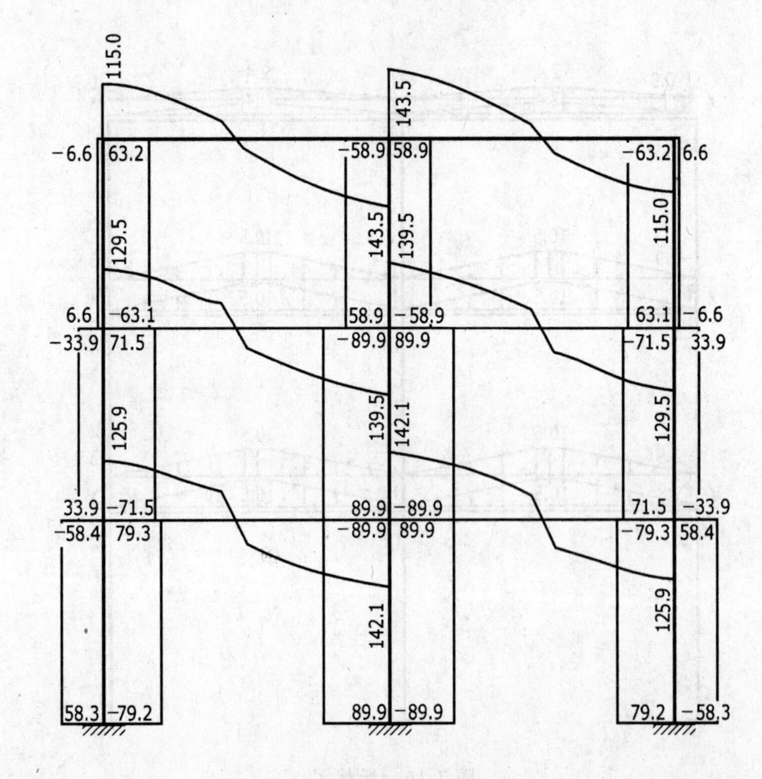

图 7-18　剪力包络图

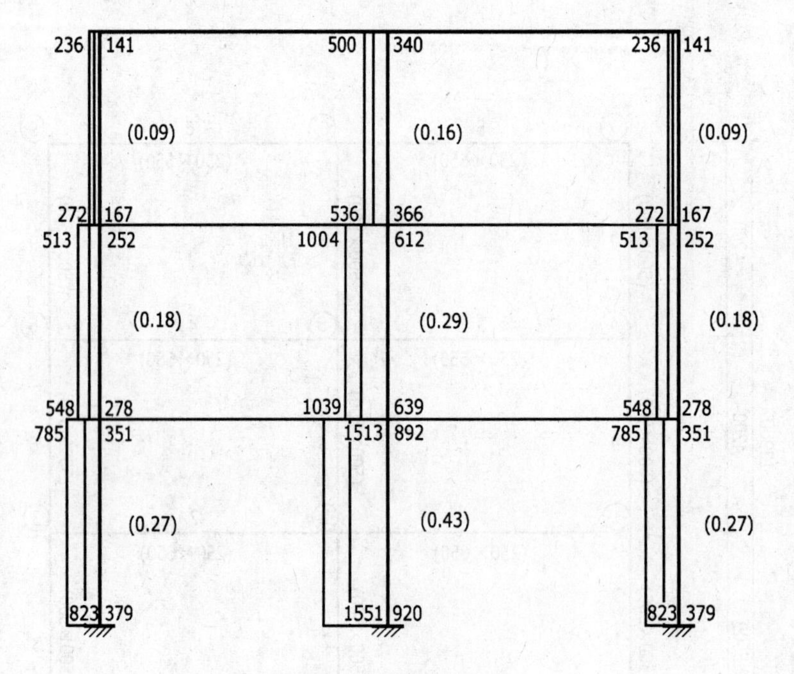

图 7-19　轴力包络图

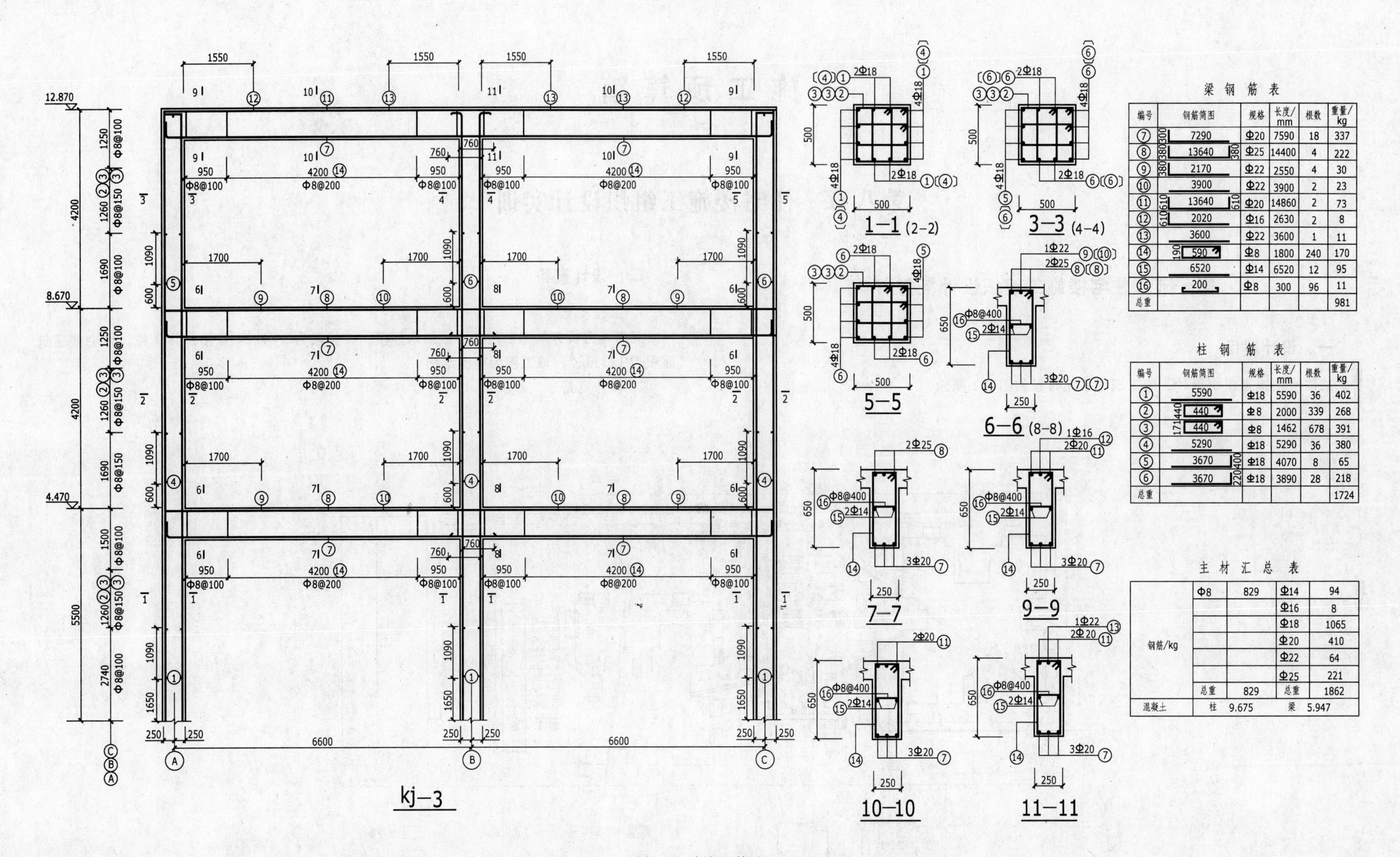

梁钢筋表

编号	钢筋简图	规格	长度/mm	根数	重量/kg
⑦	300 7290	Φ20	7590	18	337
⑧	380 13640 380	Φ25	14400	4	222
⑨	380 2170	Φ22	2550	4	30
⑩	3900	Φ22	3900	2	23
⑪	610 13640 610	Φ20	14860	2	73
⑫	610 2020	Φ16	2630	2	8
⑬	3600	Φ22	3600	1	11
⑭	190 590	Φ8	1800	240	170
⑮	6520	Φ14	6520	12	95
⑯	200	Φ8	300	96	11
总重					981

柱钢筋表

编号	钢筋简图	规格	长度/mm	根数	重量/kg
①	5590	Φ18	5590	36	402
②	440 440	Φ8	2000	339	268
③	171 440	Φ8	1462	678	391
④	5290	Φ18	5290	36	380
⑤	3670 400	Φ18	4070	8	65
⑥	3670 220	Φ18	3890	28	218
总重					1724

主材汇总表

钢筋/kg	Φ8	829	Φ14	94
			Φ16	8
			Φ18	1065
			Φ20	410
			Φ22	64
			Φ25	221
	总重	829	总重	1862
混凝土	柱 9.675		梁 5.947	

图 7-20 框架配筋图

施工预算篇

第八章　住宅楼施工组织设计实训

第一节　住宅楼施工组织设计任务书

一、设计题目

某住宅楼施工组织设计，施工现场平面布置如图 8-1 所示。

二、设计资料

1. 工程概况

某市地方税务局职工住宅小区第六标段，该标段为 3 号、4 号楼，共 2 栋。住宅楼建筑面积为 12330m²，该工程为砖混结构。

2. 装饰概况

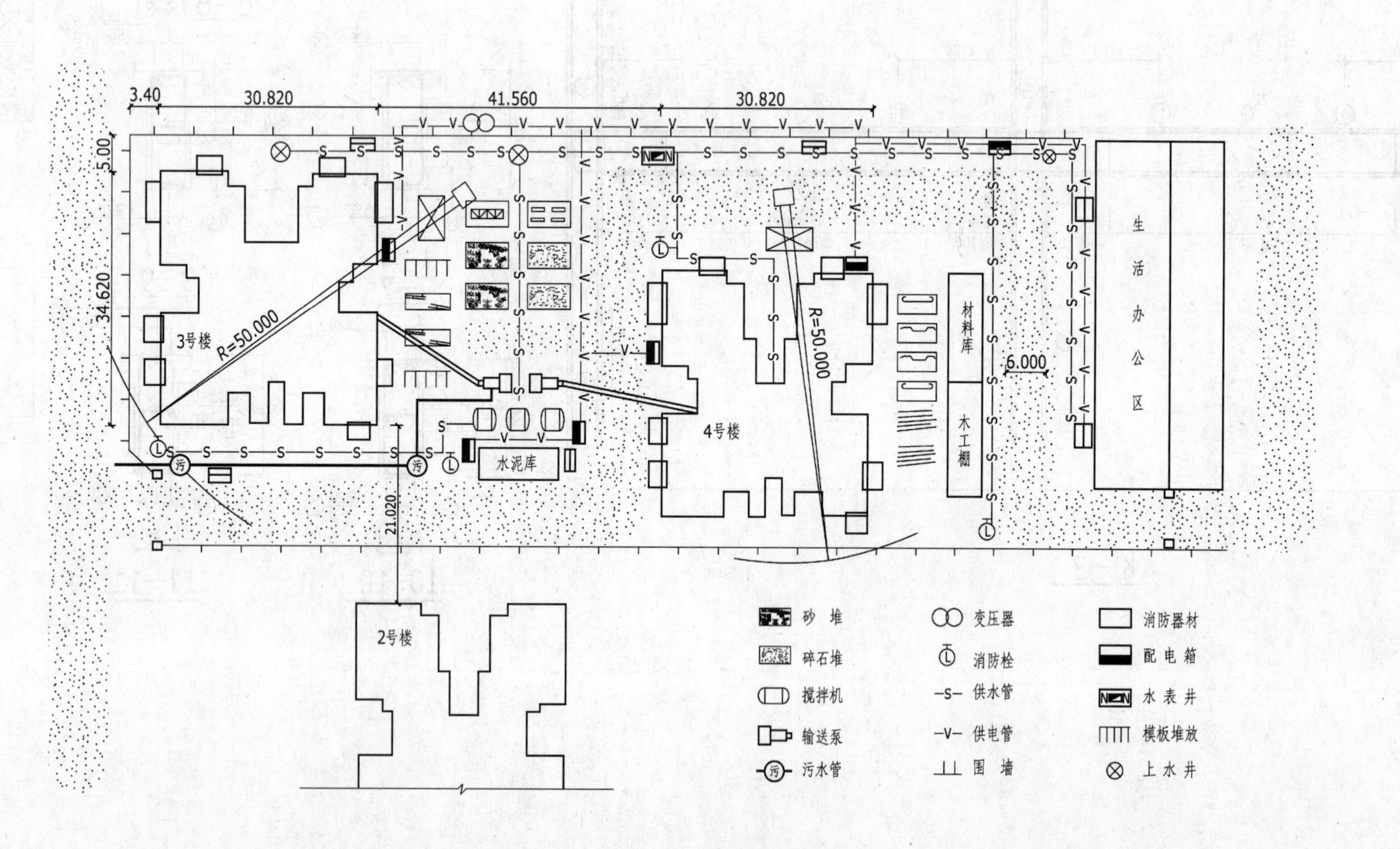

图 8-1　某住宅楼施工现场平面布置图

内墙刮腻子，外墙为彩色弹涂，厨卫墙面瓷砖到顶，塑料板吊顶，窗户均为塑钢窗，屋顶采用SBS防水，卫生间地面全部为防滑地砖，其余为毛地面。

3. 施工条件

1）本工程位于市区，交通运输方便，水电均由原有建筑引出，现场不设变压器，现场已平整。

2）施工日期从2001年4月1日至2002年1月17日，共计9.5个月。地基土为二类土，地下水位-4.0m，主导风向为西北风，本地区7月份为雨季，应考虑冬期施工。

4. 施工项目工程量

施工项目工程量见表8-1。

表8-1 施工项目工程量

序号	施工过程名称	单位	工程量					
			底层	二层	三层	四层	五层	六层
1	土方开挖	m^3	3916					
2	毛石基础	m^3	2300					
3	地梁	m^3	124					
4	120mm墙	m^3	75	75	75	75	75	75
5	240mm墙	m^3	344	344	344	344	344	344
6	370mm墙	m^3	433	433	433	433	433	433
7	构造柱混凝土	m^3	108	108	108	108	108	108
8	现浇板	m^3	176	176	176	176	176	189
9	楼梯	m^2	37	37	37	37	37	37
10	聚苯板	m^3						144
11	找平层	m^2						1035
12	防水层	m^2						1300
13	木门安装	m^2	153	153	153	153	153	153
14	窗安装	m^2	375	375	375	375	375	375
15	楼地面	m^2	1305	1305	1305	1305	1305	1305
16	内墙抹灰	m^2	3544	3544	3544	3544	3544	3544
17	顶棚抹灰	m^2	1305	1305	1305	1305	1305	1305
18	外墙抹灰	m^2	990	990	990	990	990	990
19	外墙弹涂	m^2	990	990	990	990	990	990
20	玻璃油漆	m^2	190	190	190	190	190	190
21	刮腻子	m^2	4849	4849	4849	4849	4849	4849
22	散水台阶	m^2	240					

三、设计内容

1. 单位工程施工进度计划

1）按照图样内容、合同工期及现场实际情况绘制横道图一张。

2）根据各施工过程间的逻辑关系，绘制双代号施工网络图一张，确定总工期，指出关键线路。

2. 编制各种资源需要量计划（注明工种数量、规格、型号、进场时间）

1）劳动力需要量计划。

2）主要材料需要量计划。

3）主要施工机械需要量计划。

3. 绘制施工现场平面图（1:200或1:500）

施工现场平面图应包括以下主要内容：

1）建筑总平面图上已建和拟建的地上和地下的一切建筑物、构筑物和其他设施的位置和尺寸。

2）移动式起重机开行路线和垂直运输设施的位置。

3）材料、成品、半成品和机具的堆场。

4）生产、生活用临时设施的位置、面积。

5）现场运输道路。

6）临时供水、排水、供电管线的位置。

7）安全和消防设施的位置。

四、设计时间安排及要求

1）设计时间为1周。

2）说明书简明扼要，重点突出，内容丰富完整，文字、图、表齐全。

3）设计中所采用的施工工艺必须符合《建筑工程施工质量验收统一标准》（GB 50300—2001）及相应的验收规范要求。

第二节 住宅楼施工组织设计指导书

施工组织设计是综合应用本专业课的有关知识，联系各种实习活动接触过的生产实际情况，检验所学的理论知识，解决施工过程中的实际问题，并用以指导施工全过程的纲领性的技术性综合文件。

一、设计程序

熟悉施工图样及有关资料→介绍工程概况→确定施工方案，选择施工方法和施工机具→用已计算好的工程量初排各分部工程施工进度计划（横道图）→连接各分部工程进度并进行优化调整→依据调整好的进度编制施工网络计划→根据进度计划编制主要资源需用量计划→根据总平面内容计算仓库面积、加工棚面积及临时建筑面积→绘制施工平面图→装订整理。

二、设计准备

在熟悉图样的基础上认真阅读任务书、指导书及有关技术资料，收集借阅有关参考书。

三、设计内容及步骤

1. 工程概况

单位工程施工组织设计中的工程概况是对拟建单位工程的工程特点、地质特征和施工条件等所作的简明扼要的说明，它是选择施工方案、编制进度计划、设计施工平面图的前提。为了弥补文字叙述的不足，可绘制拟建工程的平、立、剖面简图。

工程概况应针对工程的特点，重点介绍工程建设特点，建筑、结构及施工特点。

2. 施工方案及施工方法

(1) 施工方案　施工方案的选择是单位工程施工组织设计的核心，一般包括确定工程的施工程序、施工起点及流向、施工段的划分、分部分项工程的施工顺序。

1) 施工程序是指单位工程中各分部工程或施工阶段的先后次序及相互制约关系，主要解决时间搭接上的问题。因此，需要熟悉施工内容，弄清各分部工程间的界限，从工艺关系上分析各分部工程可能的搭接关系。如主体施工进行到一定楼层时，内装修可穿插进行，屋面与装修同步进行，框架结构中主体施工与围护结构施工的搭接等。要求尽可能综合利用时间，缩短工期，加快施工进度。

2) 施工起点及流向是指单位工程在平面及空间上开始施工的部位及流动方向。一般来说，对单层建筑物，只需要按其工段、跨间分区分段来确定在平面上的施工流向；对多层建筑物，除了应确定每层在平面上的施工流向外，还需确定其楼层在竖向上的施工流向；框架结构基础一般可考虑由场地一端开始；主体应尽量满足连续施工的要求，有高低层时，考虑自层数较多的一端开始。不同的施工流向可产生不同的质量、进度和成本效果。在不破坏施工工艺流程的前提下，尽可能为施工提供方便。

3) 施工段的划分是为了满足流水施工的需要，将单一而庞大的建筑物（或建筑群）划分成多个部分，便于组织流水施工。划分施工段时，应注意不可破坏结构的整体性，尽量利用变形缝、平面有变化部位、允许留施工缝的部位等。施工段不宜过多，避免出现过多的施工缝。若现浇结构每层面积较小时，混凝土浇筑应连续进行。基础混凝土浇筑及屋面工程施工一般不分段。

4) 确定各分部分项工程的施工顺序时，必须先熟悉施工工艺，然后合理安排施工顺序。

① 砖混结构的施工工艺。

基础：基槽开挖→验槽钎探→砌基础→回填土→地圈梁（钢筋、支模、浇筑混凝土）。

主体：绑扎构造柱钢筋→砌墙→圈过梁（模板、钢筋、混凝土）→楼板→楼梯。

屋面及装饰工程按一般的构造层次及工艺要求组织施工。

② 框架结构的施工工艺。

基础：基坑开挖→验槽钎探→混凝土垫层→钢筋混凝土基础→基础墙→回填土。

主体：柱筋绑扎→柱模安装→浇筑混凝土→支梁、板模板→绑扎梁、板钢筋→浇梁、板混凝土→混凝土养护。

屋面及装饰工程基本同砖混结构。

(2) 施工方法及施工机械的选择　由于建筑产品的多样性、地区差异性和施工条件的不同，施工方法和施工机械的选择也是不相同的，选择时应注意两者的协调统一，即相应的施工方法要求选用适宜的施工机械；不同的施工机械适用于不同的施工方法。

基础土方尽量采用机械开挖，在熟悉机械性能及各项参数的情况下，可根据土方土质、基础类型及地质水文等情况选择挖土机械的种类、型号和数量。

主体施工应着重考虑砖砌体的砌筑及钢筋混凝土的施工方法；脚手架及安全网的搭设；垂直及水平运输机械的选择；模板及支撑应尽量选择大模板、竹丝板、组合钢模板、桁架及钢管支撑。

装饰工程施工应对内外装饰施工工艺作简单说明。

3. 施工进度计划

单位工程施工进度计划是在已确定的施工方案的基础上，根据要求的工期和技术资源供应条件，遵循工程的施工顺序，对工程各个项目的施工持续时间以及相互搭接和穿插的配合关系、工程开工、竣工时间及总工期等作出安排，并用横道图或网络图表示出来。

1) 首先根据规定工期，按分部工程劳动量与总劳动量的比例，充分考虑各分部工程施工的可能搭接时间，确定各个分部工程施工期限。

2) 在分部工程施工期限内，首先应按施工工艺过程确定的施工顺序，按流水施工的需要确定施工段，用下式计算各施工段的劳动量：

$$P = QH \quad 或 \quad P = Q/S$$

式中　P——工作项目所需要的劳动量（工日）；

Q——工作项目的工程量（m^3，m^2，t……）；

S——工作项目所采用的人工产量定额（m^3/工日，m^2/工日，t/工日……）；

H——工作项目所采用的时间产量定额（工日/m^3，工日/m^2，工日/t……）。

然后根据现场工人情况及工作面的大小，用下式计算主要施工段的流水节拍：

$$t = P/RB$$

式中　t——流水节拍；

R——班组人数；

B——工作班数。

根据主要施工段的流水节拍，确定流水施工的方式，初排分部工程施工进度计划，绘制横道图。

3) 把初排的各分部工程施工进度计划连接成单位工程施工进度计划。根据进度表画出主要阶段的劳动力动态曲线图，并进行分析，对资源需要过分集中的区段，应适当调整。调整的方法是在施工进度表上，在工期允许范围内和工艺流程不变的情况下，调整部分施工过程的起始时间，逐渐均衡资源供应。

4) 根据各施工过程间的逻辑关系，绘制施工网络图，并计算时间参数，确定总工期和关键线路（总工期应与横道图相符）。

4. 主要资源需用量计划

1) 单位工程施工进度计划编制好后，即可着手进行编制施工准备工作计划和各项资源需用量计划。这些计划也是施工组织设计的组成部分，是保证施工进度计划顺利进行及施工企业安排施工准备计划及资源供应的依据。

2) 施工准备工作计划及各主要资源需用量计划可参考教材中的有关表格内容填写。填写时特别要注意资源的进场（或供应）时间应与进度计划相一致。

5. 施工现场平面图

单位工程施工平面图及一幢建筑物（或构筑物）的施工现场平面图是在建筑总平面上结合现场实际情况布置出来的。它是施工方案在现场空间上的体现，反映着已建工程和拟建工程之间以及各种临时建筑、设施相互之间的空间关系。其设计就是结合工程特点和现场条件，按照一定的设计原则，对施工机械、施工道路、加工棚、材料构件堆场、临时设施、水电管线等进行平面的规划和布置，并按一定的比例绘制成图。它是单位工程施工组织设计的主要组成部分。

1）图上应首先在单位工程或施工区域内标出地上、地下已建成或拟建建筑物位置、尺寸、地形尺寸等高线；测量放线的桩位、位置；指北针等。

2）布置拟建工程的垂直运输机械的位置及服务半径。布置时应方便施工，充分考虑材料、工具堆放，混凝土运输道路；混凝土搅拌机布置应靠近拟建建筑物，道路畅通有利于原材料的堆放。

3）施工现场交通道路的出入口应尽量临近主要场外交通道路。场内主要道路应形成环行道路。其他次要道路应根据仓库及材料堆放位置就近布置。施工道路应符合技术要求。

4）钢筋、水泥、砂、石等主要材料应有足够的堆放场地。混凝土原材料应靠近搅拌站，加工棚应布置在场地边缘。

5）临时设施的布置应考虑生产的需要和生活的方便。生产用房靠近施工现场，并方便与外界的联系及出入；生活用房尽量离工地现场远一些，方便工人休息。

6）水、电管线应尽量采用埋地布置，电线可考虑架空，但一定要满足安全距离。管线尽量采用环状布置。

7）消防设施一定要布置在路口、门口或显要位置，同时应考虑离水源近些。

8）其他应考虑的内容及有关说明。

四、参考资料

1）完整施工图样一套、施工图预算书及工程量统计。

2）《施工定额》、《工期定额》。

3）《施工手册》、《建筑施工工程师手册》。

4）《建筑施工组织》、《建筑施工技术》。

5）其他原始设计资料及有关合同文件。

第三节 设计成果

一、施工部署

1. 原则要求

本工程因工程量大，工期较紧，中间又隔一个冬季，给施工带来较大的不便。因此，该工程必须妥善安排，合理组织，确保总工期的实现。

2. 总工期及分部工期控制进度

1）总工期控制：2001年4月1日至2002年1月17日。

2）分部工期控制：

① 基础工程：2001年4月1日至2001年5月9日。

② 主体工程：2001年5月9日至2001年8月22日。

③ 内装修：2001年8月22日至2001年12月20日。

④ 外装修：2001年8月23日至2001年11月20日。

3. 施工准备

1）尽快清理现场，确保按时开工。

2）尽快熟悉图样，了解现场情况，清除地上、地下障碍物。

3）按时进行放线，及时通知甲方、监理单位、设计单位的有关人员验槽。

4）按现场进度需求，尽快组织主要劳动力及施工机具设备进场。

5）及时通知有关人员，保证材料的及时进场。

6）修筑临时道路，接通水源、电源，保证工地交通及用水、用电畅通。

7）搭设临时设施，满足生产和生活需要。

4. 施工组织机构设置

为保证本工程的顺利进行，特组织“地税局住宅楼工程项目指挥部”，下设一、二项目部负责履行合同，统一指挥，协调两项目部组织生产，解决施工中出现的各种问题，按期、优质地完成施工任务。同时分别组织两个项目部具体实施：第一项目部负责3号楼；第二项目部负责4号楼。两项目部平行施工。

5. 技术和劳动力组织安排

各项目部选派具有专业知识、从事多年施工技术工作的技术人员组织成现场管理机构，其中包括施工员、技术员、材料员、质检员、预算员、统计员、安全员等，组成该项目部的管理人员。各班班长及操作者，定期及不定期地学习图样、规范以及施工操作要求。

施工中各工种配备齐全，有混凝土工组、木工组、钢筋工组、架子工组、焊工组、抹灰工组、瓦工组、水电工组、机械工组、装饰队伍等，各工种均选用经过专业培训的工人，特殊工种的工人应具有上岗证，而且有丰富施工经验的专业队伍。

二、施工方案

1. 方案选择原则

技术要先进，工期要高速，成本讲效益，质量保全优，施工机械化。

2. 主要部位的施工方案

（1）基础工程　基槽采用机械大开挖，人工修槽，自卸汽车外运土。

（2）模板工程

1）构造柱采用倒模，顶板采用大面积脱模，梁采用脱落式模板。

2）梁柱模板采用定型组合钢模板，现浇板采用竹丝板。

3）支撑采用钢管支撑。

（3）混凝土工程

1）浇筑方式：混凝土采用现场集中搅拌，柱采用人工浇筑，梁板采用泵送混凝土浇筑。

2）振捣方式：梁、柱采用插入式振捣器振捣，楼板采用板式振捣器振捣。

3）养护方式：自然养护法，温度过高时，采用适当的方式，如塑料布等覆盖养护。

4）马道形式：采用架空马道。

（4）钢筋工程　钢筋在现场加工，现场设置钢筋切断机、弯曲机各二台，并按照需要设置拉伸机械。

（5）垂直运输机械

1）泵送机二台，主要用于主体梁、板混凝土浇筑。

2）塔式起重机二台，主要用于砌筑、装饰等工程。

3）外装饰采用双排钢管脚手架。

（6）施工用水

1）水管线根据现场平面布置确定主管，尽量采用埋地，支管考虑用塑料软管，根据需要布置。

2）消防用水及生活用水另接。

（7）施工用电　根据甲方提供电源情况，满足施工现场的需要，布置方式采用埋地或架空。

（8）流水分段　每个项目部分别组织流水施工。地梁、主体每层楼划分为两个流水段，按工种平行搭接穿插施工。装饰阶段每栋楼按楼层分为六个施工段，采用自上而下、逐层向下流水施工。外装修也采用自上而下的施工顺序。

（9）安全防护

1）主体装修施工时按规定搭设安全防护网并检查合格。

2）外脚手架用密目安全网封闭。

3）楼梯口、预留洞口应做好安全防护，防止坠落。

4）高空作业时要有防雷电、防风措施。

3. 施工顺序

（1）基础工程　基坑挖土→验槽钎探→毛石基础→检查验收→回填土→地圈梁。

（2）主体工程　构造柱钢筋→砌墙→浇构造柱混凝土→支圈梁、楼板模板→绑钢筋→检查验筋→浇筑混凝土。

（3）装修工程　顶棚抹灰→门窗框安装→墙面抹灰→楼地面垫层→楼地面面层→油漆、腻子、玻璃等，穿插进行外墙抹灰、外墙装修、涂料等。

（4）屋面工程　隔气层→保温层→找平层→防水层。

三、施工方法

1. 施工测量及找平放线

（1）测设主轴控制网　以现场定位的每栋楼四面的四条轴线为主，测设点设在距坑边1～5m便于支设经纬仪且通视条件良好的位置。

（2）永久水准点测设　可测设在周围固定建筑物上或埋地予以保护，其作法是在墙、杆上画红色▲，标注标高，永久水准点设在便于观察立杆尺和通视条件较好且便于保护的部位，但东、西、南、北每侧不少于两处。

（3）沉降观察点　设在每栋楼的四角和变形缝处，采用预埋铁件焊角钢的方法，确定其原有标高，并加以标记。观察点应牢固稳定，并与固定水准点有良好的通视条件。

2. 土方开挖及回填

（1）土方开挖

1）机械大开挖，人工修槽，挖出的土方视场地情况除留足基槽房心回填土外，其余土全部外运。

2）在人工清槽和挖槽过程中，随时测设槽底标高并及时修坡。土方挖完后，会同设计和勘探、监理部门进行验槽。

3）基坑开挖尺寸，考虑到砌毛石基础，所以槽底每边放出250mm工作面，坑边坡的坡度选用1:0.5。

（2）回填土方

1）回填土方分为两部分。第一部分是基础砌完后，回填基础空隙；第二部分是房心回填土。

2）基底若有换土，则应严格按照设计要求进行施工，回填夯实后应作检测，合格后方可进行施工。回填土应分层夯实，每层厚度不大于300mm，并及时取样试验。

3）挖土采用放坡方法，既安全又节约资金。边坡坡度按施工规范放坡。

3. 基础

毛石基础在砌筑之前，重新复核轴线桩、标高及基底无误后，方可砌筑。

（1）原材料

1）进入现场的片石强度、外观应符合要求，不允许风化、水锈、山皮薄片的毛石进入现场，中部厚度小于15cm的毛石不允许上墙。

2）砂浆：水泥强度等级不低于32.5级，砂过筛，配合比以实验室试配结果为准。保证砂浆和易性，当天砂浆随拌随用。

（2）施工要点

1）砌第一层石块时，基底要座浆，石块大面朝下。

2）每层石块上下错缝，内外搭砌，避免出现包馅基础。

3）每0.7m^{2}面积或2m长度内不少于一块拉结石。毛石每日砌筑高度不超过1.2m。

4. 钢筋工程

（1）钢筋检验　凡进入现场的钢筋必须具有钢材合格证和试验报告，同时要按规定取样复验，没有合格证、试验报告的钢筋严禁使用。

（2）钢筋加工

1）各个部位的钢筋必须按下料单进行加工，合理使用，避免浪费。

2）下料加工后分类堆放，注有标牌，不得混放。

（3）钢筋运输

1）水平人工运输。

2）垂直使用龙门架运输。

（4）钢筋绑扎

1）绑扎程序：划线→摆筋→穿箍→绑筋→安放垫块等。

2）划线时应注意钢筋间距、数量、标明加密箍筋的位置。

3）钢筋搭接长度按规范及图样要求执行。

4）钢筋的交点用20#、22#铅丝扎牢。板的钢筋网片外围两行相交点全部扎牢。中间部分相交点可交错扎牢，但双向受力钢筋网片，每个交点必须全部扎牢。

5）支座处的负筋或板中双层钢筋网片，每隔800mm设马凳，马凳按梅花状布置。

6）用水泥块控制混凝土保护层厚度。

7）钢筋施工完毕经自检后，报甲方和监理工程师进行钢筋隐蔽检查验收。

检查时应注意下列几点：

① 根据设计图样检查钢筋的级别、直径、形状、尺寸、根数、间距、箍筋加密和锚固长度是否正确。

② 检查混凝土保护层是否符合要求。

③ 检查钢筋接头位置及搭接长度是否符合要求。

④ 检查钢筋绑扎是否牢固，钢筋是否有锈蚀等。

⑤ 检查验收合格后，由有关人员签字后方可开始浇筑混凝土。

5. 模板工程

(1) 模板要求

1) 模板要保证工程结构和构件各部位形状、尺寸和相互位置的正确。

2) 模板要具有足够的强度、刚度和稳定性。

3) 模板应能够承受新浇混凝土自重和侧压力以及施工荷载。

4) 接缝应严密，不漏浆。

(2) 模板安装

1) 采用定型组合钢模板和竹模板，适当配备木模板。

2) 模板安装前必须清理干净，涂刷隔离剂。

3) 柱、梁采用钢模板，楼板采用大型竹模板。

4) 梁、板跨度大于等于4m，底模板中部起拱，起拱高度为跨度的0.2%~0.3%。

5) 模板支撑牢固，支撑钢管间距符合要求，并设拉杆，防止倾覆。

(3) 模板拆除

1) 侧模板在混凝土强度能保证其表面及棱角不因侧模板拆除而受损时，即可拆除。

2) 底模板应在与混凝土结构同条件养护的试件达到规范规定强度时，方可拆除。具体规定如下：

板：跨度小于等于2m，不低于设计强度的50%。

梁、板：跨度小于等于8m，不低于设计强度的75%。

梁、板：跨度大于8m，不低于设计强度的100%。

悬臂构件：不低于设计强度的100%。

6. 混凝土工程

(1) 选材要求

1) 水泥应有出厂合格证和试验报告，同时按规定进行复验，并注意出厂日期。

2) 砂石必须符合国家普通混凝土用砂和石子质量标准。砂用中砂，石用砾石或碎石(最好用碎石)，最大粒径不大于40mm。砂、石含泥量应符合要求，并应送试。

3) 外加剂应具有出厂合格证及检验报告，并注意其有效期。

(2) 施工要点

1) 在搅拌第一盘混凝土时，考虑到筒壁上的砂浆损失，石子用量应按配合比规定减半。

2) 要严格控制配合比、水灰比和坍落度，砂石必须车车过磅，配合比要挂牌明示，试块要按规定留设，保证混凝土的搅拌时间。

3) 雨季施工期间要勤测粗细集料的含水量，随时调整用水量和粗细集料的用量。

4) 在浇筑混凝土前，模板内的杂物要清除干净。特别是构造柱根部应清理干净，防止出现烂根现象。

5) 梁和板应同时浇筑。加强振捣，做到快插慢拔，振捣要密实。

6) 浇筑竖向结构前，底部先填5~10cm厚与混凝土配合比相同的水泥砂浆，加强新旧混凝土结合。

7) 浇筑混凝土时，应派木工、钢筋工专人观察模板、支架、钢筋、预埋件和预埋孔洞的情况，发现问题立即处理。

8) 混凝土浇筑完毕后，及时覆盖养护。

9) 输送泵的管道在每日首次使用时，应采用同标号水泥浆湿润管道，并不得将此砂浆用于工程，用完后应及时用水清洗，防止堵塞。

(3) 施工缝设计

1) 施工缝的设计应根据分段图确定，但应保证结构的安全，即设在结构剪力较小且便于施工的部位。

2) 施工缝形式：柱留水平缝；梁板留垂直缝。

3) 在施工缝处继续浇筑混凝土时，应清除垃圾、水泥薄膜、表面松动的砂石，表面凿毛，用水冲洗干净，并将积水处理干净，并浇筑50~100mm厚同配合比的水泥砂浆后方可浇筑混凝土，并加强振捣和养护。

7. 砌体工程

(1) 原材料

1) 进入现场的砖和砌块应有出厂合格证，且应有抗压、抗折试验报告，外观标准不得有缺棱、掉角、弯曲等缺陷。

2) 砂浆：水泥强度等级不低于32.5级，砂宜过筛，砂浆配比应以试验室试配结果为准，保证砂浆和易性，当天砂浆随拌随用，不超过规定允许时间。

(2) 施工要点

1) 砌筑前，首先应抄平、弹线、摆角、排砖、立皮数杆。

2) 砖应提前浇水湿润，含水率宜为10%~15%。

3) 砂浆应饱满，饱满度不低于80%，砖采用"铺灰法"砌筑，由专职检验员检查。

4) 墙体每日砌筑高度不超过1.8m，雨季不超过1.2m，每层砌筑都要双面拉线。

5) 与构造柱连接处砌成马牙槎，五进五退，先退后进，并按规定每8皮砖设拉结筋，拉结筋的长度每边伸入墙内不少于1m，两端设弯钩。构造柱上下层接头处防止出现烂根现象，每层构造柱浇筑一定要高出楼板面5~10cm，在支模板之前设专人清理，质检员专门对此项工作进行检测。

6) 由专职质检员随时检查墙体质量、平整度、垂直度，允许偏差应在规范规定之内，超出偏差者，一经发现立即拆除重砌。

7) 当气温连续5d低于5℃以下时，严格按冬期施工规定执行，砂子不得有冰块，适当加热水的温度，可掺入外加剂，掺量按冬期施工规程的有关规定执行。

(3) 质量要求 横平竖直，砂浆饱满，组砌得当，接槎可靠，砂浆饱满，薄厚均匀，上下错缝，内外搭砌。

8. 防水工程

1) 防水分为屋面防水和卫生间地面防水，不论哪一种防水均要按照材料说明及规定程序严格施工，不得偷工减料。

2) 防水施工前对基层进行检查验收，看其平整度及坡度以及干燥程度等，合格后方可施工。

3) 防水做完后也应进行验收，看是否有起泡现象，搭接长度是否符合规范规定，铺设方法是否正确，是否有局部积水等现象，泛水高度是否满足要求，封口处理是否严密，同时应进行24h蓄水试验和泼水试验或雨后检查。

4）各种防水材料，应有厂家化验报告、合格证及当地建工局签发的准用证等，进入现场后，还应进行外观检验和抽样化验，合格后方可使用。

5）防水施工所用火源应远离易燃品，随用随开。

6）在防水层上继续施工面层时，应注意对防水层的保护，无意中损坏的应及时修补，不得留隐患。

9. 垂直运输方案

1）垂直运输采用两台塔式起重机，每栋楼设一台塔式起重机，并要设专人负责操作和维修保养。同时在3号和4号楼之间各设一台泵送机。

2）起吊重物时，要将重物绑牢，设专人指挥作业，现场人员必须戴安全帽，以防落物伤人。

3）起吊的重物严禁超载，较重时要缓慢进行，遇大风或大雨天气，应停止作业，要严格遵守安全技术操作规程和现场“吊装十不准”规定。

10. 脚手架工程

（1）脚手架

1）外侧装修采用双排钢管脚手架。

2）内部装修采用铁马凳钢管脚手架。

（2）安全防护

1）作业层的外侧挂护身安全网。

2）升降设备必须有可靠的制动安装。

3）加强使用过程中的检查，发现问题及时解决。

11. 装饰工程

（1）抹灰工程

1）外墙窗台、雨篷、阳台、压顶等，上面应做流水坡度，下面应做滴水槽、线。

2）柱、墙垛、墙面、檐口、门窗口、勒脚等处，都要在抹灰前在水平和垂直两个方向挂通线，找好规矩。

3）外墙抹灰应由屋檐开始自上而下进行。

（2）楼地面工程

1）毛地面：在结构层上抹找平层时，首先应将结构层清理干净，然后刷一层素水泥浆，并随刷随抹灰。

2）水泥地面：

① 水泥砂浆面层铺压前应先刷一遍掺胶的水泥。

② 水泥浆面层抹好后应采用适当材料加以覆盖，并在7～10d内每天浇水不少于4次。

（3）油漆工程

1）基层要按要求进行必要的处理，基层含水率不大于8%。

2）施工前应做样板或样板间。

3）施工现场有良好的通风条件。

4）在喷涂易挥发性、易燃性涂料、稀释剂时，不准使用明火。

（4）涂料工程

1）弹涂前基层必须干燥、干净、平整，所有油垢、砂浆流痕以及其他杂物均应清除干净。

2）在喷涂过程中，涂料的稠度应适中，空气压力在0.4～0.8MPa之间，喷射距离以400～600mm为宜。

3）施工前所用的一切机具必须事先清除，不得将灰尘、油垢等杂物带入涂料中，施工完毕时，机具、用具应及时清洗，以便后用。

（5）吊顶工程

1）板材的表面应平整、规格、边缘整齐、无翘曲。

2）顶棚应由中间向两边对称进行，墙面与顶棚阴角成一条水平线。

3）吊顶在室内墙面、柱面抹灰及管线等安装完毕后进行。

（6）加强监督和检查　其他由专业施工队伍施工的内外装修工程均应符合施工验收规范的要求，现场加强监督和检查。

12. 配套设施安装工程

（1）给排水工程

1）认真熟悉图样，与土建对照核实图样问题，弄清给排水管道走向。

2）给水管采用铝塑复合管，埋地部分外加塑料套管，排水管采用UPVC管粘接。地沟部分刷防锈漆，保温同采暖管，明装部分清理干净。

3）雨水排水管采用PVC管*DN*100粘接。

4）施工中提前做出计划单，并与土建密切配合，提前预留洞口及卡具，严禁后凿。

5）做好自检、互检、交接检记录以及施工记录，及时办理隐蔽工程验收手续。

（2）采暖工程

1）采暖工程按甲方布置，由有关专业队伍实施，项目部做好监督检查。

2）安装及施工必须遵守《建筑给水排水及采暖工程施工质量验收规范》（GB 50242—2002）。

3）严格按照规范施工，设专职质检员检查验收，各种隐蔽工程验收及时办理手续，管道安装时，洞口提前预留，不得后凿，尤其不得损坏主体钢筋。

4）系统打压应做好跑水、漏水、泄水的防护工程，防止对其他工种作业造成影响，以及对成品造成破坏。

（3）电气工程

1）认真会审图样，做好对操作人员的图样交底工作。

2）密切配合土建施工，及时准确预埋好各种管线。

3）接地保护线应严格按图样要求施工，并做好隐蔽记录。

4）预埋管线和已穿电线应有保护措施，防止其他工种对它的损坏。

5）装饰中的电气穿线、高空作业及用电调试应注意安全，以及对其他成品的保护。

6）各种材料必须有厂家合格证，并提供详细的使用说明。

四、施工进度时标网络图（图8-2）（见书后）

五、施工进度横道图（图8-3）（见书后）

六、施工现场平面布置图

施工现场平面布置如图8-1所示。

七、主要材料、劳动力、机械进场计划

主要材料、劳动力、机械进场计划见表8-2～表8-4。

表8-2 主要材料需用量

序号	名称	规格	单位	数量	进场时间
1	毛石		m^3	2300	2001.4.8
2	水泥	42.5级	t	1078	2001.4.8
3	水泥	52.5级	t	840	2001.5.1
4	砂	中砂	m^3	5340	2001.4.8
5	石	砾石	m^3	6000	2001.5.1
6	砖	机砖	千块	4530	2001.5.10
7	钢筋		t	365	2001.5.10
8	SBS改性沥青		m^2	1035	2001.8.10
9	聚苯板		m^3	288	2001.8.10
10	铝合金窗		m^2	2254	2001.8.15
11	外墙涂料		m^2	5942	2001.8.10

注：进场时间为计划时间，需用量为工程的计划总量，实际用量按现场进度随时调整。

表8-3 劳动力需用量计划

工种	级别	工程施工阶段投入劳动力情况/人							进场时间
		施工准备	基础工程	主体工程	屋面工程	室内装饰	室外装饰	扫尾	
瓦工	6.5	20	80	150	6	3			2001.5.10
木工	6.5	10	40	80	8	6		5	2001.5.15
混凝土工	5.5		60	60					2001.5.15
钢筋工	6		40	65					2001.5.15
抹灰工	6				40	180	60	30	2001.8.20
防水工	7				30	30		5	2001.9.1
铝合金	7					20	20	5	2001.9.10
架子工	6	10	20	30	10	30	21	8	2001.5.20
电工	6			18		36		12	2001.5.10
焊工	5.5	3	6	9					2001.5.15
水暖工	7.5	3	16	16	16	24		6	2001.5.5
普工	2	20	60	10	10	15	15	10	2001.3.25
机械工	6	6	15	35	30	30	30	15	2001.5.1
合计		69	337	473	176	395	146	96	

注：瓦、木、抹灰均为本公司长期雇用工人，其余辅助工种及装饰工种，通过做样板，招投标考察等途径进行选择，选出最具实力的队伍。

表8-4 主要施工机械设备表

序号	机械或设备名称	型号规格	数量	国别产地	制造年份	额定功率/kW	进场时间
1	挖掘机	200型	1	韩国	1998年		2001.3.25
2	塔式起重机	QT4-10型	2	上海	1998年		2001.5.10
3	混凝土搅拌机	JZC350	3	扬州	1998年	5.25	2001.3.25
4	砂浆搅拌机	UJ325	2	扬州	2000年	3	2001.3.25
5	电焊机	AX5-500	4	上海	2000年	26	2001.4.25
6	钢筋弯曲机	GWJ-1404	2	上海	1999年	10	2001.4.25
7	钢筋切断机	GJ-40	2	上海	2001年	7.5	2001.4.25
8	振捣机	HZ6X-50	6	河南	2000年	2.5	2001.3.25
9	打夯机		2	呼和浩特	1999年	2.5	2001.3.25
10	泵送机		2		2000年		2001.4.25
11	水准仪	DSJ-200	2	北京	1996年		2001.3.25
12	经纬仪		2		1998年		2001.3.25
13	木工电锯	MJ104	2	呼和浩特	2001年	3	2001.3.25
14	自卸汽车	解放143	2	长春	2000年		2001.3.25

注：进场时间为计划时间，需用量为工程的计划总量，实际用量按现场进度随时调整。

八、施工组织管理

1. 质量管理

（1）质量目标

1）全面达到设计和国家现行施工规范、规程的有关要求，保证达到优质工程，争创优质样板工程。

2）按照ISO 9002质量体系，全面进行质量管理，保证实现预定质量目标。

（2）质量检查

1）每道分项工程施工前，首先要求各施工班组做样板或样板间，并对样板或样板间进行评审，合格后方可进行分项工程施工。实行样板引路制度。

2）分项工程施工前，施工员向班组长作全面质量交底，在施工中，施工员和质检员按书面交底进行检查。

3）班组工人要按规程操作，随时自检，施工员要组织进行互检和交接检。如上道工序不符合质检要求，下道工序有权不予接收。

4）上道工序未经检查签证，下道工序不得进行。

5）按时进行隐蔽工程检查验收，并办理签证手续。

（3）质量验收

1）进场的材料质量验收，应按公司质检部门以及材料试验的有关规定执行，主要由材料供应部门、现场质检人员、监理工程师负责验收，谁验收谁签字，对不合格的或没有技术资料的材料绝对不允许使用。

2）成品、半成品验收，主要由加工单位提供质量证明，施工单位检查验收。

3）结构隐蔽工程验收，应由设计单位、监理单位和公司有关人员对单位工程进行结构

验收，并办理验收手续。

4）专业项目验收，如水暖、电气工程安装之后，应由监理单位和公司有关部门进行检查、验收，并做好记录。

5）为保证使用功能要求，凡卫生间、厨房以及有防水要求的地面均作地面灌水试验。

6）竣工验收。单位工程竣工后，应由总监理工程师进行预验，发现问题及时解决。预验合格后，应由建设单位邀请设计单位、监理单位和施工单位共同进行竣工验收，质检部门对工程验收情况进行全面监督，并办理验收手续。

2. 技术管理

1）施工现场技术人员、工人都要认真学习和正确掌握贯彻国家的技术政策及各种技术规定、规范和强制性条文，结合本工程实际情况，严格遵照执行。

2）做好技术交底工作。分项工程施工前，必须按工种或部位层层进行书面技术交底，技术交底由技术负责人对各级班组长进行交底，应逐条逐句讲解清楚，个别情况应在操作场地进行演示。接收人和交底人双方互相签字后执行。

3）材料、构件的试验和检验

① 一般建筑材料均应有产品出厂证照或合格证。

② 除备有出厂证照或合格证外，一般建筑材料如砖、砂、石、水泥、钢材等应根据使用要求，由工地进行取样试验，合格后方可使用。监理单位代表对取样和试验全过程监督。

③ 暖卫、电气材料也必须有出厂合格证，并按规定取样试验，合格后方可敷设和安装。

④ 混凝土、砂浆的配比应以试验室的配比结果为准。现场留取砂浆和混凝土试块，精心养护，及时送试，试验报告及时送有关人员。

4）施工过程中，认真收集和积累技术资料，按有关部门技术档案要求进行归档。

3. 保证质量技术措施

按合同约定，该工程保证优质工程，具体措施如下：

（1）土方工程

1）人工挖土过程，应随时检验标高，不得扰动地基土，并进行地质土验证。

2）基础回填土时，必须分层夯实，并按规定取样试验。地基换土应严格按照设计要求进行施工，经检验合格方可进行基础施工。

3）挖土过程中，应保护好轴线桩，不得随便磕碰。

（2）主体工程

1）所有预埋件及孔洞，必须按图样尺寸与钢筋网作可靠连接。

2）模板支撑具有足够的强度和刚度，并互相拉结，要支撑于坚硬的地面上，以保证构件的设计尺寸和位置。

3）混凝土搅拌应严格过秤，保证配合比准确。混凝土浇灌应分层，并应振捣密实，要注意不碰撞各种埋件。对混凝土有缺陷的要及时修补。

4）混凝土外加剂的掺入与保管要设专人负责。用计量器具加入，搅拌时间应适当延长。外加剂必须有合格证及试验报告。

5）混凝土的养护要设专人负责，必须加强养护，防止水分流失。

6）不同强度等级混凝土相交处，应首先确保高强度混凝土进入低强度混凝土中。

（3）装修工程

1）为使内外墙装修不空鼓、不裂缝、粘结牢固，内墙面用火碱清洗油污，外墙刷一道素水泥浆。

2）底层砂浆和面层砂浆的配比基本相同。

3）外饰面基层作业时，上下口用铅丝拉通线。

4）室内抹灰前应将各种管线预埋好，避免返工。

（4）地面工程

1）做垫层找平时，应将基层清理干净，并要求及时敷设水暖、电气、管线。

2）找平层应拉线找平，有地漏的房间应找准坡度。

3）要加强保护。

（5）屋面工程

1）为防止屋面开裂，屋面找平层应每隔6m设一道20mm宽的分割缝，找平层应平整、不起砂。保温材料材质、厚度应符合设计要求。

2）铺贴防水卷材时，基层必须干燥。

3）铺设屋面瓦应满足要求。

（6）管道工程

1）每层排水立管应做灌水试验，系统试压分环路进行。给水系统进行水压试验，避免“跑、冒、滴、漏”。

2）采暖通风干管或支管的固定支架处要安装制动件，防止热膨胀时管道变形或下滑。

3）通风管道的加工预制，按图样要求进行实测，按实测数据加工。

（7）其他　建筑物的标高传递，应用经纬仪测设，把标高垂直传递上去，并与下层标高进行校核，不允许逐层传递，以免造成累积误差。

4. 两期施工

（1）雨期施工措施

1）做好雨期施工的准备工作，提高执行雨期施工的自觉性。

2）在雨期施工期间，保证现场运输道路畅通，路面应做好硬化处理，挖好排水沟，纵向坡度0.3%。

3）进入雨期，基槽四周设小护提及排水沟，防止雨水流入基槽。

4）配电室要有防雨、防潮保护。

5）雨天进行混凝土施工时，应减小坍落度，必要时可将水泥单方用量提高一倍。要经常测定集料的含水率，及时调整水量，混凝土浇筑后，要及时覆盖。暴雨时应停工，防止雨水对新浇混凝土的冲刷。

6）外墙涂刷遇雨停工，雨后及时修补被冲坏的墙面。

7）所有堆放构件处支座必须坚固。

8）备好雨期防护用品，保证职工及物品的安全。

9）龙门架顶安装避雷装置，接地电阻不大于10Ω。塔式起重机、龙门架下部均应在搭设时高出自然地坪100mm，以防雨水浸泡造成悬空或下陷。

10）现场中小型机械必须按规定加防雨罩或搭防雨棚。闸箱防雨漏电保护装置应灵活有效，每星期检查一次线路绝缘情况。

（2）冬期施工措施

本工程因工期较紧，部分工程进入冬期施工，因此，视冬季气温及施工内容，制订冬施方案：

1）项目部建立专门领导小组，负责全面冬期施工。应加强对测温工作的领导，及时掌握天气变化，掌握混凝土入模温度和早期强度情况，如有特殊情况要及时报告领导小组。

2）加强混凝土搅拌运输、浇筑、养护全过程的保温防冻措施。保证混凝土受冻前达到临界强度，拆模时混凝土强度不低于4MPa，拆模时间以现场同条件试块为准。

3）采用蓄热法施工，对混凝土、砂浆所用的水、砂、石进行加热。首先加热水，温度不够再加热砂、石。为避免出现假混凝现象，水及砂石的加热温度要符合规范规定。

4）安排测温工，保证混凝土出机温度不低于10℃。入模温度不低于5℃；并且保证每24h测温次数不少于4次，做好记录。

5）设置锯末、塑料布、草袋等保温材料，加强养护过程中的保温防冻措施。

6）砌筑砂浆按比例掺氯盐，采用掺盐砂浆法砌筑，并保证砌筑质量。

7）做好冬期施工各项技术资料的收集与记载，并及时与甲方、监理工程师取得联系，确保工程质量。

8）对工地临时供水管道及材料、机具做好保温防冻工作，搅拌机棚做保温封闭。

5. 安全管理

（1）保证体系

1）施工现场成立安全领导小组，由项目部经理担任安全组长，下设经上岗培训的专职安全员，现场管理人员均应有安全意识，并成为安全领导小组成员之一。

2）各班组长为安全小组负责人，自上而下进行层层交底。

3）制定安全管理实施细则，并应有安全施工交底书，班前进行交底，交底人与被交底人均应签字，作为安全方面技术资料存档。

4）“三宝”、“四口”防护应有措施、有布置、有检查，发现问题或隐患及时整改。

5）高空作业或特殊工种人员均应检查其身体状况。特殊工种作业人员应持证上岗。

6）制订严格的切实可行的安全奖罚措施，调动职工安全生产的积极性。严格安全生产责任制，作为考核项目领导班子的重要依据之一。

（2）保证措施

1）成立安全管理委员会，组织安全教育培训，制订安全防范措施。

2）施工作业前，做好安全技术交底，并办理交底手续存档备案。

3）安全消防保卫器材、工具要齐全，有效，数量充足。

4）现场道路要畅通，宽度满足最小防火要求，路面平整、防滑，楼内入口要有防护措施，并有明显标志。

5）搭拆架子上下要有人专门负责看守周围行人。

6）进入现场的人员必须带安全帽，高空作业系安全带，不得穿高跟鞋。

7）严格执行各专业工种持证上岗，非本专业人员不得操作。

8）易燃易爆物品堆放要远离火源，且设专人看管，并有标牌指示。

9）现场内外的通道上空要搭设安全防护棚，晚间应有灯光照明。危险处应红灯指示，周围应加围护。

6. 文明施工

1）严格执行文明施工管理条例的各项规定，加强文明施工教育，认识文明施工的重要性。

2）做到“工完、场清、料净”。每日收工后将现场收拾干净，工具整理入库。

3）施工现场的平面布置要合理，材料堆放要整齐有序，并有标志。

4）施工现场的道路要平坦、坚实且有回路。

5）宿舍、食堂、厕所等公共居住环境应达到文明施工的具体要求。

6）设置专人负责文明施工，定期不定期组织检查，建立必要的奖罚制度。

7）为安全生产创造良好的文明施工环境。

7. 工期保证措施

1）严格按既定的施工进度计划组织施工，每一工种，每一施工过程的衔接，尽量减少时间。

2）组织强有力的领导班子，分段、分层分别组织流水施工。

3）各工序、各工种衔接要有序，安排好主体交叉作业，既不窝工，又没有空闲作业面，控制各承包作业队的总体时间。

4）提前报送材料的供应计划，做好材料的进场工作，保证材料始终走在各分部分项工程施工的前面。

5）在施工过程中，随时掌握施工进度，对原进度计划及时调整、优化，保证施工工期的按时完成。

8. 成品保护措施

1）加强成品保护教育，贯彻成品保护条例。

2）存放运输中，对成品钢筋应加以保护，以防变形。

3）严格按顺序施工，先上后下，先湿后干，先管道试压后装饰，对已完工程应有保护方法。

4）建立成品保护奖罚制度，谁破坏谁负责。

9. 降低环境污染和噪声的措施

1）施工现场用水应设排水沟、集水坑。

2）建筑垃圾在现场集中堆放，定期清理干净。

3）民工宿舍周围设垃圾点、厕所、水房，并设专人负责清理。

4）为保证居民的正常休息，施工时，将有噪声的工序如混凝土的浇筑、支模、木加工等，放在居民上班的时间。

5）注意节水、节电，停工后应设专人负责关闭。

10. 做好技术资料的收集整理工作

设专职资料员，加强资料的收集和整理。资料的整理应严格按有关部门规定执行，工长、技术员及有关人员应予以积极配合，做到工程进行到什么部位，资料做到什么部位，有关资料应及时送交建设单位和监理工程师审阅签字。

工程备案资料应符合国家有关部门的规定，按要求填写准确，装订规范，应在竣工验收之前达到要求。做到工完场清、料清、资料齐全，符合要求。

第九章　高层钢筋混凝土框架结构施工技术设计实训

第一节　高层钢筋混凝土框架结构施工技术设计任务书

一、设计题目

某高层建筑主体结构标准层施工技术（钢筋配料单）设计。

二、设计资料

设计工程的梁、板平法标注施工图如图 9-1、图 9-2 所示，结构为二级抗震等级。现场一级钢为盘条，二级钢为 9m 定尺。混凝土设计强度等级为 C30，柱截面尺寸为 600mm × 600mm，钢筋连接采用焊接连接或机械连接。

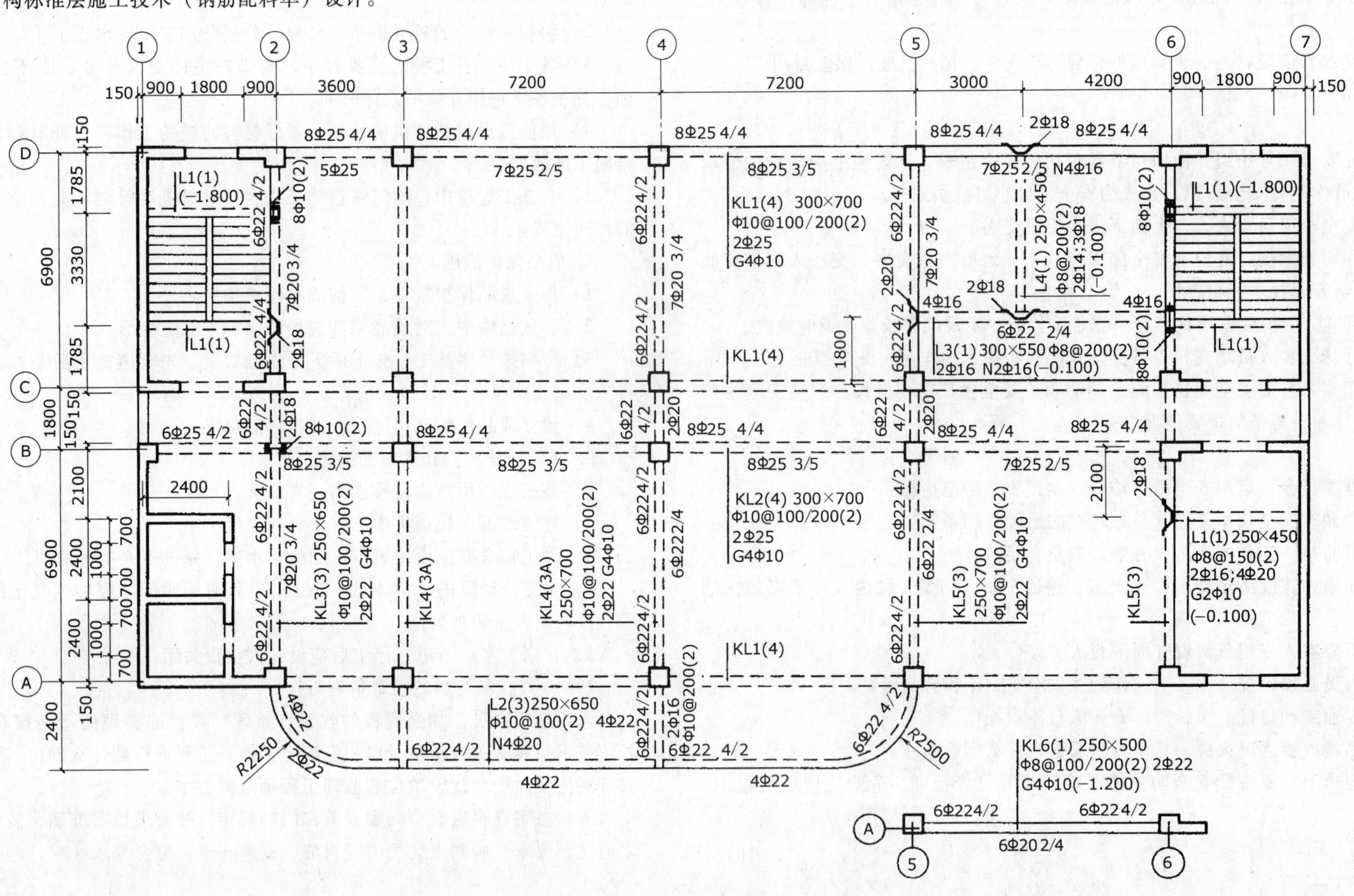

图 9-1　框架梁标准层平法标注施工图

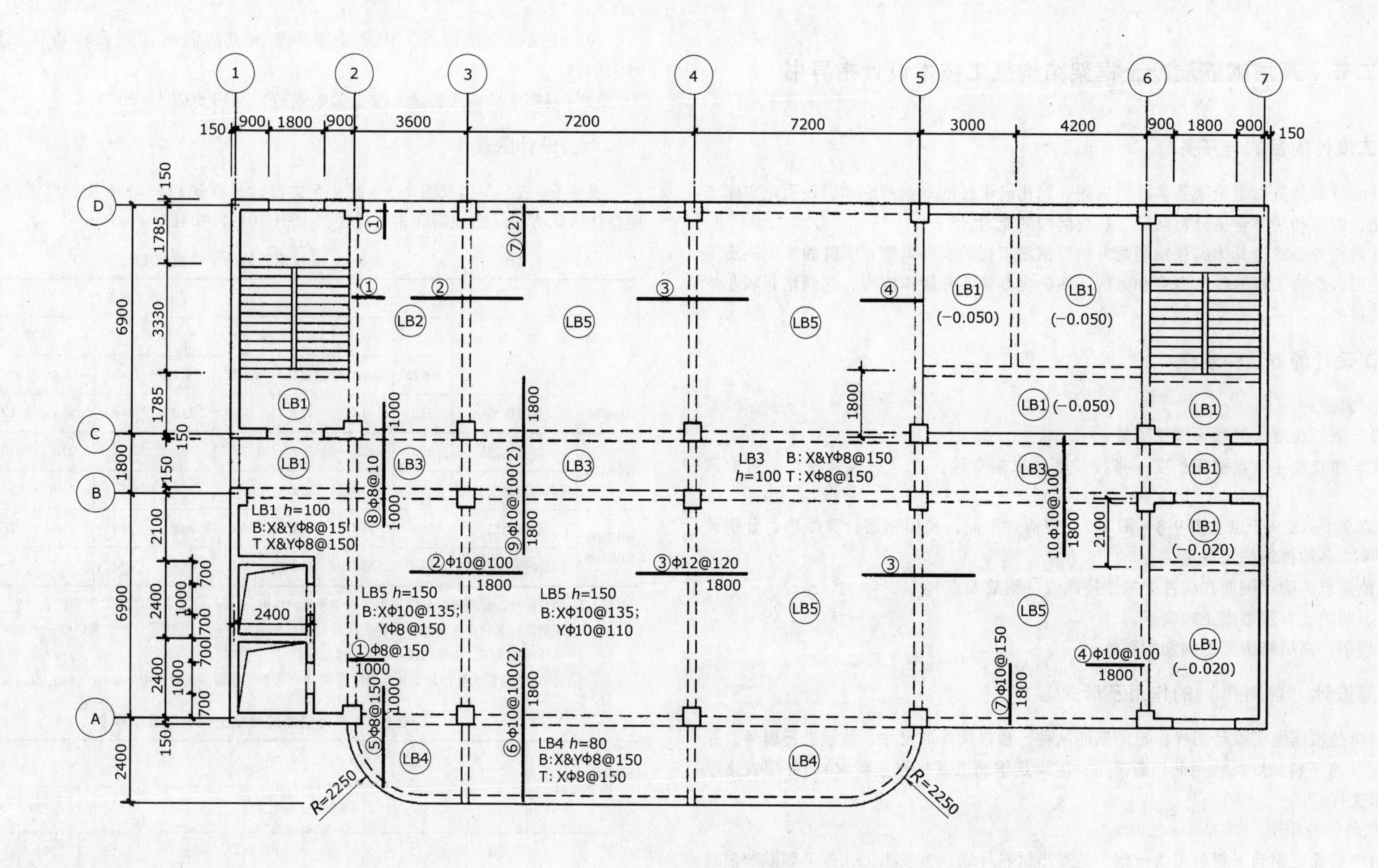

图 9-2　框架板标准层平法标注施工图

注：未注明分布筋为Φ8@250。

三、设计内容

1）由所给梁、板平法施工图，计算某一层梁板的钢筋配料，并编制钢筋配料单。其他项目的施工内容可不考虑。

2）读懂《混凝土结构施工图平面整体表示方法制图规则和构造详图》03G101-1 图集、04G101-4 图集，掌握梁、板平法识图及构造详图的应用。

3）熟悉本设计的梁、板平法施工图，弄清该梁、板中每一构件的钢筋直径、规格、种类、形状和数量以及在构件中的位置和相互关系，按每一构件进行编号、整理。

4）分构件绘制钢筋简图或断开显示图，满足实际施工钢筋下料要求。

5）计算每种规格钢筋的下料长度及公称质量。

6）填写钢筋配料单。

四、设计要求

（1）计算书要求　书写工整、数字准确合理、符合现行规范、便于施工。

（2）制表要求　表格规范、内容齐全，图表上所有汉字、字母和数字应书写端正、排列整齐、笔画清晰无误。

第二节 高层钢筋混凝土框架结构施工技术设计指导书

一、施工设计的目的与任务

施工设计的目的是贯彻理论联系实际，巩固、深化已学过的专业理论知识，强化实际工作的基本技能，训练和培养学生分析问题、解决问题的能力。

施工设计的任务是通过具体编制钢筋配料单等钢筋工程的实务训练，了解和掌握钢筋工程的设计、施工、隐蔽工程验收的内容和方法，使学生具备实际操作能力，达到培养职业技术高级人才的目的。

二、施工设计的方法和步骤

1）钢筋计算原理。

钢筋重量 = 钢筋长度 × 根数 × 理论重量

钢筋长度 = 净长度 + 节点锚固长度 + 搭接长度 + 末端弯钩长度（一级钢筋） - 弯曲调整值

2）利用表 9-1 ~ 表 9-5 以及图 9-3 ~ 图 9-5，按构件不同，利用钢筋计算原理，分别计算图 9-1、图 9-2 各构件钢筋工程量。

3）按规范要求，确定钢筋在构件中的连接部位（钢筋断点）。

4）汇总、归纳、整理形成正式文本。

5）设计成果：高层结构施工钢筋配料单。

三、钢筋设计（配料单）的作用及形式

钢筋配料单是根据施工设计图样标定的钢筋品种、规格及外形尺寸、数量进行编号，并计算下料长度（该下料长度反映钢筋切断部位，应满足钢筋工下料作业要求），并用表格形式表达的技术文件。

1. 钢筋配料单的作用

钢筋配料单是确定钢筋下料加工的依据，是提出材料计划、签发施工任务单和限额领料单的依据。它是钢筋施工的重要工序，合理的配料单，能节约材料、简化施工操作。

2. 钢筋配料单的形式

钢筋配料单一般用表格的形式反映，其内容由构件名称、钢筋编号、钢筋简图、尺寸、钢号、数量、下料长度及重量等内容组成见表 9-6。

四、上部贯通筋钢筋连接部位（断料点）确定原则

同一构件同一钢筋，其连接部位一般不是唯一的，只要满足《混凝土结构工程施工质量验收规范》（GB 50204—2002）中钢筋连接的相关要求，在规范要求范围内，以方便施工为原则。

五、参考资料

1）《建筑施工技术》。

2）《混凝土结构施工图平面整体表示方法制图规则和构造详图》（03G101-1、04G101-4）。

3）《混凝土结构工程施工质量验收规范》（GB 50204—2002）。

六、设计图表

表 9-1 ~ 表 9-5 以及图 9-3 ~ 图 9-5 供设计计算选用，均参考于《混凝土结构施工图平面整体表示方法制图规则和构造详图》（03G101-1、04G101-4）。

表 9-1 受拉钢筋的最小锚固长度 l_a

钢筋种类		混凝土强度等级									
		C20		C25		C30		C35		≥C40	
		d≤25	d>25	d≤25	d>25	d≤25	d>25	d≤25	d>25	d≤25	d>25
HPB235	普通钢筋	31d	31d	27d	27d	24d	24d	22d	22d	20d	20d
HRB335	普通钢筋	39d	42d	34d	37d	30d	33d	27d	30d	25d	27d
	环氧树脂涂层钢筋	48d	53d	42d	46d	37d	41d	34d	37d	31d	34d
HRB400 RRB400	普通钢筋	46d	51d	40d	44d	36d	39d	33d	36d	30d	33d
	环氧树脂涂层钢筋	58d	63d	50d	55d	45d	49d	41d	45d	37d	41d

注：1. 当弯锚时，有些部位的锚固长度大于等于（$0.4l_a+15d$），见各类构件的标准构造详图。

2. 当钢筋在混凝土施工过程中易受扰动（如滑模施工）时，其锚固长度应乘以修正系数 1.1。

3. 在任何情况下，锚固长度不得小于 250mm。

4. HPB235 钢筋为受拉时，其末端应做成 180°弯钩。弯钩平直段长度不应小于 3d；当为受压时，可不做弯钩。

表 9-2 受力钢筋的混凝土保护层最小厚度 （单位：mm）

环境类别		墙			梁			柱		
		≤C20	C25 ~ C45	≥C50	≤C20	C25 ~ C45	≥C50	≤C20	C25 ~ C45	≥C50
一		20	15	15	30	25	25	30	30	30
二	a	—	20	20	—	30	30	—	30	30
	b	—	25	20	—	35	30	—	35	30
三		—	30	25	—	40	35	—	40	35

注：1. 受力钢筋外边缘至混凝土表面的距离，除符合表中规定外，还不应小于钢筋的公称直径。

2. 机械连接接头连接件的混凝土保护层厚度应满足受力钢筋保护层最小厚度的要求，连接件之间的横向净距不宜小于 25mm。

3. 设计使用年限为 100 年的结构：一类环境中，混凝土保护层厚度应按表中规定增加 40%；二类和三类环境中，混凝土保护层厚度应采取专门的有效措施。

4. 环境类别表详见《混凝土结构施工图平面整体表示方法制图规则和构造详图》（03G101-1）第 35 页。

5. 三类环境中的结构构件，其受力钢筋宜采用环氧树脂涂层带肋钢筋。

6. 板、墙、壳中分布钢筋的保护层厚度不应小于表中相应数值减 10mm，且不应小于 10mm；梁、柱中箍筋和构造钢筋的保护层厚度不应小于 15mm。

表 9-3 受拉钢筋抗震锚固长度 l_{aE}

钢筋种类与直径 \ 混凝土强度等级与抗震等级			C20		C25		C30		C35		≥C40	
			一、二级抗震等级	三级抗震等级	一、二级抗震等级	三级抗震等级	一、二级抗震等级	三级抗震等级	一、二级抗震等级	三级抗震等级	一、二级抗震等级	三级抗震等级
HPB235	普通钢筋		36d	33d	31d	28d	27d	25d	25d	23d	23d	21d
HRB335	普通钢筋	d≤25	44d	41d	38d	35d	34d	31d	31d	29d	29d	26d
		d>25	49d	45d	42d	39d	38d	34d	34d	31d	32d	29d
	环氧树脂涂层钢筋	d≤25	55d	51d	48d	44d	43d	39d	39d	36d	36d	33d
		d>25	61d	56d	53d	48d	47d	43d	43d	39d	39d	36d
HRB400 RRB400	普通钢筋	d≤25	53d	49d	46d	42d	41d	37d	37d	34d	34d	31d
		d>25	58d	53d	51d	46d	45d	41d	41d	38d	38d	34d
	环氧树脂涂层钢筋	d≤25	66d	61d	57d	53d	51d	47d	47d	43d	43d	39d
		d>25	73d	67d	63d	58d	56d	51d	51d	47d	47d	43d

注：1. 四级抗震等级，$l_{aE}=l_a$，其值见表 9-1。

2. 当弯锚时，有些部位的锚固长度大于等于（$0.4l_{aE}+15d$），见各类构件的标准构造详图。

3. 当 HRB335，HRB400 和 RRB400 级纵向受拉钢筋末端采用机械锚固措施时，包括附加锚固端头在内的锚固长度可取为《混凝土结构施工图平面整体表示方法制图规则和构造详图》（03G101-1）第 33 页和本页表中锚固长度的 0.7 倍。机械锚固的形式及构造要求详见《混凝土结构施工图平面整体表示方法制图规则和构造详图》（03G101-1）第 35 页。

4. 当钢筋在混凝土施工过程中易受扰动（如滑模施工）时，其锚固长度应乘以修正系数 1.1。

5. 在任何情况下，锚固长度不得小于 250mm。

表 9-4 纵向受拉钢筋绑扎搭接长度 l_{lE}、l_l

抗 震	非 抗 震
$l_{lE}=\zeta l_{aE}$	$l_l=\zeta l_a$

注：1. 当不同直径的钢筋搭接时，其 l_{lE} 与 l_l 值按较小的直径计算。

2. 在任何情况下 l_l 不得小于 300mm。

3. 式中 ζ 为搭接长度修正系数。

表 9-5 纵向受拉钢筋搭接长度修正系数 ζ

纵向钢筋搭接接头面积百分率(%)	≤25	50	100
ζ	1.2	1.4	1.6

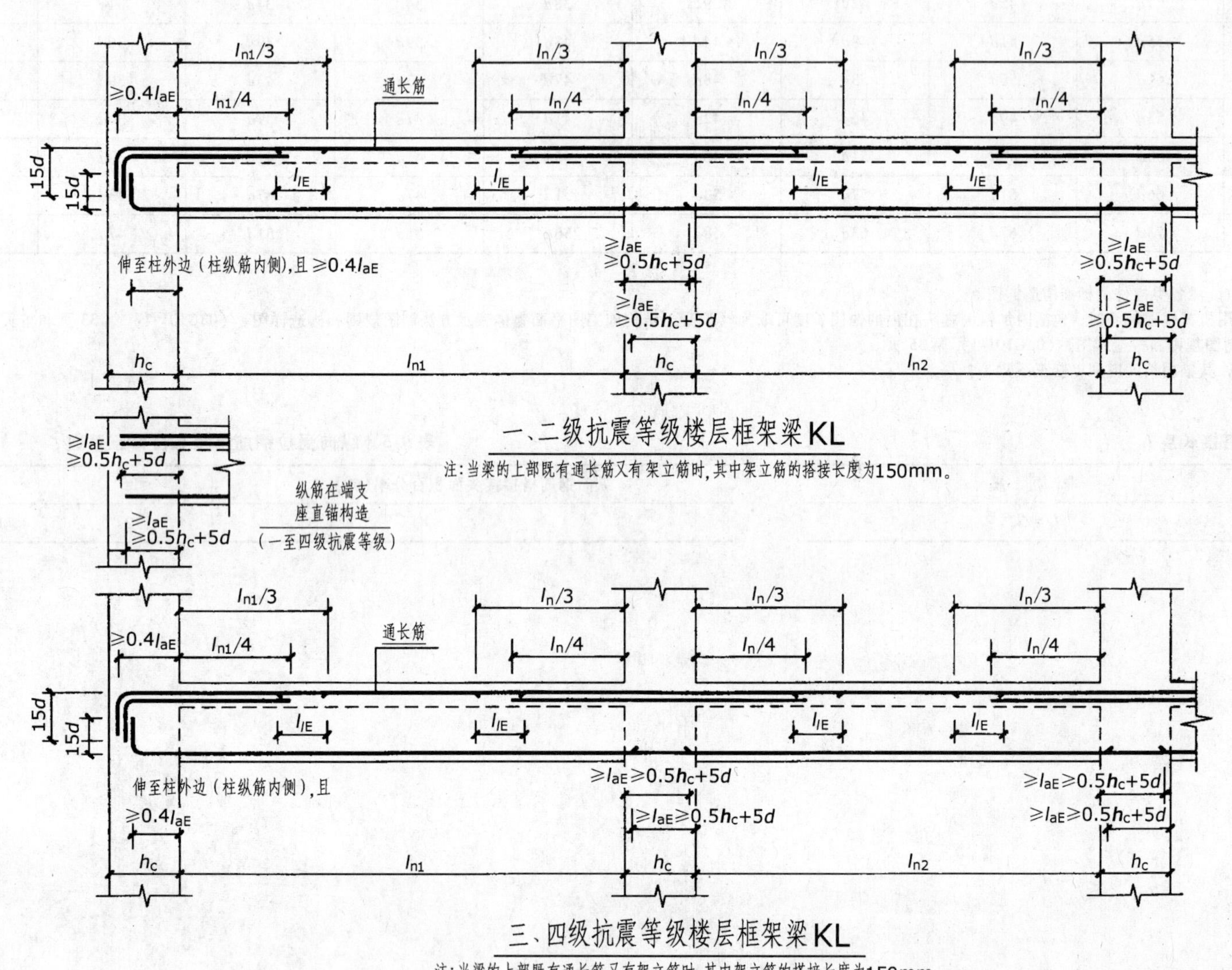

一、二级抗震等级楼层框架梁KL

注：当梁的上部既有通长筋又有架立筋时，其中架立筋的搭接长度为150mm。

三、四级抗震等级楼层框架梁KL

注：当梁的上部既有通长筋又有架立筋时，其中架立筋的搭接长度为150mm。

$d\leqslant 25$　$R=4d(6d)$

$d>25$　$R=6d(8d)$

纵向钢筋弯折要求

（括号内为顶层边节点要求）

注：

1. 跨度值l_n为左跨l_{ni}和右跨l_{ni+1}之较大值，其中$i=1,2,3\ldots$
2. 有悬挑端的楼层框架梁，其悬挑部分的构造见第66页。
3. l_{aE}、l_{lE}取值见《混凝土结构施工图平面整体表示方法制图规则和构造详图》(03G101–1)第34页。
4. 图中h_c为柱截面沿框架方向的高度。
5. 当贯通筋$d>28$时，应采用机械连接或等强对接焊接长，其要求见具体工程的设计说明。当$d\leqslant 28$时，除按图示位置搭接外，当支座上部纵向钢筋与通长筋直径相同时，也可在跨中$l_{ni}/3$范围内采用一次机械连接或对焊连接或绑扎搭接接长。
6. 梁下部纵向钢筋的连接应按照《高层建筑混凝土结构技术规程》(JGJ 3–2002)第6.5.1和6.5.3条的有关规定进行施工。
7. 当梁纵筋（不包括侧面G打头的构造筋）采用绑扎搭接接长时，箍筋应加密，其要求同第40页注第2条。
8. 当楼层框架梁的纵向钢筋直锚长度$\geqslant l_{aE}$且$\geqslant 0.5h_c+5d$时，可以直锚。

图9-3　框架梁标准层（楼层）纵向钢筋构造

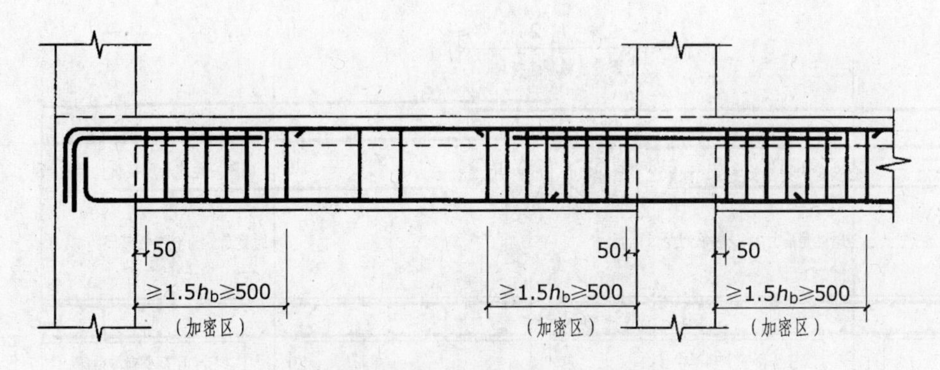

二至四级抗震等级框架梁KL、WKL

注：弧形梁沿梁中心线展开，箍筋间距沿凸面线量度。h_b为梁截面高度。

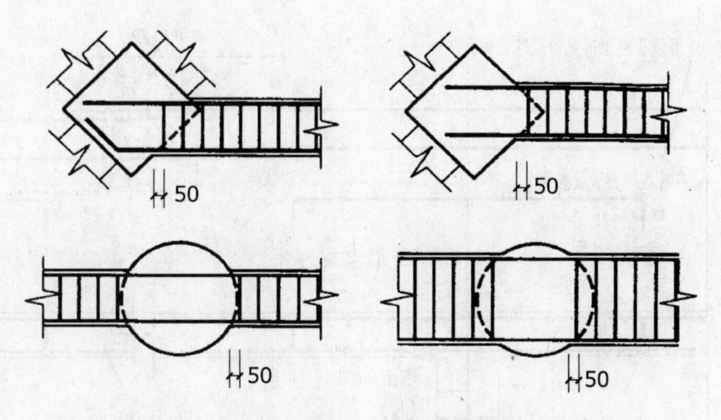

梁与方柱斜交，或与圆柱相交时箍筋起始位置

注：为便于施工，梁在柱内的箍筋在现场可用两个半套箍搭接或焊接。

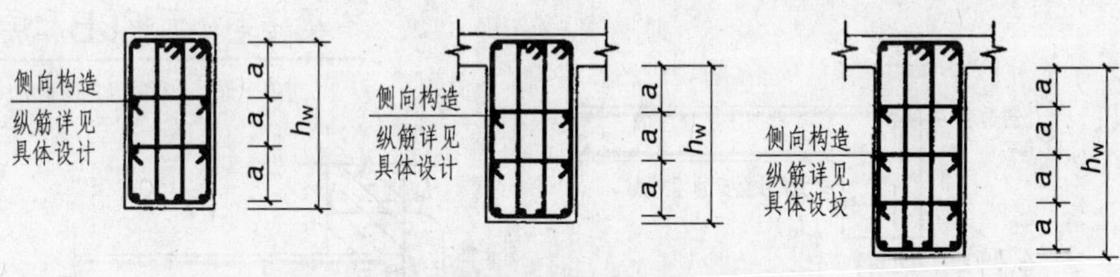

梁侧面纵向构造筋和拉筋

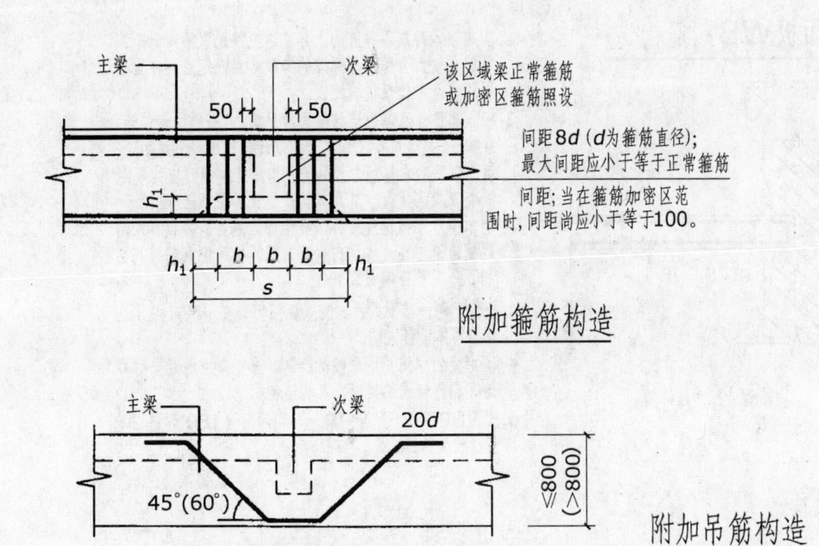

附加箍筋构造

附加吊筋构造

注：1. 当箍筋为多肢复合箍时，应采用大箍套小箍的形式。
2. 当h_w≥450时，在梁的两个侧面应沿高度配置纵向构造钢筋；纵向构造钢筋间距a≤200。
3. 梁侧面构造纵筋和受扭纵筋的搭接与锚固长度详见《混凝土结构施工图平面整体表示方法制图规则和构造详图》(03G101−1)第24页第4.2.3条第五款的注1与注2。
4. 当梁宽小于等于350时，拉筋直径为6mm；梁宽大于350时，拉筋直径为8mm. 拉筋间距为非加密区箍筋间距的两倍。当设有多排拉筋时，上下两排拉筋竖向错开设置。
5. 箍筋及拉筋弯钩构造见《混凝土结构施工图平面整体表示方法制图规则和构造详图》(03G101−1)第35页。

图9-4　框架梁二至四级抗震等级构造要求

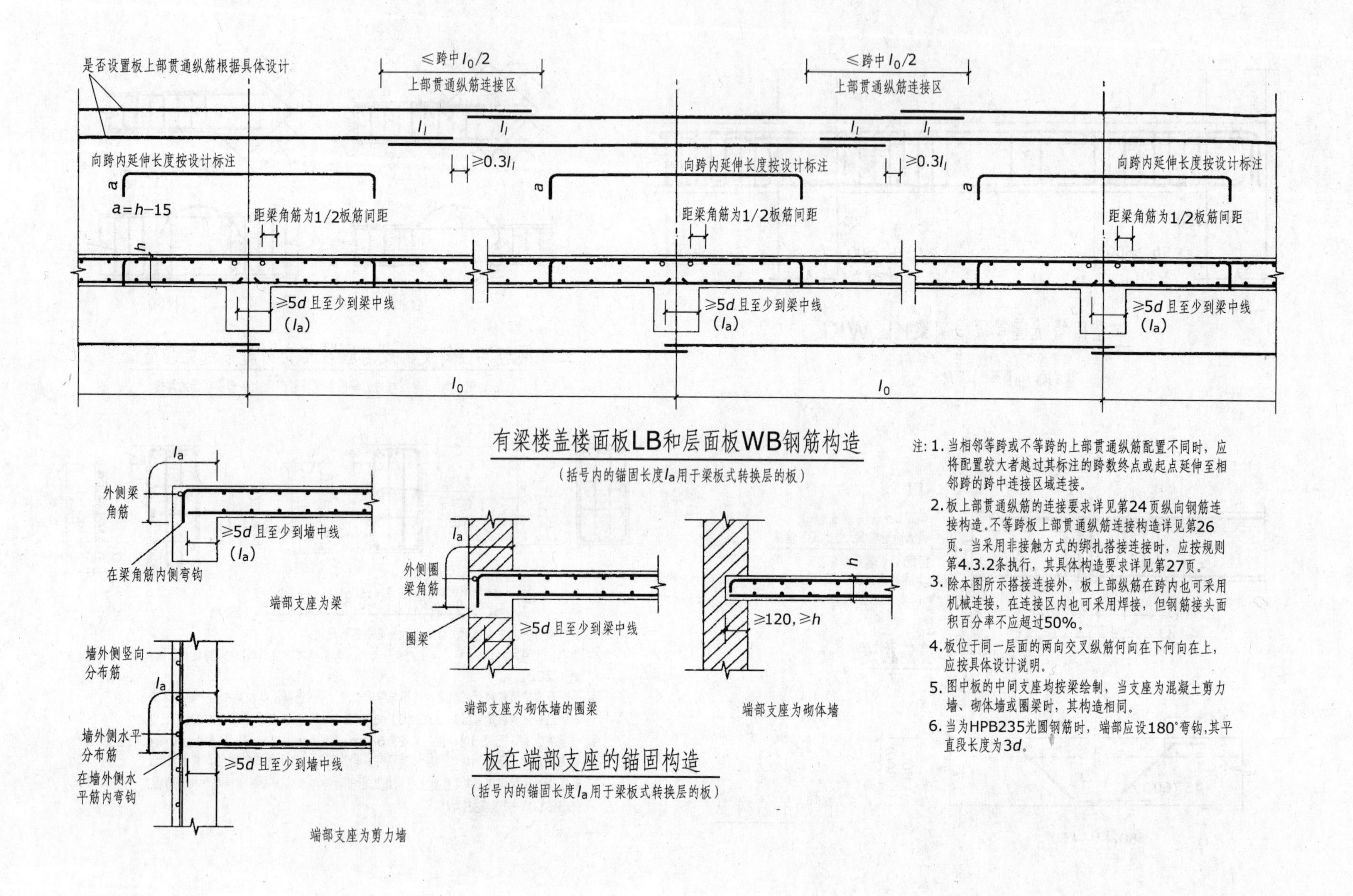

图9-5 框架楼面板钢筋构造要求

第三节 设计成果

1. KL1 部分钢筋长度计算

（1）上部贯通筋Φ25 单根钢筋的长度计算

(3600 + 7200 + 7200 + 7200) mm + 300mm × 2 + 15 × 25mm × 2 − 2 × 25mm − 2 × 2.0 × 25mm = 26400mm

（2）上部②～③轴处Φ25 一皮负弯矩单根钢筋的长度计算

15 × 25mm + 300mm − 25mm − 2 × 25mm + 3600mm + 300mm + 2200mm = 6700mm

（3）上部②～③轴处Φ25 二皮负弯矩单根钢筋的长度计算

15 × 25mm + 300mm − 25mm − 2 × 25mm + 3600mm + 300mm + 1650mm = 6150mm

（4）上部④轴或⑤轴两侧Φ25 一皮负弯矩单根钢筋的长度计算

2200mm + 600mm + 2200mm = 5000mm

（5）上部④轴或⑤轴两侧Φ25 二皮负弯矩单根钢筋的长度计算

1650mm + 600mm + 1650mm = 3900mm

（6）上部⑥轴处Φ25 一皮负弯矩单根钢筋的长度计算

15 × 25mm + 600mm − 25mm − 2 × 25mm + 2200mm = 3100mm

（7）上部⑥轴处Φ25 二皮负弯矩单根钢筋的长度计算

15 × 25mm + 600mm − 25mm − 2 × 25mm + 1650mm = 2550mm

（8）下部受力钢筋②～③轴间钢筋的长度计算

15 × 25mm + 600mm − 25mm − 2 × 25mm + 3000mm + 34 × 25mm = 4750mm

（9）下部受力钢筋③～④或④～⑤轴间钢筋的长度计算

34 × 25mm × 2 + (7200 − 600) mm = 8300mm

（10）下部受力钢筋⑤～⑥轴间钢筋的长度计算

34 × 25mm + 6600mm + 600mm − 25mm − 2 × 25mm + 15 × 25mm = 8350mm

2. 箍筋长度计算

2 × (700mm − 2 × 25mm) + 2 × (300mm − 2 × 25mm) + 25.1 × 10mm = 2051mm

其他钢筋计算略。

3. 钢筋设计（配料单）

表 9-6 钢筋设计（配料单）汇总表

构件名称	钢筋部位	钢筋编号	简图	直径/mm	级别	下料长度/mm	单位根数	合计根数	质量/kg
KL1 共计3根	上部贯通钢筋	①	375 7475	25	Φ	7800	2	6	180
		②	7200	25	Φ	7200	4	12	333
		③	3875 375	25	Φ	4200	2	6	97

（续）

构件名称	钢筋部位	钢筋编号	简图	直径/mm	级别	下料长度/mm	单位根数	合计根数	质量/kg
KL1 共计3根	上部一皮钢筋	④	375 6375	25	Φ	6700	2	6	155
		⑤	5000	25	Φ	5000	4	12	231
		⑥	2775 375	25	Φ	3100	2	6	72
	上部二皮钢筋	⑦	375 5775	25	Φ	6100	4	12	282
		⑧	3900	25	Φ	3900	8	24	360
		⑨	2175 375	25	Φ	2500	4	12	116
	下部受力钢筋	⑩	375 4425	25	Φ	4750	5	15	274
		⑪	8300	25	Φ	8300	15	45	1438
		⑫	8400 375	25	Φ	8725	5	15	504
		⑬	8350 375	25	Φ	8675	2	6	200
	箍筋	⑭	650 250	10	φ	2050	157	471	596
	构造筋	⑮	3300	10	φ	3300	4	12	24
		⑯	7500	10	φ	7500	8	24	111
	抗扭筋	⑰	7690	16	φ	7690	4	12	146
	拉钩	⑱	250	6.5	φ	410	60	180	19
	吊筋	⑲	360 916 350 916 360	18	φ	2860	2	2	11

注：该配料是从工程实际出发，以钢筋下料形式予以断料，即工程钢筋下料单。

第十章　建筑工程概预算实训

第一节　预算课程设计任务书

一、设计题目

某砖混结构住宅楼工程预算书。

二、设计资料

某地区综合预算定额、费用定额、材差价格文件及一套完整的土建施工图。

三、设计内容

1）根据指导教师所指定的施工图样，熟悉图样内容并依据要求确定出大体的施工方案，从而列出各分部分项工程项目名称，即预算项目。

2）根据所列项目，完成各分项工程量计算，并提交计算书。

3）对各分项工程套用所指定的预算定额计算工程直接费，并提交相应的预算书。

4）计算主要分项工程的用工及用料，进行工料分析，并提交相应的工料分析表。

5）根据指定的费用定额，按照取费程序计取其他直接费及间接费等，并提交费用计算表。

6）最终确定工程造价及相应的单方造价。

7）编写预算说明书，设计预算书封面，并按一定顺序装订成册。

四、设计要求

1）学生应在教师指导下，独立认真完成要求的各项设计内容。

2）预算书要求标准化、规范化、内容完整，无丢项、落项现象，工程量计算正确，套价、取费准确，有条件时可采用工程预算系统软件上机计算。

3）按统一规定，装订成册。

第二节　预算课程设计指导书

一、施工图预算的编制依据

（1）经批准及会审的全部施工图设计文件　包括全部设计图样（建筑工程专业主要指建筑施工图、结构施工图）、图样会审纪要、标准图集等。其中图样会审纪要是设计人员进行设计意图的技术交底，参加建设的各方人员均应共同参加图样的会审，并做出相应的会审纪要。会审纪要是施工图的补充，是编制施工图预算的重要依据。

（2）经批准的施工组织设计文件　包括施工方案、施工进度计划、施工现场平面布置及各项技术措施等。施工组织设计文件是编制施工图预算的重要依据之一。

（3）施工现场勘察及测量资料

（4）建筑工程预算定额及相应的地区单位估价表　这是进行工程量计算、编制预算的主要依据。

（5）各地区颁发的材料预算价格、工程造价信息及材料调价通知等　材料价格受工程所在地不同、材料来源不同、运输距离及运输方式不同的影响，价格的差别及可变幅度较大，因此，必须按不同情况分别确定合理的材料预算价格，才能比较合理地反映工程造价。

（6）国家或各省、市、地区颁发的费用定额或取费标准　工程间接费随地区不同，其取费标准也不同。根据国家规定，各地区都按地区特点制定了建筑工程间接费用定额，定额规定了各项费用取费标准。这些标准是确定工程预算造价的基础。

（7）工程承包协议或招标文件　它明确了施工单位承包的工程范围，应承担的责任权利和义务。

（8）常用的各种数据、计算公式、材料换算表、各类常用标准图集及各种必备的工具书等。

二、施工图预算的编制原则

施工图预算是建设单位控制单位工程造价的重要依据，也是施工企业及建设单位实现工程价款结算及决算的重要依据。施工图预算的编制工作是一项细致而繁琐的工作，因此编制施工图预算必须遵循以下原则：

1）必须实事求是地计算工程量及工程造价，做到既不高估、冒算，又不漏算、少算。

2）必须充分了解工程情况及施工工艺，做到工程量计算准确，定额套用合理。

3）必须认真执行国家及各省、市、地区的各项现行规范、政策及各项具体规定和有关调整变更通知。

三、施工图预算的编制步骤和方法

土建施工图预算编制步骤一般是按照施工图预算的编制依据，结合工程的实际情况先划分拟编制预算工程的项目分项，按照预算定额中各分项工程量计算说明及计算规则计算出各分部、分项工程量，然后将所计算的工程量进行汇总，同时将同类项目编排在同一分部，以便于套用定额，最后再进行工料分析、计算各类费用。

（一）收集、熟悉有关文件和资料

（1）收集编制施工图预算和基础文件及有关资料　如施工图及设计说明、施工组织设计文件，现行有关规范、预算定额、地区单位估价表、费用定额、材料预算价格等。

（2）熟悉、掌握预算定额中的有关规定　建设工程预算定额是确定工程造价的主要依据，能否正确应用预算定额及其规定是工程量计算的基础，因此必须熟悉现行预算定额的全

部内容与子目划分，了解和掌握各分部工程的定额说明以及定额子目中的工作内容、施工方法、计算单位、工程量计算规则等。

（3）阅读及审查设计图样及设计说明　设计图样和设计说明是编制预算的依据，图样和说明书反映或表达了工程的构造、做法、材料等内容，并为编制工程预算、结合预算定额确定分项工程项目，选择套用定额子目，取定尺寸和计算各项工程量提供了重要数据。因此，必须对设计图样和设计说明书进行阅读和审查。

审查图样和说明书的重点，是检查图样是否齐全，是否具备设计要采用的标准图集，图示尺寸是否有错误。建筑图、结构图、细部大样和各种相应图样之间是否相互对应。

土建工程阅读及审查图样顺序要求如下：

1）总平面图。了解新建工程的位置、地上及地下障碍物、地形、地貌等情况。

2）基础平面图。掌握基础工程的做法、基础底标高、各轴线净空、外边线尺寸、管道及其他布置等情况，结构节点大样、首层平面图，核对轴线、基础墙身、楼梯基础等部位的尺寸。

3）建筑施工图。包括各层平面、立面、剖面、楼梯详图、特殊布置等。要核对其室内开间、进深、层高、檐高、屋面做法、建筑配件细部尺寸有无矛盾，要逐层逐间核对。

4）结构施工图。包括各层平面图、节点大样、结构部件及梁（板、柱）配筋图等，结合建筑平、立、剖面图，对结构尺寸、总长、总高、分段长、分层高、大样详图、节点标高、构件规格数量等数据进行核算；有关构件的标高和尺寸必须交圈对口，以免发生差错。

（4）了解和掌握施工组织设计有关的内容　预算编制人员应到施工现场了解施工条件、周围环境、水文地质条件等情况，还应掌握施工方法、施工机械配备、施工进度安排、技术组织措施及现场平面布置等与施工组织设计有关的内容，这些都是影响工程造价的因素。

总之，预算编制人员通过熟悉图样，要达到对该建筑物的全部构造、构件连接、材料做法、装饰要求及特殊装饰等都有一个清晰的认识，为编制工程预算创造条件。

（二）正确划分分项工程项目，排列预算子目

在掌握图样、施工组织设计及定额的基础上，要正确划分预算分项，按从下到上，先框架后细部的顺序排列工程预算项目。对于建筑工程，其顺序一般为先按基础工程、打桩工程、砖石工程、脚手架工程、混凝土及钢筋工程、木制作工程、楼地面工程、屋面工程、装饰工程、金属结构工程、耐酸防腐、保温、隔热工程、构筑物、室外工程等划分分部工程，然后每个分部再按分项分别划分子目。

（三）准确计算各分项工程量

计算工程量是一项工作量很大而又十分细致的工作。工程量的编制是预算的基本数据，计算的精确程度不仅直接影响到工程造价，而且影响与之关联的一系列数据，如计划、统计、劳动力、材料等。

1. 工程量计算要求

（1）计量单位

1）物理计算单位通常采用法定计量单位，长度以 mm（毫米）和 m（米）为单位，如踢脚线的计量单位；面积以 m^2（平方米）为单位，如建筑面积的计量单位；体积以 m^3（立方米）为单位，如混凝土工程的计量单位；重量以（t）吨为单位，如金属结构工程的计量单位。

2）自然计量单位通常采用十进位自然数计算，如个、樘、台、根、榀、套和组等计量单位。

（2）计算精度　一般施工图设计文件的标志尺寸主要有两种：标高以 m 为单位，其他尺寸以 mm 为单位，在计算工程量时，均应换算成以 m 为单位，在工程量计算过程中，一般要保留三位小数，其计算结果要保留两位小数。

2. 工程量的计算

要根据图样所标的尺寸、数量以及附有的构件明细表来计算。一般应注意下列几点：

1）要严格按照定额规定的工程量计算规则，结合图样尺寸进行计算，不能随意加大或缩小各部位的尺寸。

2）为了便于核对，计算工程量时一定要注明层次、部位、轴线编号及断面符号。通常在列计算式计算体积时，断面面积在前面，长在后面。计算式要力求明了，按一定顺序排列，填入工程量计算表以便查实。

3）尽量采用图中已通过计算注明的数量和附表，如门窗表、预制构件表、钢筋表等。必要时查阅图样进行核对。

4）计算时要防止重复计算和漏算。在比较复杂的工程或工作经验不足时，最容易发生的是漏项漏算。因此在动手前先看懂图样，弄清各页图样的关系及细部说明。一般也可以依照施工顺序，由上而下，由外而内，由左而右，事先草列分部分项名称，依次进行计算。在计算中发现有新的项目，随时补充进去，防止遗忘。也可以采用分页图样逐张清算的办法；也可以先减少一部分图样数量，集中精力计算比较复杂的部分。

3. 工程量计算顺序

（1）计算建筑面积　建筑面积是工程预算的重要指标，具有独立概念和作用，并且是计算其他工程量的主要依据，如计算综合脚手架工程量等。

（2）计算基础工程量　一般土建工程基础形式主要有：条形基础、片筏基础和各种桩基础等形式，除桩基础外，其他基础工程多由挖基槽（坑）土方、做垫层、砌筑基础和回填等分项组成。

（3）计算混凝土及钢筋混凝土工程　混凝土及钢筋混凝土工程通常包括现浇混凝土、预制钢筋混凝土和预应力钢筋混凝土等项目。它与基础和墙体工程量密切相关，它们之间既相互依赖，又相互制约。

（4）计算门窗工程量　门窗工程既依赖墙体工程，又制约墙体工程，其工程量是墙体和装饰工程量计算的原始数据。

（5）计算墙体工程量　在计算墙体工程量时，一方面尽可能利用上述第（3）步和第（4）步提供的数据，另一方面要为装饰工程量计算准备数据。

（6）计算装饰工程量　在计算装饰工程量时，应充分利用上述第（3）、（4）、（5）步提供的数据，还要为楼地面工程量计算准备数据。

（7）计算楼地面工程量　首先要计算出设备基础和地沟等相应工程量，计算楼地面工程量时，可以顺利地扣除其相应面积或体积，既要充分利用上述第（5）、（6）步所提供的数据，还要为屋面工程量计算准备数据。

（8）计算屋面工程量　计算屋面工程量时应充分利用上述第（1）和第（7）步所提供数据。

（9）计算金属结构工程量　金属结构工程量通常与上述计算步骤关系不大，可以单独计算。

（10）计算其他工程量　其他工程量包括水槽、水池、楼梯扶手、栏杆、台阶、散水、坡道、花台等项目。对这些项目，均应按定额规定的计算规则分别计算。

4. 分项工程量的计算顺序

为加快工程量计算速度和提高计算质量，在同一分项工程内部的各组成部分之间，可采用以下工程量计算顺序。

（1）按顺时针方向计算　它是从施工图样左上角开始，按顺时针方向从左向右进行，当计算路线绕图一周后，再重新返回施工图左上角的工程量计算方法。该方法可用于土石方工程、砖石工程、楼地面工程和装饰工程等分部分项工程量计算。

（2）按横竖分割计算　它采用从左至右、先横后竖、从上到下的工程量计算顺序。在同一施工图样上，先计算横向上的工程量，后计算竖向上的工程量。在横向上采用先左后右，从上到下的计算顺序；在竖向上采用先上后下，从左到右的计算顺序。该方法可用于基础和墙体等工程量计算。

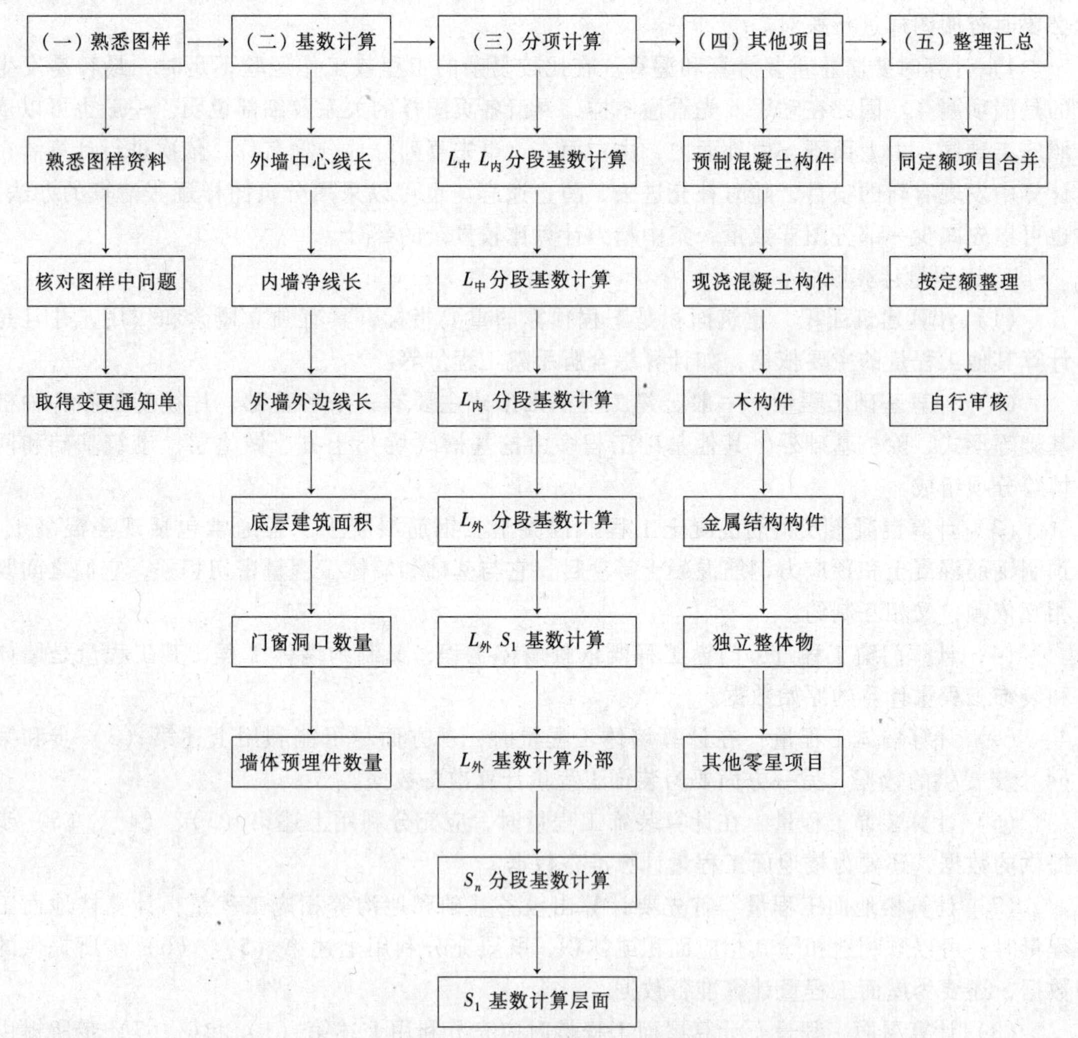

图 10-1　工程量计算步骤图

$L_中$—外墙中心线长度　$L_内$—内墙净长线长度　$L_外$—外墙外边线长度

S_1—底层净面积　S_n—二层及二层以上各层净面积

（3）按构件编号计算　它是按结构构件编号顺序计算工程量的方法，主要用于金属结构和钢筋混凝土结构等工程的结构构件工程量计算。

（4）按图样轴线编号计算　对于造型或结构复杂的工程，为工程量计算和审核方便，可按施工图样轴线编号顺序计算工程量。该方法可用于墙体工程量计算。

5. 工程量计算步骤图

工程量计算步骤图如图 10-1 所示。

四、确定分项工程单价和直接费

1. 正确套用定额单价

在工程量计算完成核实无误后，即可套用定额单价。在套用定额单价时，应注意以下几点：

1）分项工程的工作内容，材料选用、规格、型号和计量单位必须与所套用的定额子目完全一致。

2）施工图样中的施工方法、工作内容、材料规格、品种数量与定额不同时，如定额说明中规定可进行换算或调整时，要按定额中有关规定换算或调整。

3）对于施工图设计中内容与定额内容不一致，且定额中规定不允许换算的项目，应重新编制补充定额或单位估价表。

2. 填列分项工程单价

通常按照预算定额顺序或施工顺序，在工程预算表上逐项填列分项工程单价。

3. 确定分项工程直接费

分项工程直接费按以下公式计算：

分项工程直接费 = 预算定额单价 × 分项工程工程量

五、费用计取及土建工程预算造价计算

按照费用定额及地区有关规定，正确计取工程费并计算土建工程预算造价。

1. 确定工程直接费

工程直接费，可由下式确定：

$$A = A_1 + A_2$$

式中　A——工程直接费（元）；

A_1——定额直接费用，由单价表直接费和其他费用组成（元）；

A_2——其他直接费（元）。

2. 确定工程间接费

工程间接费，可由下式确定：

$$B = B_1 + B_2$$

式中　B——工程间接费（元）；

B_1——施工管理费（元）；

B_2——其他间接费（元）。

3. 确定计划利润

计划利润可由下式确定：

$$C=(A+B)K_c$$

式中 C——计划利润（元）；

K_c——计划利润率，可由间接费用定额查得。

4. 确定其他费用

其他费用可由下式确定：

$$D=D_1+D_2$$

式中 D——其他费用（元）；

D_1——“其他费用”中不包括远地施工增加费和临时设施费（元）；

D_2——远地施工增加费和临时设施费（元）。

5. 确定税金

税金项目，可由下式确定：

$$E=(A+B_1+C+D_1)K_E$$

式中 E——税金（元）；

K_E——税金率，由间接费用定额确定。

6. 确定一般土建工程预算造价

$$Y=A+B+C+D+E$$

式中 Y——土建工程预算造价（元）。

六、计算单位工程技术经济指标

在单位工程预算造价确定后，应当结合工程特点计算各项指标。其计算公式为

$$技术经济指标=\frac{工程预算造价}{规定计量单位的工程量}$$

七、进行工料分析

工料分析是在各分部分项工程中，根据定额中的单位用工量及材料消耗量乘以各分项工程的工程量，计算汇总出各分项工程的用工量及材料消耗量的方法。由于在编制预算过程中，材料调整及材料和人工差价的计算需要以工料分析的结果为基础，同时施工企业管理和经济核算也要以工料分析为依据，因此工料分析在施工图预算中就显得十分重要。

（一）工料分析的作用和内容

1. 工料分析的作用

1）工料分析是编制预算时，进行材料调整、材料及人工差价计算的依据。

2）工料分析是施工企业内部管理过程中编制施工计划、安排生产及劳动力分配的依据。

3）工料分析是材料管理部门编制材料计划、储备材料、安排订货的依据。

4）工料分析是进行成本核算及经济分析的基础。

2. 工料分析的内容

施工图预算中，工料分析的内容主要包括分部工程工料分析表、单位工程工料分析汇总表和有关文字说明等。

（二）工料分析的步骤和方法

1. 分项工程的工料分析

每一个分部工程都由许多分项工程组成，因此只要将各分项工程的用工料进行汇总，就得到分部工程的工料总量。其方法是：从预算定额中查出分项工程项目各种工料的单位定额、用工料数量，再分别乘以相应分项工程工程量。

其中：人工消耗 = ∑（每一分项定额用工量 × 分项工程工程量）

某种材料消耗量 = ∑（该材料定额用量 × 含该材料的分项工程工程量）

2. 工料的数量分析

（1）配合比材料数量分析　在砖石工程、混凝土及钢筋混凝土工程、楼地面工程和装饰工程等分部工程中，一般只能查出砂浆和混凝土的定额消耗量，为计算出各种配合比材料用量，要根据砂浆和混凝土的强度等级，由预算定额的砂浆及混凝土配合比表查出砂子、石子、水泥和水的单位体积用量，再把它乘以相应砂浆或混凝土的消耗量，最后算出砂子、石子、水泥和水的消耗量。

（2）构件和制品数量分析　主要包括工厂制作和现场安装的各种构件和制品，如预制钢筋混凝土构件、金属结构构件、门窗和五金以及各种建筑制品等项目。

（3）装饰工程数量分析　装饰工程的工料分析要根据建筑工程预算定额及其工程量，按照抹灰项目和油漆项目分别计算和汇总。

3. 编制分部工程的工料分析表

当所有分项工程的人工和材料消耗量都算出后，就应以分部工程为对象进行汇总，编制出分部工程工料分析表。

4. 编制单位工程的工料分析汇总表

完成上述各个分部工程工料分析表后，就应以单位工程为对象，分别将人工和材料汇总，最后得到单位工程人工和材料分析汇总表。

八、编写编制说明

编制说明中主要内容有工程情况、工程造价、技术经济指标、工程预算选用的标准文件、参考文件及编制中需要说明的问题等。

第三节　建筑工程施工图预算成果

本实例根据设计说明和设计施工图（图 10-2 ~ 图 10-20），其定额采用《××省建筑工程综合预算定额》和《××省建筑安装工程费用定额》，具体见表 10-1 ~ 表 10-3。

建筑设计总说明

一、建设单位：某开发公司

二、工程名称：昌盛小区2#楼

三、工程地址：某城市

四、工程概况：

本工程为六层住宅楼，砖混结构，总建筑面积为2939.28m²。

五、本建筑设计方案经建设单位多次讨论修改、审定后方可进行施工图设计。

六、本工程采用标准图集：

1. 98系列建筑标准设计图集。

2. 推拉铝合金窗92SJ-713。

3. 铝合金地弹簧门92SJ-607。

4. 平开铝合金门92SJ-605。

七、门窗及油漆工程：

1. 该楼外立面窗为双层推拉铝合金窗，窗框为银白色，每个开启扇设纱扇一个。一层窗设护窗栏杆做法详见98J6-63-1（注：双层铝合金窗中间贴瓷砖）。

2. 单元门为镶板门，刷棕色调和漆两道，户门设三防门，内门为夹板门，刷白色调和漆两道。

八、外装修做法均见立面图标注，内装修做法详见室内装修表。

九、该楼二层以上外挑阳台全部为封闭阳台，栏板为40mm厚砂浆板，内外均抹20mm厚1:2.5水泥砂浆。

十、本工程所有预留孔洞、预埋木砖及预埋铁件均应按图样准确留埋；预留孔洞不得后凿，预埋木砖及预埋铁件均应做防腐处理。安装时土建需做好配合施工。

十一、构造柱位置详见结施图，配电箱位置详见电施平面图标注。

十二、室外散水，台阶均增设300mm厚中砂防冻层。

十三、楼梯栏杆扶手均为木扶手，金属栏杆做法详见98J8-9。

十四、楼梯踏步、休息平台及室外楼梯为水泥砂浆面层。

十五、一层住宅室内标高为±0.000，本图中除标高以m计外，其余均以mm计。除特别说明外，各部分做法均按国家有关现行规范、规定执行。

室内装修表

房间名称	地　面	楼　面	踢　脚	内墙面	顶　棚	窗台板
卧室、客厅、餐厅	98J1-61-13-B	98J1-76-12(30) 30mm厚面层用户自理	98J1-54-2 120mm高与墙取平	98J1-37-7取消做法1，面层改为满刮腻子两道	98J1-85-5取消做法1，两层改为满刮腻子两道	1:2.5水泥砂浆抹窗台板
厨房	98J1-61-13-B	98J1-76-12(30) 30mm厚面层用户自理		98J1-45-35	98J1-85-5取消做法1，面层改为满刮腻子两道	1:2.5水泥砂浆抹窗台贴瓷砖
卫生间、厕所	98J1-61-13-B	98J1-77-14(90) 40厚混凝土垫层向地漏找坡，30mm厚面层用户自理		98J1-45-35	98J1-85-5取消做法1，面层改为满刮腻子两道	1:2.5水泥砂浆抹窗台贴瓷砖
楼梯间	98J1-61-13 水泥地面	98J1-73-1	98J1-54-2 120mm高与墙取平	98J1-37-7取消做法1，面层改为满刮腻子两道	98J1-85-5取消做法1，面层改为满刮腻子两道	1:2.5水泥砂浆抹窗台板

图　10-2

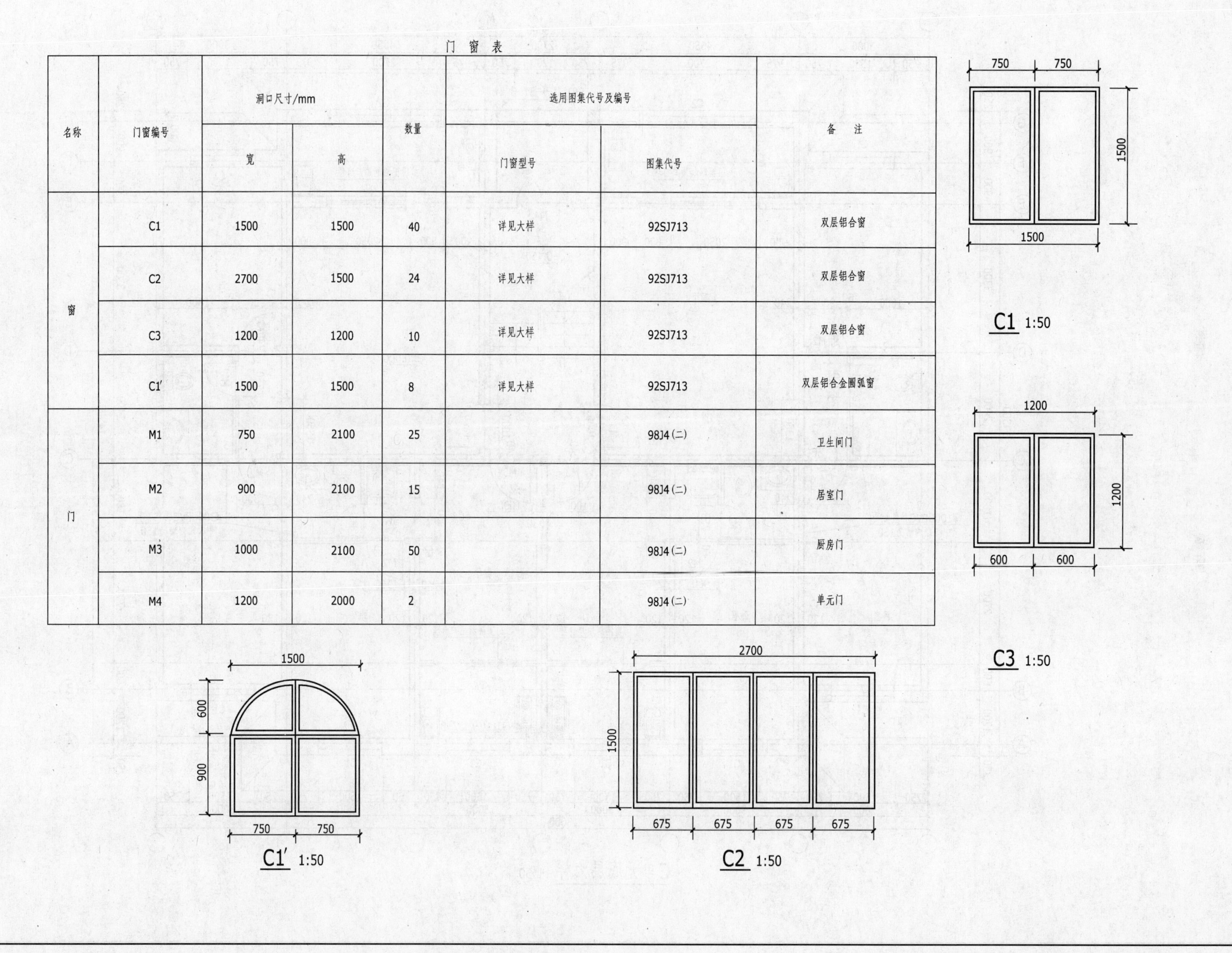

门 窗 表

名称	门窗编号	洞口尺寸/mm		数量	选用图集代号及编号		备 注
		宽	高		门窗型号	图集代号	
窗	C1	1500	1500	40	详见大样	92SJ713	双层铝合窗
	C2	2700	1500	24	详见大样	92SJ713	双层铝合窗
	C3	1200	1200	10	详见大样	92SJ713	双层铝合窗
	C1′	1500	1500	8	详见大样	92SJ713	双层铝合金圆弧窗
门	M1	750	2100	25		98J4（二）	卫生间门
	M2	900	2100	15		98J4（二）	居室门
	M3	1000	2100	50		98J4（二）	厨房门
	M4	1200	2000	2		98J4（二）	单元门

图 10-3

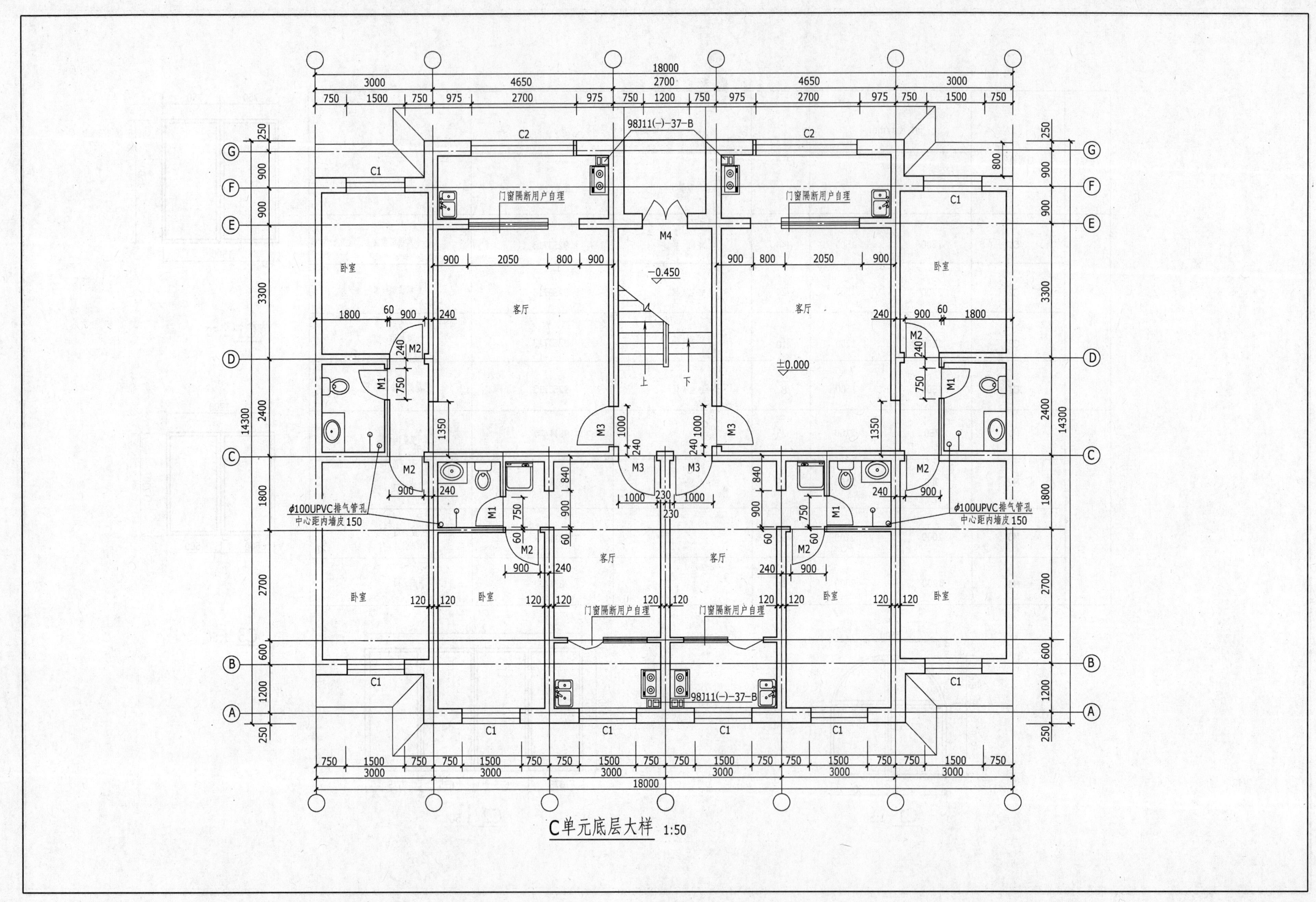

C单元底层大样 1:50

图 10-4

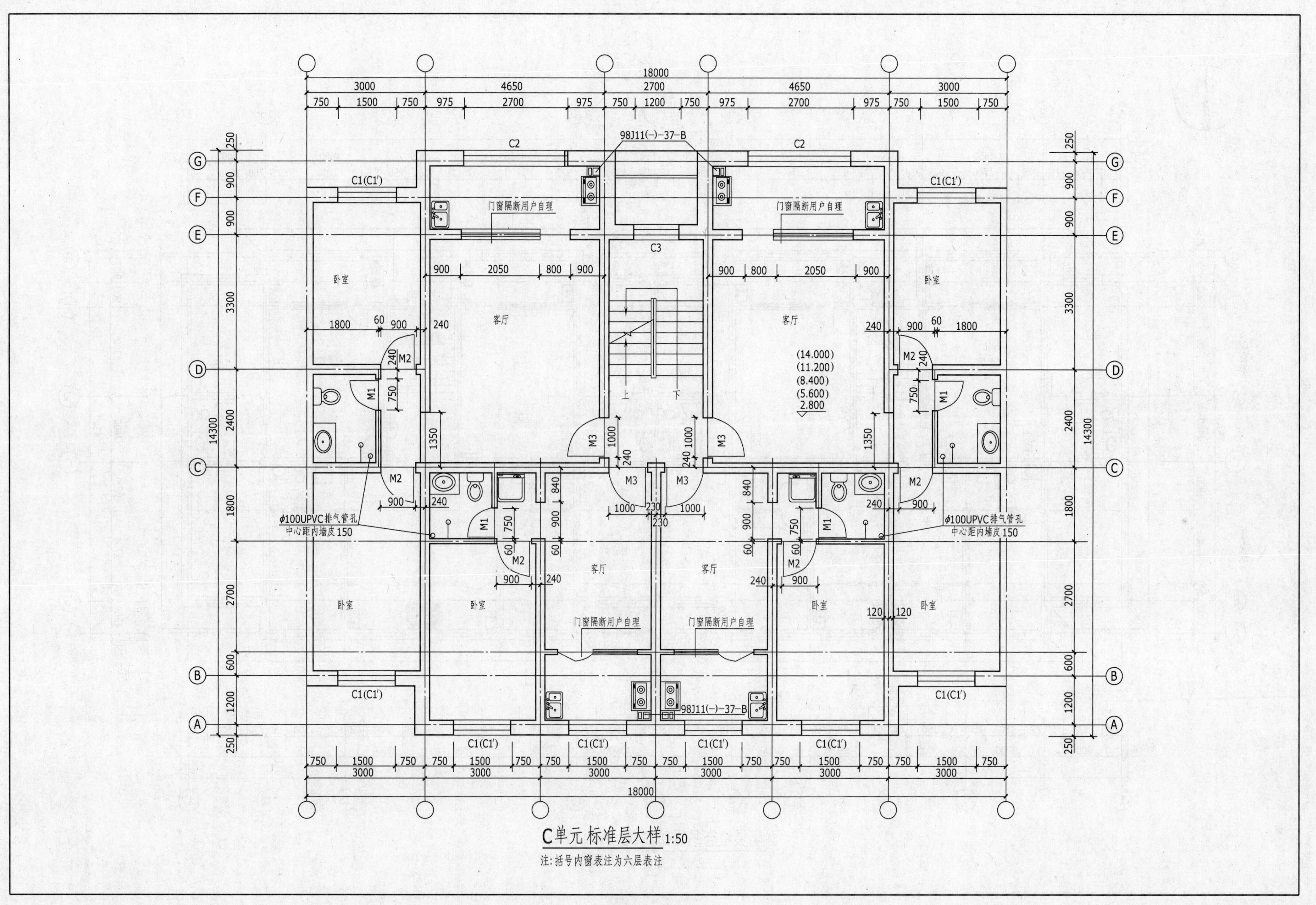

C单元标准层大样 1:50
注:括号内窗表注为六层表注
卧室
客厅
门窗隔断用户自理
98J11(一)-37-B
φ100UPVC排气管孔
中心距内墙皮150

图 10-5

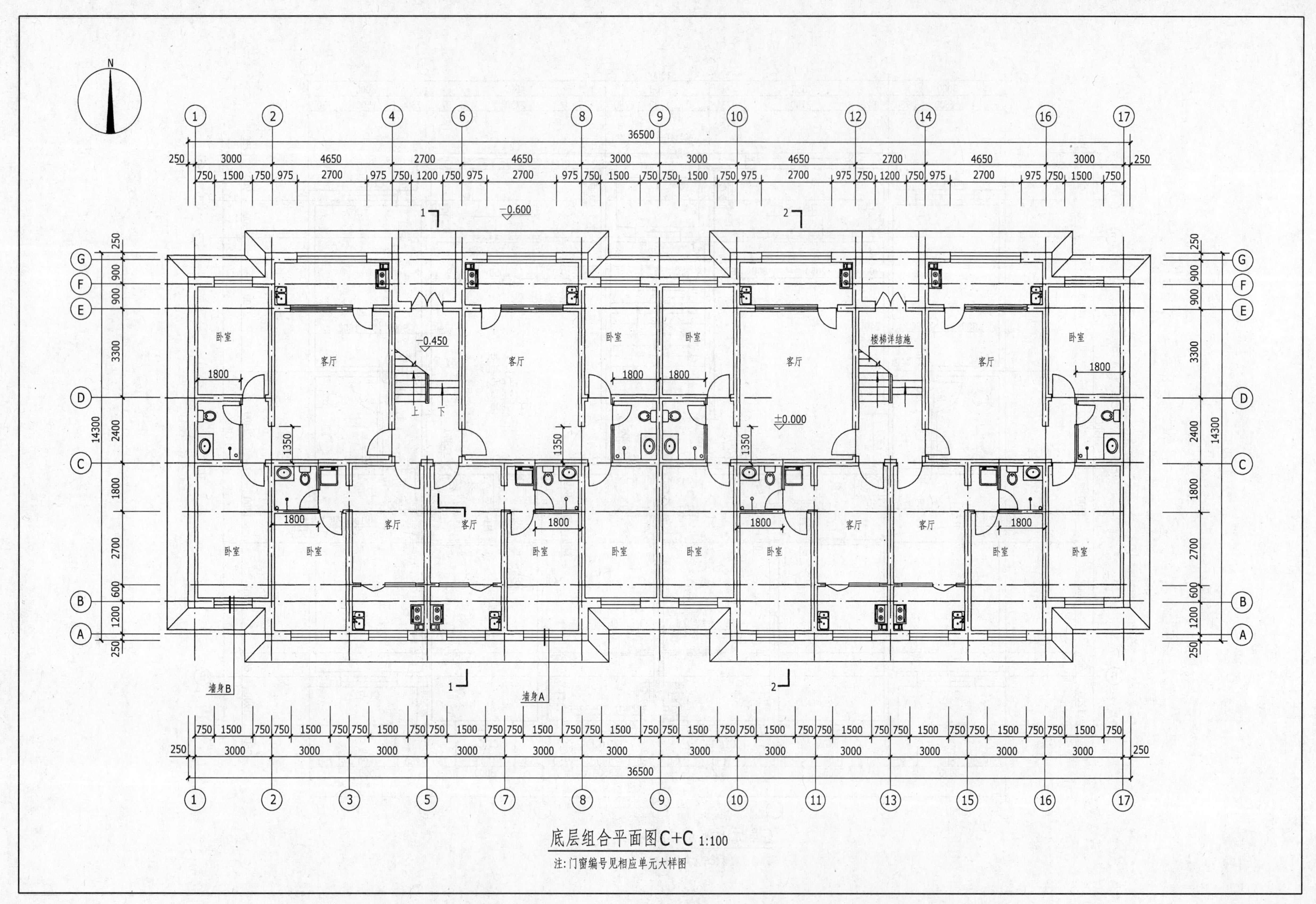

图 10-6

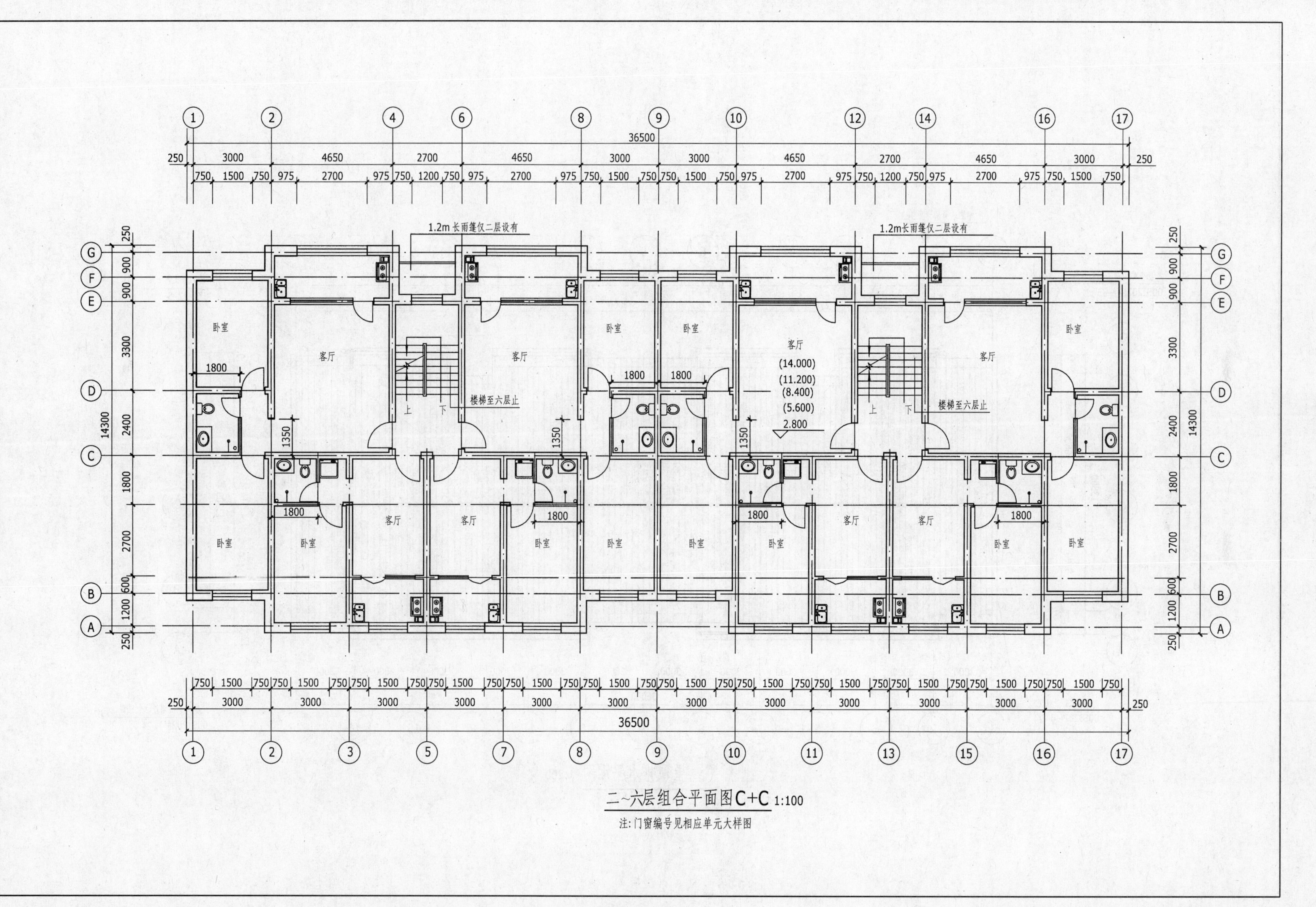

1.2m长雨篷仅二层设有
卧室
客厅
楼梯至六层止
上
下
(14.000)
(11.200)
(8.400)
(5.600)
2.800
36500
14300
二~六层组合平面图C+C 1:100
注:门窗编号见相应单元大样图

图 10-7

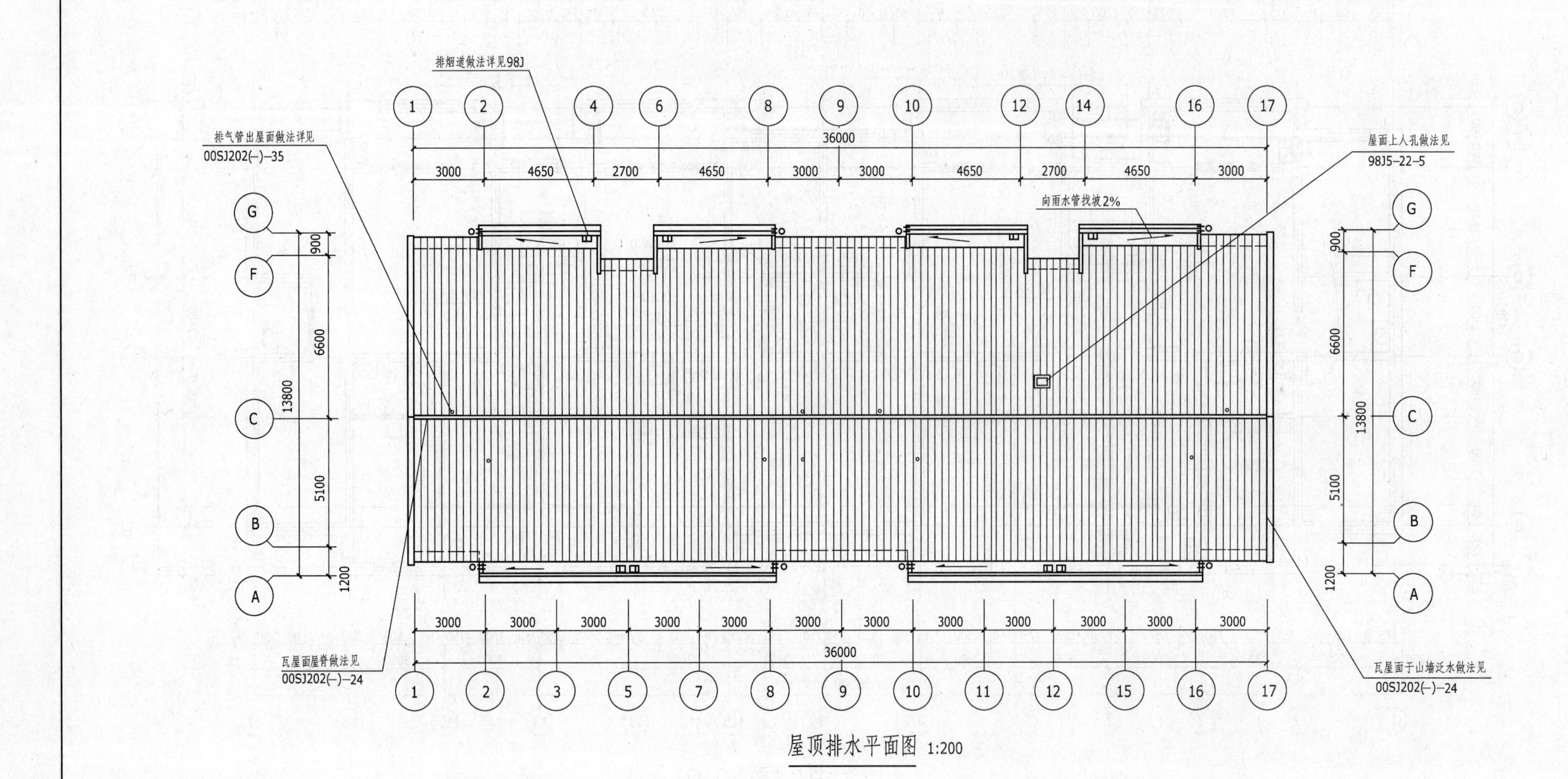
排烟道做法详见98J
排气管出屋面做法详见
00SJ202(一)-35
屋面上人孔做法见
98J5-22-5
向雨水管找坡2%
瓦屋面屋脊做法见
00SJ202(一)-24
瓦屋面于山墙泛水做法见
00SJ202(一)-24
36000
3000
4650
2700
13800
6600
5100
1200
900
屋顶排水平面图 1:200

图 10-8

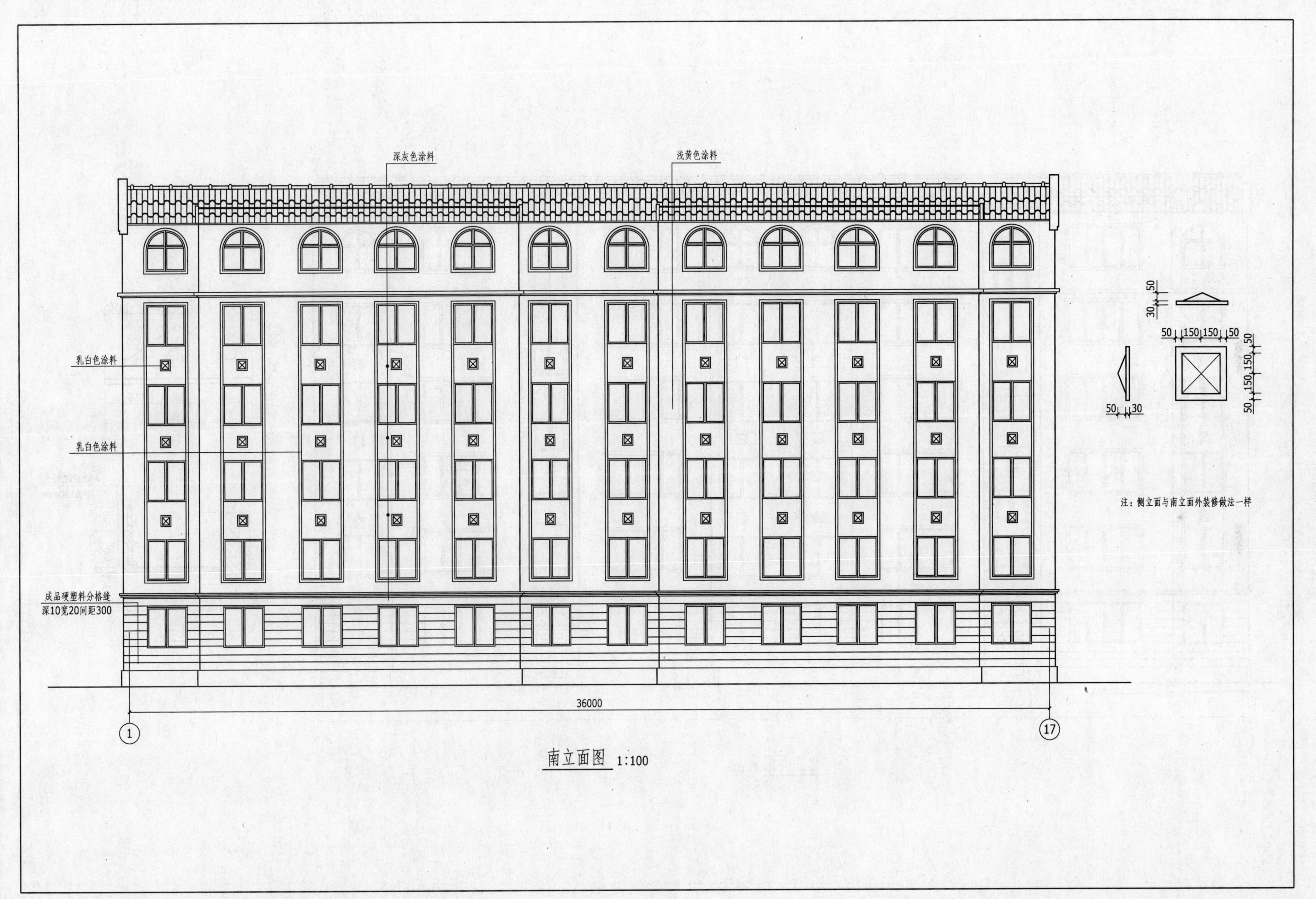
深灰色涂料
浅黄色涂料
乳白色涂料
乳白色涂料
成品硬塑料分格缝
深10宽20间距300
36000
1
17
南立面图 1:100
50
30
50 150 150 50
50
150
150
50
50 30
注：侧立面与南立面外装修做法一样

图 10-9

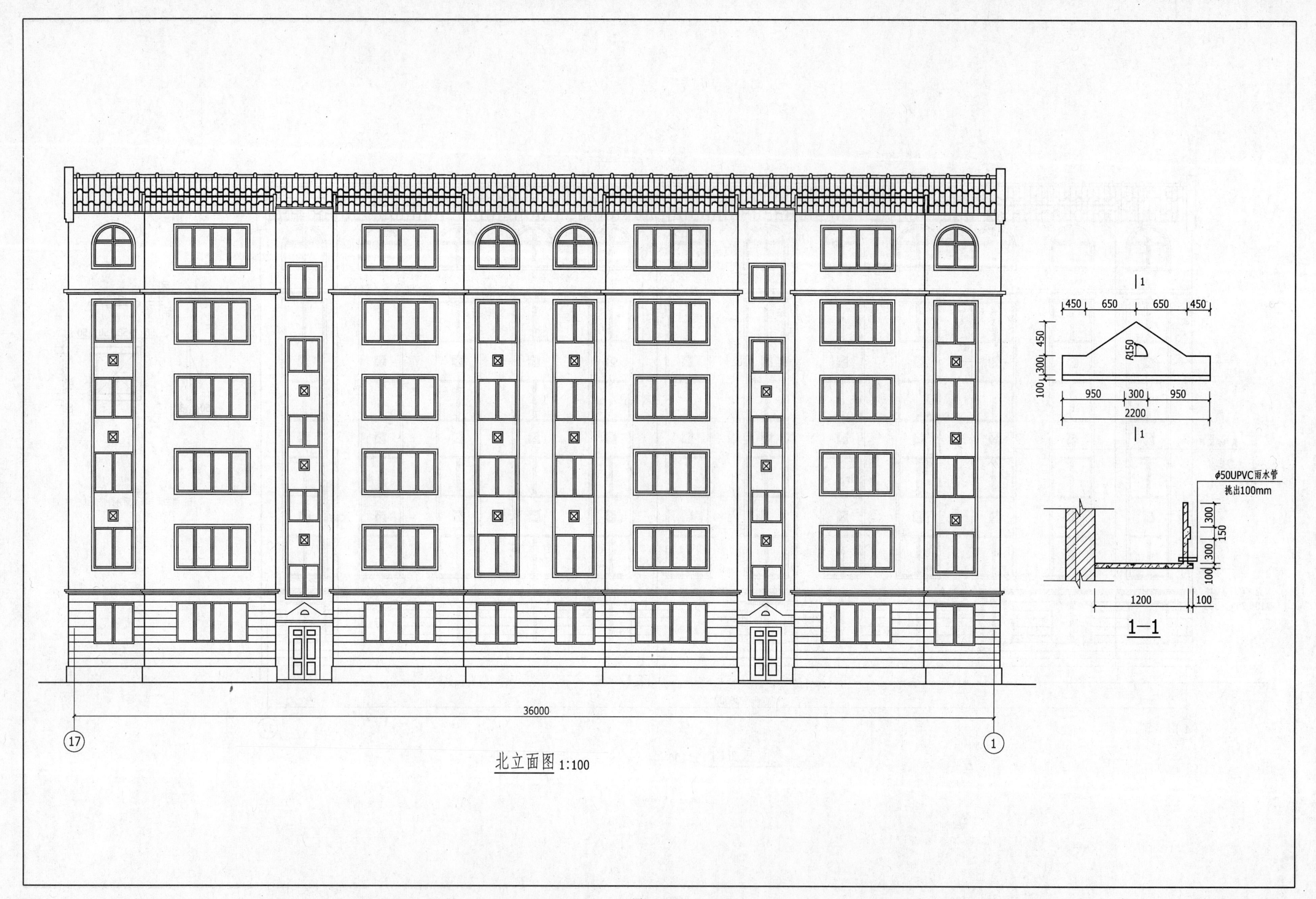
450
650
650
450
R150
300
100
950
300
950
2200
1
ϕ50UPVC雨水管
挑出100mm
300
150
300
100
1200
100
1—1
36000
17
1
北立面图 1:100

图 10-10

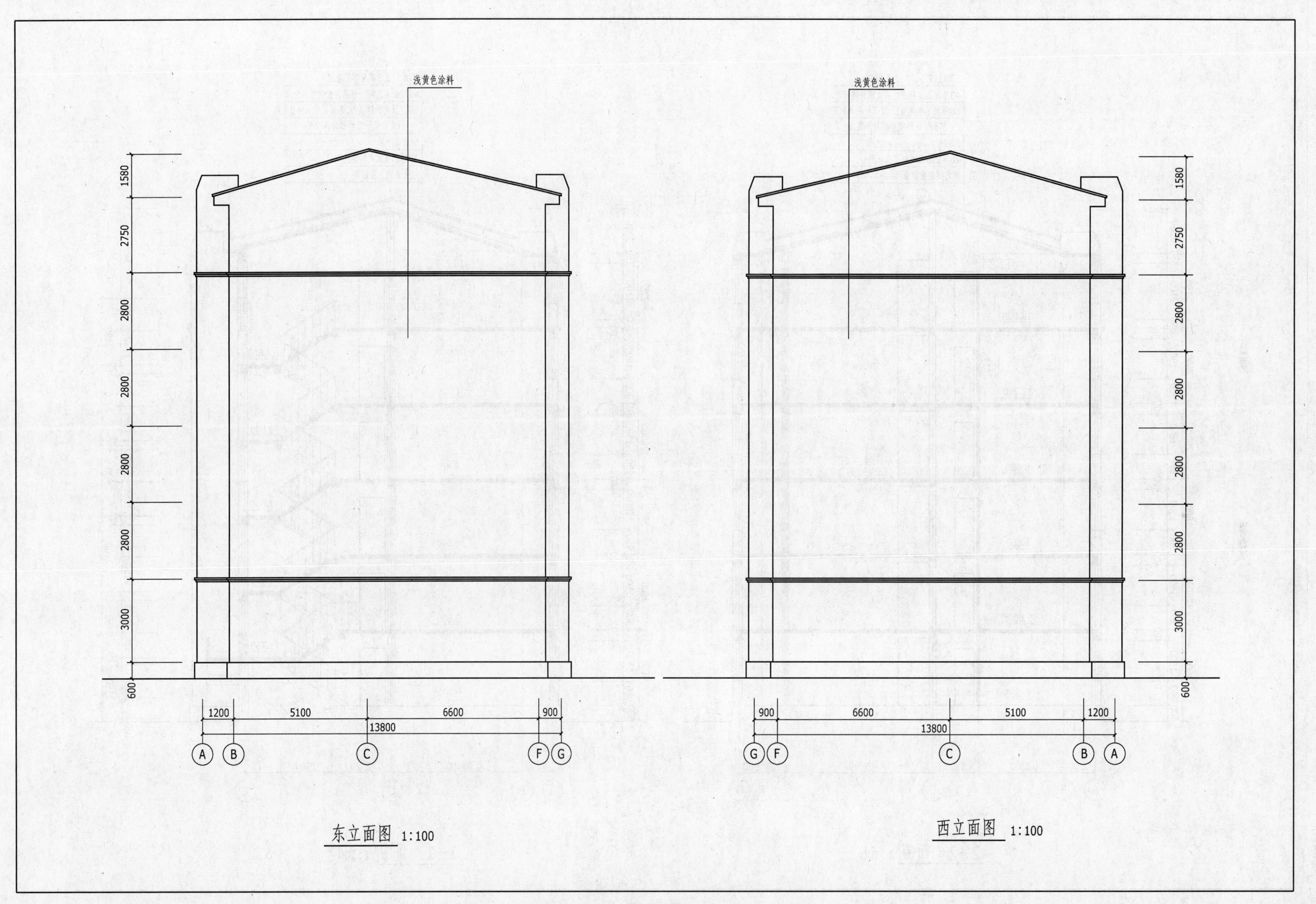
浅黄色涂料
浅黄色涂料
1580
2750
2800
2800
2800
2800
3000
600
1200
5100
6600
900
13800
A
B
C
F
G
900
6600
5100
1200
13800
G
F
C
B
A
东立面图 1:100
西立面图 1:100

图 10-11

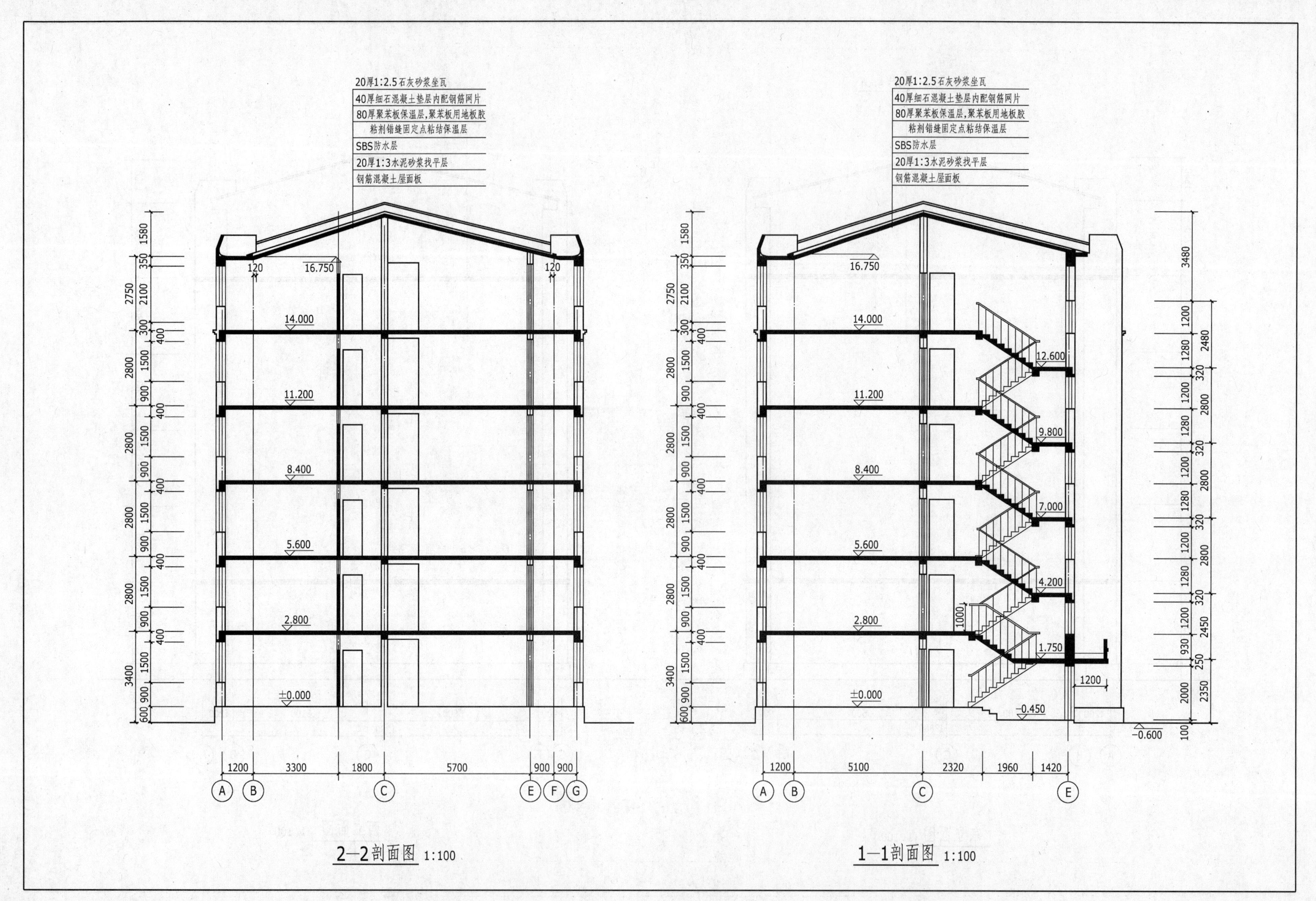
20厚1:2.5石灰砂浆坐瓦
40厚细石混凝土垫层内配钢筋网片
80厚聚苯板保温层,聚苯板用地板胶
粘剂错缝固定点粘结保温层
SBS防水层
20厚1:3水泥砂浆找平层
钢筋混凝土屋面板
16.750
14.000
11.200
8.400
5.600
2.800
±0.000
12.600
9.800
7.000
4.200
1.750
-0.450
-0.600
2—2剖面图 1:100
1—1剖面图 1:100

图 10-12

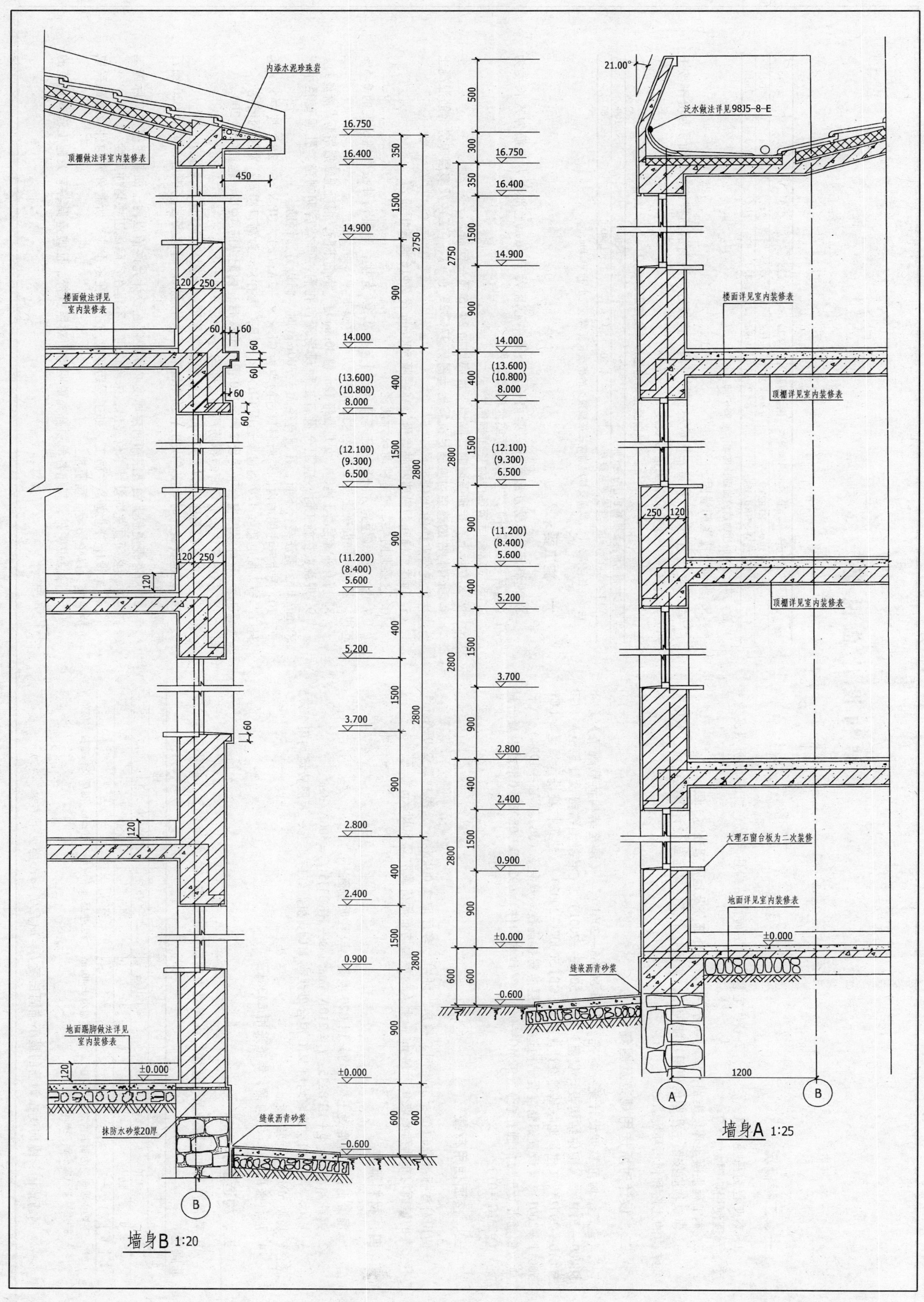
内添水泥珍珠岩
顶棚做法详室内装修表
楼面做法详见
室内装修表
地面踢脚做法详见
室内装修表
抹防水砂浆20厚
缝嵌沥青砂浆
墙身B 1:20
泛水做法详见98J5-8-E
21.00°
楼面详见室内装修表
顶棚详见室内装修表
大理石窗台板为二次装修
地面详见室内装修表
墙身A 1:25
16.750
16.400
14.900
14.000
(13.600)
(10.800)
8.000
(12.100)
(9.300)
6.500
(11.200)
(8.400)
5.600
5.200
3.700
2.800
2.400
0.900
±0.000
-0.600
500
300
350
1500
900
400
600
2750
2800
1200
450
250
120
60

图 10-13

结构设计总说明

一、工程概况

1. 本工程为昌盛小区（二期）2号住宅楼，六层砖混结构住宅楼，抗震设防烈度为8度，合理使用期限为50年。

2. 本工程混凝土环境类别：室内部分一级，室外部分及地下部分为二级（b）。

3. 建筑物应按图中注明的使用功能使用，未经技术部门鉴定或设计单位许可，不得改变结构的用途和使用环境。

二、设计时所选用规范及图集

《建筑结构可靠度设计统一标准》（GB 50068—2001）、《建筑结构荷载规范》（GB 50009—2001）、《砌体结构设计规范》（GB 50003—2001）、《混凝土结构设计规范》（GB 50010—2002）、《建筑地基基础设计规范》（GBJ 50007—2002）、《建筑抗震设计规范》（GB 50011—2001）、《设置钢筋混凝土构造柱多层砖房抗震技术规程》（JGJ/T 13—1994）、《预应力钢筋混凝土短向圆孔板》（92MG—01）、《地沟构件》（92MG—08）、《钢筋混凝土过梁》（92MG—07）。

三、楼面使用荷载

使用荷载标准值取值：卫生间、厨房、卧室、客厅取2.00kN/m^2，楼梯取2.0kN/m^2；不上人的屋面均布活荷载取0.7kN/m^2，上人的屋面均布活荷载取2.50kN/m^2。

四、材料强度

1. 混凝土：所有混凝土构件均采用C20混凝土（注明者除外）。

2. 钢筋和型材：Φ—HPB235：$f_y=210\text{N/mm}^2$，Φ—HRB335：$f_y=300\text{N/mm}^2$。

3. 砌体：一～四层砖墙均用M10混合砂浆砌MU10机制红砖。五、六层砖墙均用M7.5混合砂浆砌MU10机制红砖。

4. 埋件采用Q235结构钢，焊条采用E4301。

五、构造要求

1. 构件（不包括圈梁及构造柱）纵向受力钢筋保护层按以下要求设置，且不应小于主筋直筋。

环境类别		板、墙、壳		梁		柱	
		≤C20	C25～C45	≤C20	C25～C45	≤C20	C25～C45
一		20	15	30	25	30	25
二	b	—	20	—	35	—	35

注：基础中纵向受力钢筋的混凝土保护层厚度不应小于40mm，当无垫层时不应小于70mm，圈梁及构造柱钢筋的保护层厚度不应小于15mm。

2. 钢筋锚固：纵向受拉钢筋的最小锚固长度 $l_a=a(f_y/f_t)d$，详见下表。

钢筋种类 ＼ 混凝土强度等级	钢筋直径	C20	C25	C30	C35	≥C40
光面钢筋Φ—HPB235	$d=6\sim25$	$31d$	$27d$	$24d$	$22d$	$20d$
带肋钢筋Φ—HRB335	$d\leqslant25$	$39d$	$33d$	$30d$	$27d$	$25d$

注：圈梁及构造柱钢筋的锚固长度均详见98G363。

3. 纵向受拉钢筋锚固

纵向受拉钢筋绑扎搭接长度应根据位于同一连接区段内的钢筋搭接接头面积百分率按下列公式计算：纵向受拉钢筋搭接长度 $l_1=Ql_a$

纵向受拉钢筋搭接长度修正系数 Q

纵向受拉钢筋搭接头面积百分率（%）	≤25	50	100
纵向受拉钢筋搭接长度修正系数 Q	1.20	1.40	1.60

注：在任何情况下，纵向受拉钢筋绑扎搭接接头的搭接长度均不应小于300mm。

六、施工要求

1. 现浇板下部受力钢筋伸入梁内长度至梁中心且大于$5d$，上部受力钢筋伸入长度为$30d$（包括弯折部分），连续配筋或注明者除外。

2. 板下部短向钢筋应在长向钢筋之下。

3. 凡在板上直接砌隔墙时，隔墙下板底均加2Φ16通长钢筋。

4. 所有构件的连接均应满足抗震构造图集97G329（一）、（二）及多层砖房钢筋混凝土构造柱抗震节点详图98G363。

5. 顶层楼梯间的横墙和外墙沿墙高每隔500mm设2Φ16通长钢筋。

6. 过梁遇圈梁、构造柱时改为现浇。

7. 梁、板（短跨方向）大于等于4m时宜按0.3%起拱，悬挑构件按悬挑长度的0.5%起拱。悬挑构件混凝土强度等级达到100%方可拆摸。

8. 所有外露混凝土挑檐、女儿墙每12m留30mm缝，钢筋不断，混凝土断后用沥青麻丝封。

9. 现浇板在施工时，应配合设备工种现场预留孔洞，严禁后期剔凿。孔洞直径小于300mm时，钢筋绕行不断，孔洞直径大于300mm时，洞边另加钢筋。

10. 图中未注明的内、外墙洞口过梁均为GL××—2A（a），GL××—2B，其中××为洞口净宽。配电箱及120墙过梁选用GL××—1B，其中××为洞口净宽，宽度同墙宽。

11. 一层外纵墙窗台下均设240×180混凝土腰带，内配纵筋4Φ12，箍筋Φ6@200。

12. 图中现浇板的负弯矩钢筋所注长度均为轴线一侧长度。

13. 与构造柱相连的小于180mm的墙垛改为素混凝土同构造柱同时浇注。

14. 现浇板留孔时应按有关工种预先留准，不得后凿。管道安装完毕后，采用C20细石混凝土填实。

15. 所有现浇板上的垫层和面层厚度必须控制在设计允许值以内，如某些部位实际施工确有困难，必须预先向设计单位提出，未经许可，不得在实际施工中增加厚度。

16. 本设计未考虑冬季施工，如工程跨年度施工，在冬季应对所有外露构件及基础采取防护措施，以免影响工程质量。

17. 除总说明外，其他各单项补充说明均须对照执行，且应遵循各有关施工验收规范的具体规定。

图 10-14

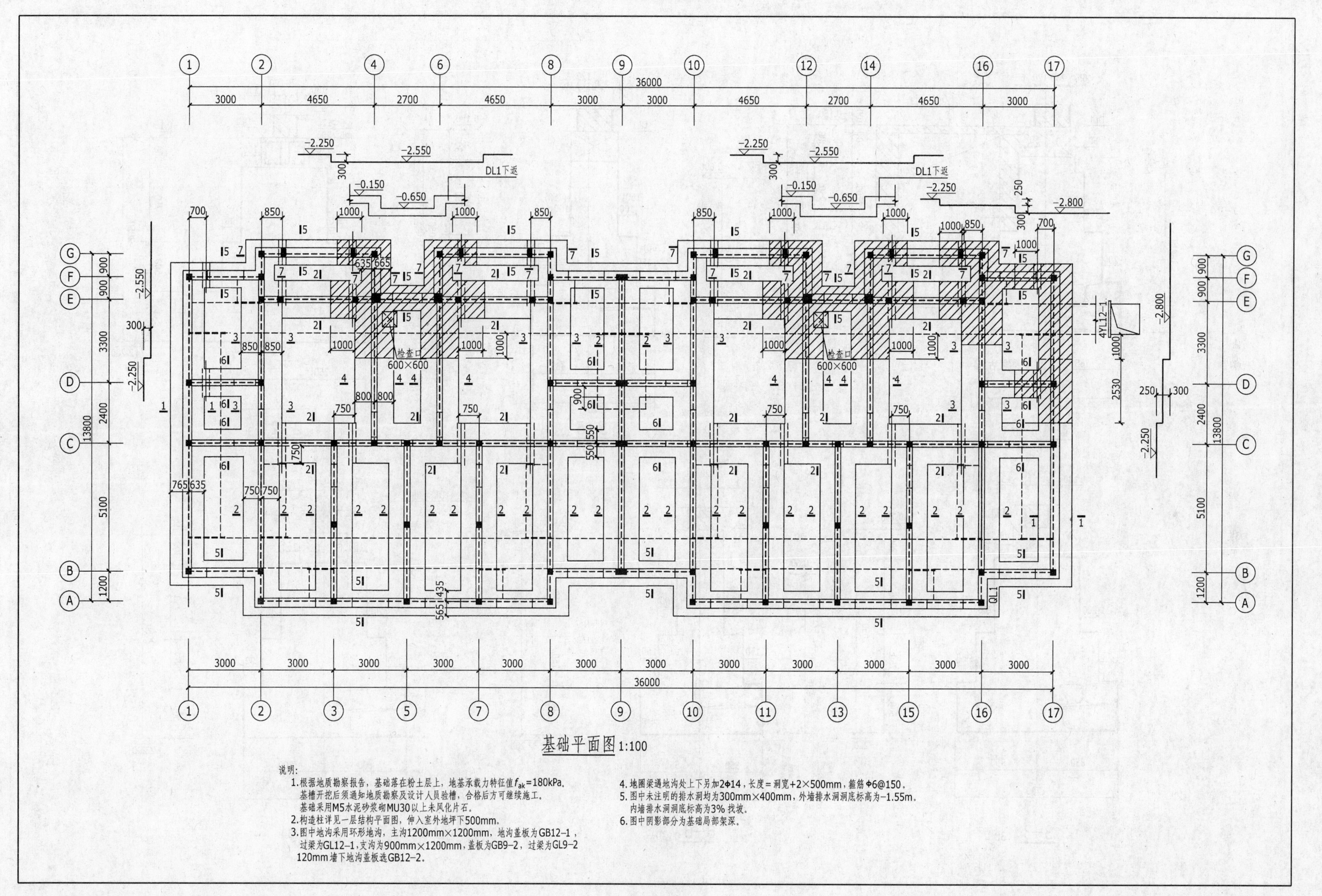
基础平面图 1:100
说明:
1.根据地质勘察报告，基础落在粉土层上，地基承载力特征值f_{ak}=180kPa。
基槽开挖后须通知地质勘察及设计人员验槽，合格后方可继续施工。
基础采用M5水泥砂浆砌MU30以上未风化片石。
2.构造柱详见一层结构平面图，伸入室外地坪下500mm。
3.图中地沟采用环形地沟，主沟1200mm×1200mm，地沟盖板为GB12-1，
过梁为GL12-1，支沟为900mm×1200mm，盖板为GB9-2，过梁为GL9-2
120mm墙下地沟盖板选GB12-2。
4.地圈梁遇地沟处上下另加2Φ14，长度=洞宽+2×500mm，箍筋Φ6@150。
5.图中未注明的排水洞均为300mm×400mm，外墙排水洞洞底标高为-1.55m。
内墙排水洞洞底标高为3% 找坡。
6.图中阴影部分为基础局部架深。

图 10-15

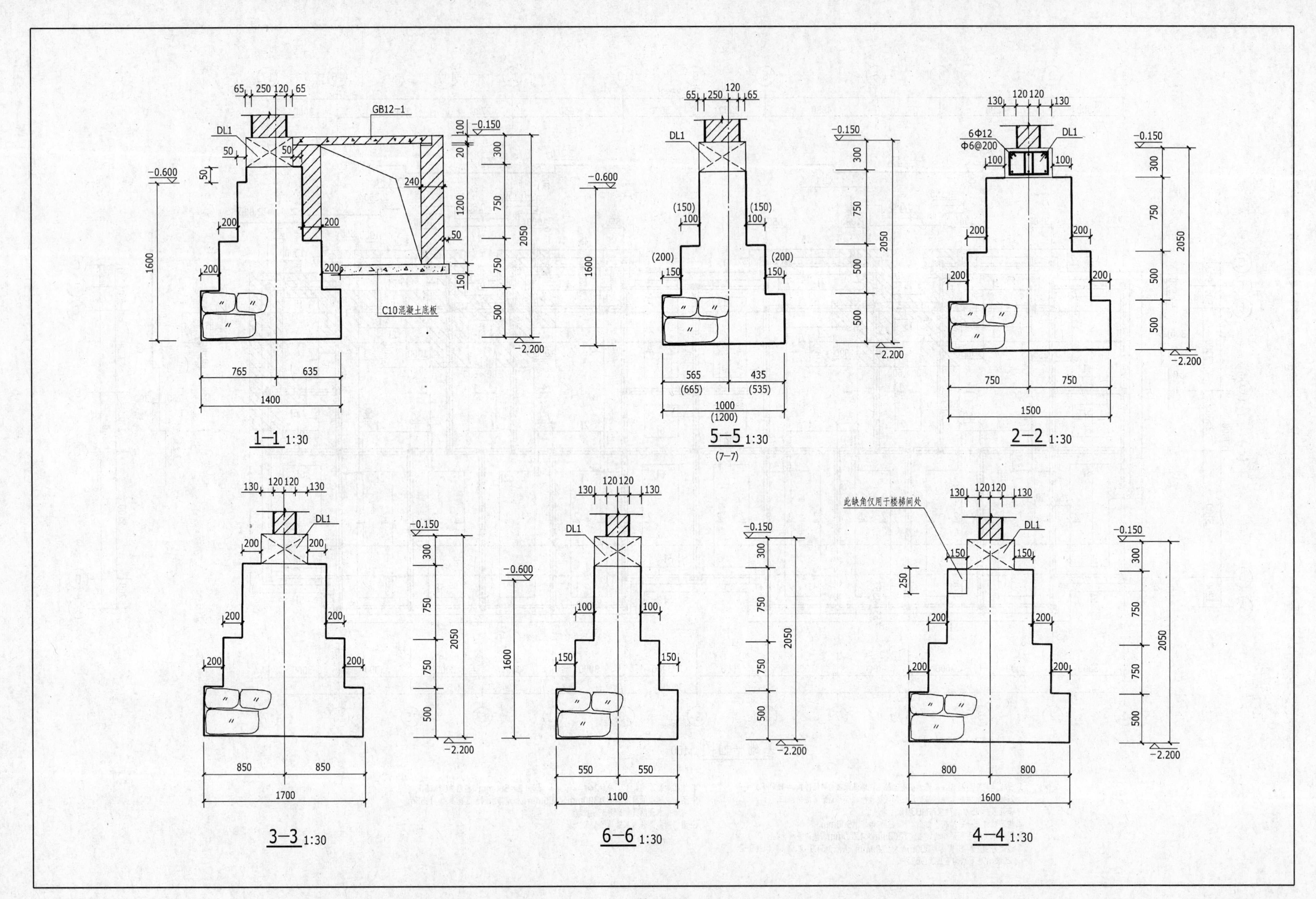
1—1 1:30
5—5 1:30
(7—7)
2—2 1:30
3—3 1:30
6—6 1:30
4—4 1:30
GB12—1
DL1
C10混凝土底板
此缺角仅用于楼梯间处
6Φ12
Φ6@200
-0.600
-0.150
-2.200

图 10-16

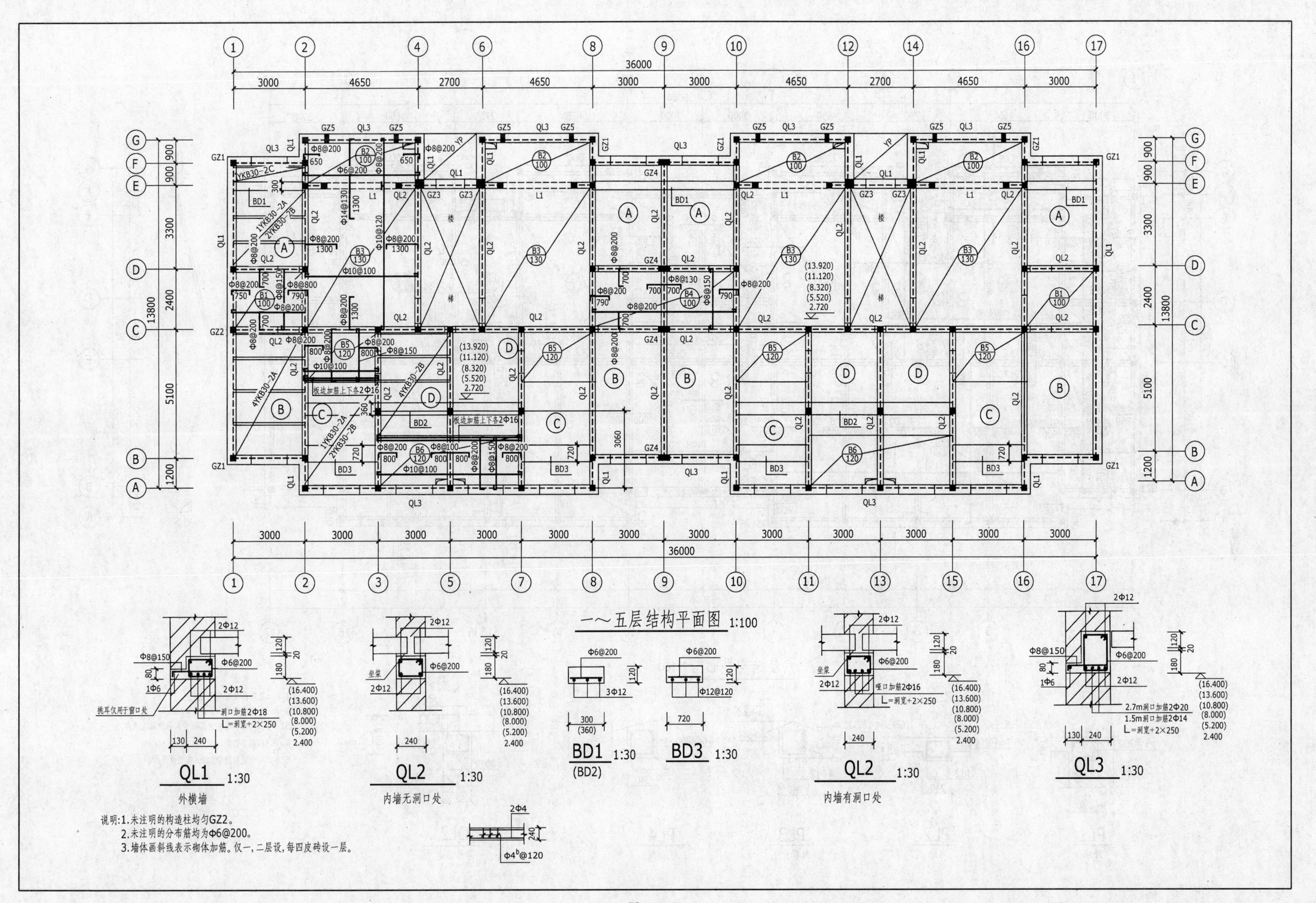
一～五层结构平面图 1:100
QL1 1:30
外横墙
QL2 1:30
内墙无洞口处
QL2 1:30
内墙有洞口处
QL3 1:30
BD1 1:30
(BD2)
BD3 1:30
说明:1.未注明的构造柱均为GZ2。
2.未注明的分布筋均为Φ6@200。
3.墙体画斜线表示砌体加筋。仅一、二层设，每四皮砖设一层。
36000
3000
4650
2700
13800
3300
2400
5100
1200
900
板边加筋上下各2Φ16
挑耳仅用于窗口处
洞口加筋2Φ18
L=洞宽+2×250
坐浆
2.7m洞口加筋2Φ20
1.5m洞口加筋2Φ14
(16.400)
(13.600)
(10.800)
(8.000)
(5.200)
2.400

图 10-17

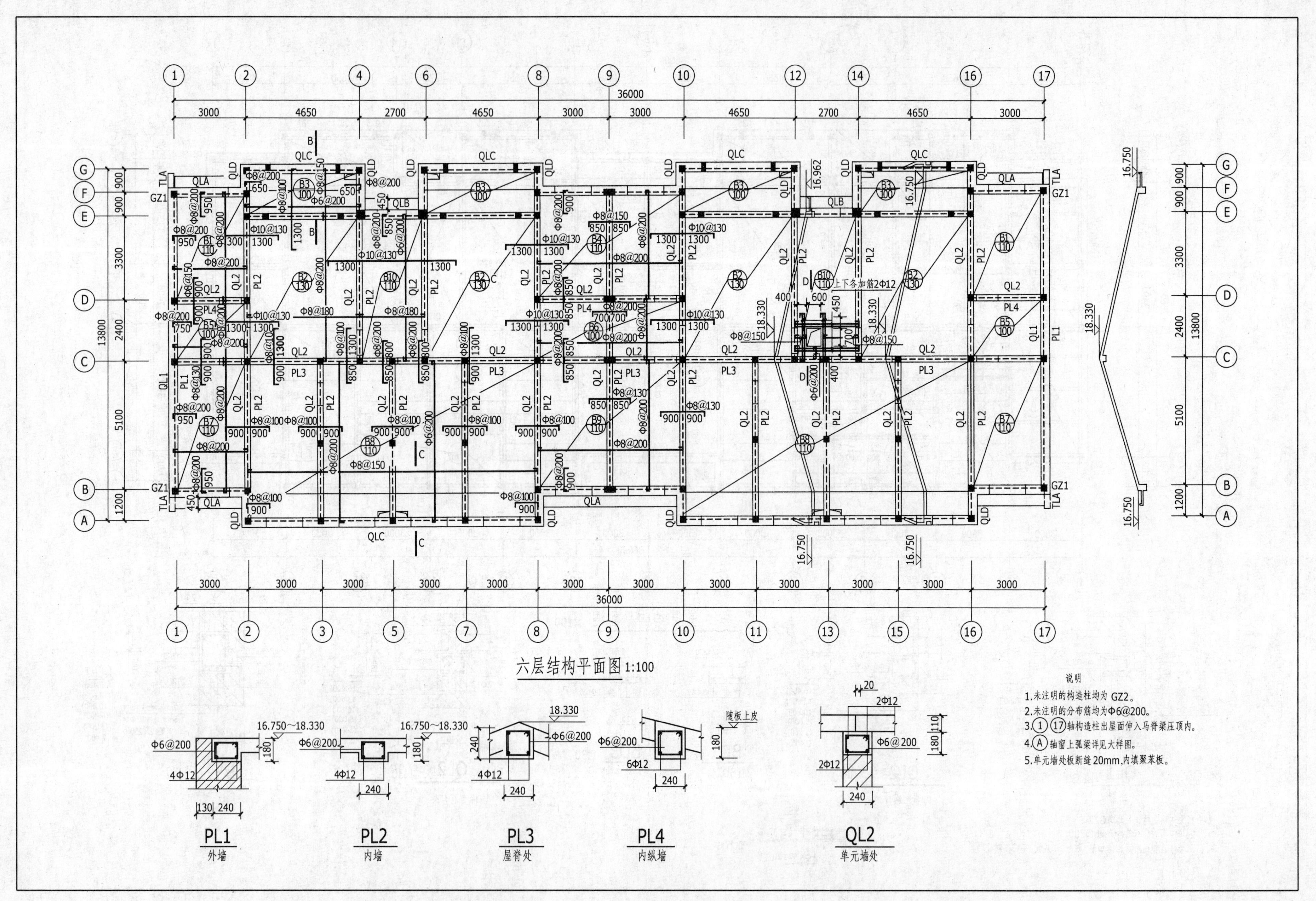

六层结构平面图 1:100
36000
3000
4650
2700
13800
QLA
QLB
QLC
QLD
TLA
GZ1
上下各加筋2Φ12
16.750
16.962
18.330
PL1
外墙
PL2
内墙
PL3
屋脊处
PL4
内纵墙
随板上皮
QL2
单元墙处
16.750~18.330
Φ6@200
4Φ12
6Φ12
2Φ12
说明
1.未注明的构造柱均为GZ2。
2.未注明的分布筋均为Φ6@200。
3.①⑰轴构造柱出屋面伸入马脊梁压顶内。
4.Ⓐ轴窗上弧梁详见大样图。
5.单元墙处板断缝20mm,内填聚苯板。

图 10-18

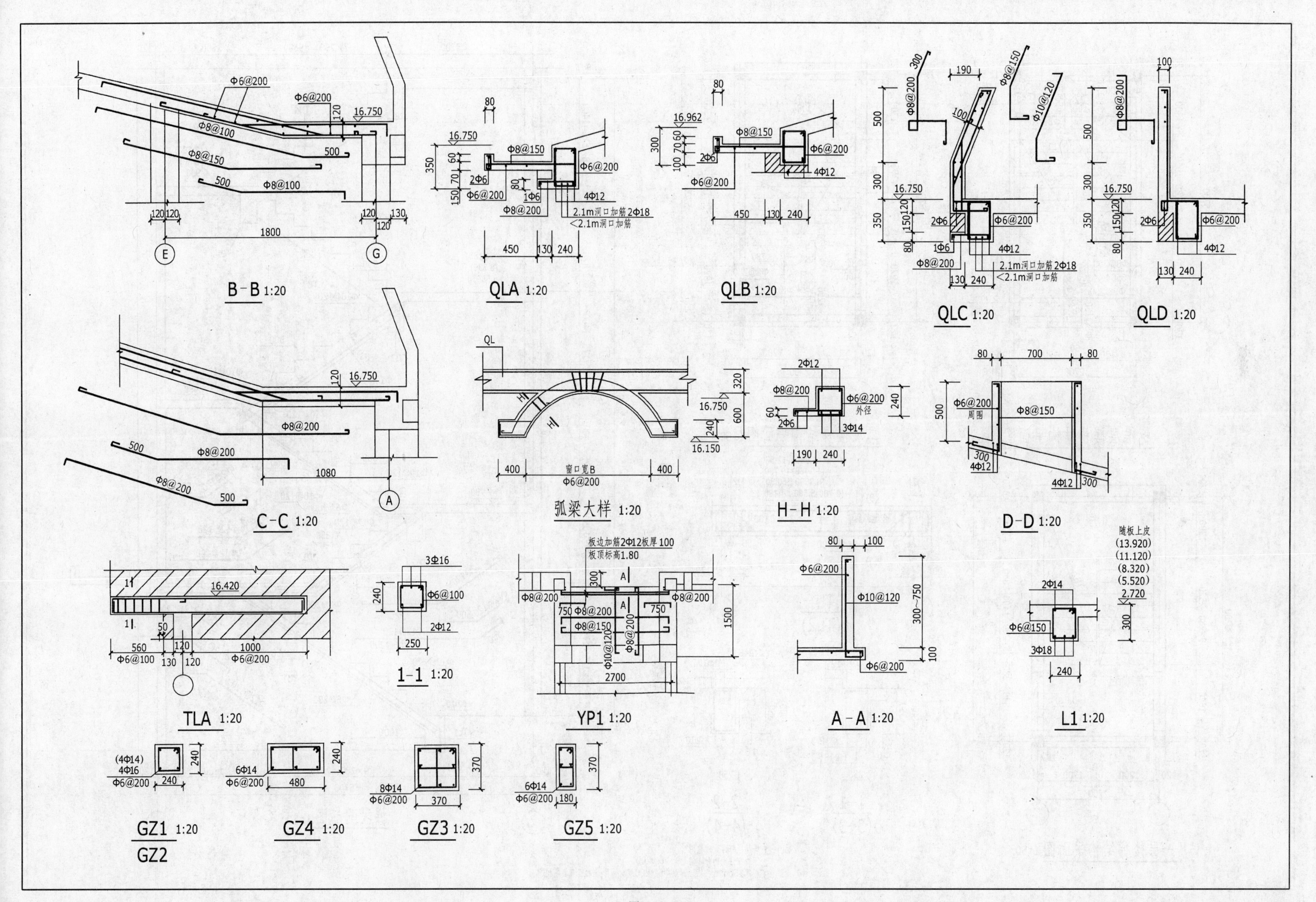

B-B 1:20
QLA 1:20
QLB 1:20
QLC 1:20
QLD 1:20
C-C 1:20
弧梁大样 1:20
H-H 1:20
D-D 1:20
TLA 1:20
1-1 1:20
YP1 1:20
A-A 1:20
L1 1:20
GZ1 1:20
GZ2
GZ4 1:20
GZ3 1:20
GZ5 1:20

图 10-19

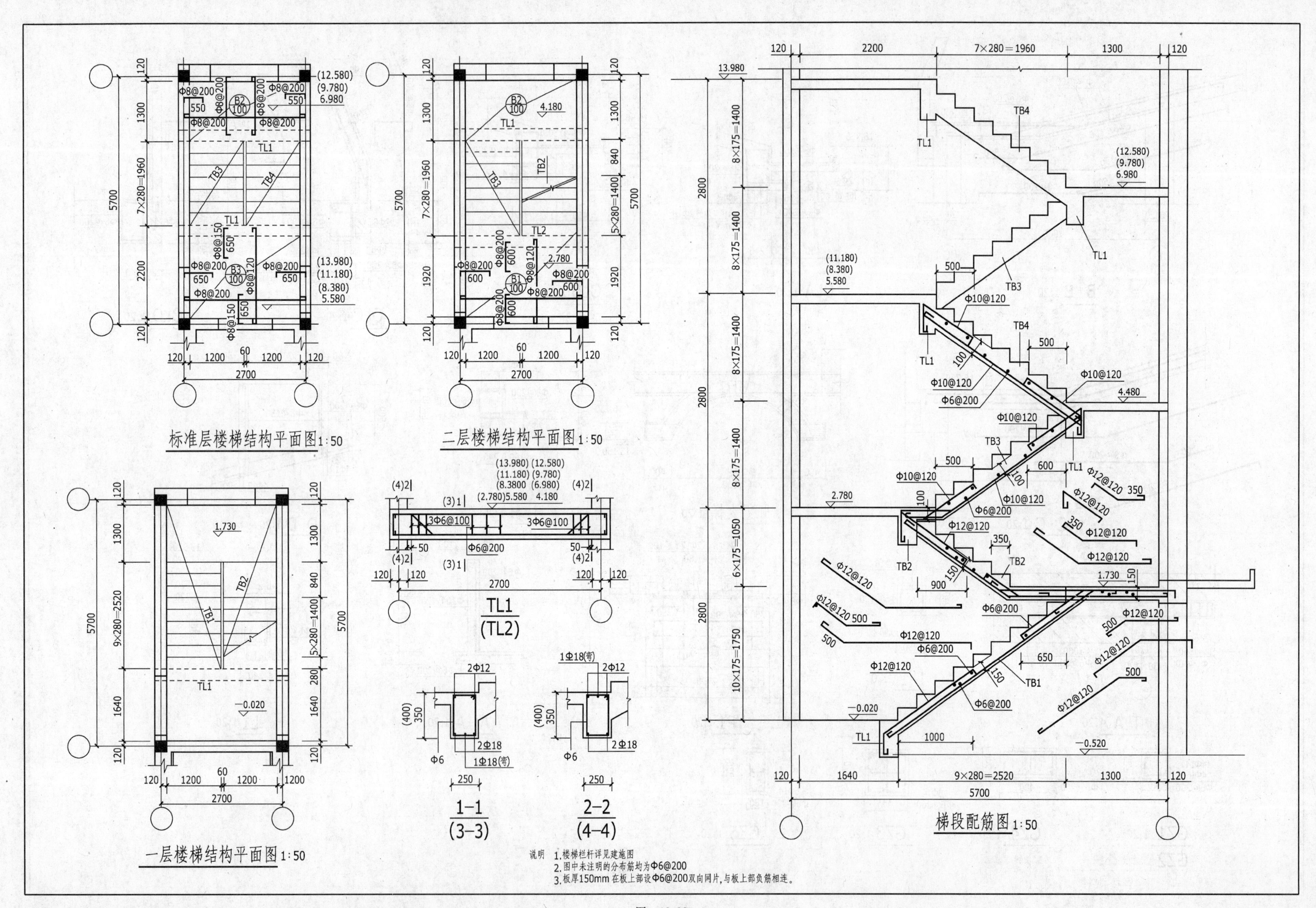
标准层楼梯结构平面图 1:50
二层楼梯结构平面图 1:50
一层楼梯结构平面图 1:50
梯段配筋图 1:50
TL1
(TL2)
1-1
(3-3)
2-2
(4-4)
说明 1.楼梯栏杆详见建施图
2.图中未注明的分布筋均为Φ6@200
3.板厚150mm 在板上部设Φ6@200双向网片，与板上部负筋相连。

图 10-20

表 10-1　建安工程预算书（费率计算部分）

工程名称：某住宅楼　　　　建筑面积：2939.28m²

序号	定额号	定额名称	计算公式	费率(%)	金额/元
1	A_1	定额直接费	按预算定额计算		1415036
2	B	定额人工费	按预算定额计算		264779
3	A_2	定额基价调整	A_1×费率	2.75	38913
4	A	定额直接费合计	A_1+A_2		1453949
5	C	综合取费	A×综合费率	15.32	222745
6		1. 雨期施工增加费	A×费率	0.1	1454
7		2. 安全文明措施费	A×费率	0.6	8724
8		3. 财务费用	A×费率	0.4	5816
9		4. 三项其他直接费	A×费率	0.6	8724
10		5. 临时设施费	A×费率	1	14539
11		6. 管理费	(1)+(2)	5.62	81712
12		(1)现场管理费	A×费率	3.12	45363
13		(2)企业管理费	A×费率	2.5	36349
14		7. 利润	A×费率	7	101776
15	D	材料价差调整	(3)+(4)		32146
16		(3)单项材料调整	明细附后		48139
17		(4)其他材料调整	A×系数	-1.1	-15993
18	E	定额测定费	(A+C+D)×费率	0.15	2563
19	F	劳动保险费	(A+C+D)×费率	3.5	59809
20	G	税金	(A+C+D+E+F)×税率	3.41	60398
21	H	合计	A+C+D+E+F+G		1831610
	I	建筑安装工程造价	壹佰捌拾叁万壹仟陆佰壹拾元整		1831610

表 10-2　建安工程预算书

工程名称：某住宅楼　　　　建筑面积：2939.28m²

序号	定额号	名称	单位	工程量	价格/(元/工程量)	直接费/元
1	59	平整场地	m²	731.880	0.90	659
2	60	基础钎探	m²	489.880	1.25	612
3	242 换	毛石带型基础	m³	442.750	109.15	48326
4	172	反铲挖掘机深度 4m 内一、二类土	m³	1021.390	1.93	1971
5	1×j2	人工挖土方(深度 1.5m 内)一、二类土	m³	113.490	7.35	834
6	53	回填土(夯填)	m³	680.500	7.66	5213
7	191	自卸汽车(12t)内运土 5000m 内	m³	454.380	17.85	8111
8	1038	基础垫层增挖运土	m³	183.390	27.35	5016
9	386	室内砖地沟红(青)砖	m³	59.510	281.02	16723
10	182	人工装卸土	m³	164.260	3.18	522
11	538	预制钢筋混凝土过梁	m³	0.620	882.42	547
12	554	预制钢筋混凝土地沟盖板	m³	14.420	670.98	9676
13	334 换	红(青)砖 1.5 砖单清外墙混合砂浆 M10-H-4	m²	1026.540	69.42	71262
14	334 换	红(青)砖 1.5 砖单清外墙混合砂浆 M7.5-H-4	m²	519.710	68.51	35605
15	329 换	红(青)砖 1 砖双混内墙混合砂浆 M10-H-4	m²	1587.130	48.51	76992
16	329 换	红(青)砖 1 砖双混内墙混合砂浆 M7.5-H-4	m²	793.560	47.94	38043
17	328 换	红(青)砖 0.5 砖双混内墙混合砂浆 M10-H-4	m²	186.300	30.90	5757
18	328 换	红(青)砖 0.5 砖双混内墙混合砂浆 M7.5-H-4	m²	93.150	30.67	2857
19	334 换	红(青)砖 1.5 砖单清外墙混合砂浆 M7.5-H-4	m²	20.590	68.51	1411
20	369	扣除嵌入墙体积红(青)砖		-239.160	143.89	-34412
21	486	钢筋混凝土构造柱	m³	132.350	535.30	70847
22	488	钢筋混凝土基础梁无底模	m³	42.710	615.40	26284
23	493	普形钢筋混凝土圈梁、过梁	m³	103.850	654.04	67922
24	508	钢筋混凝土平板厚 10cm 内	m³	30.170	636.48	19202
25	509	钢筋混凝土平板厚 10cm 外	m³	149.570	549.75	82226
26	577	预应力钢筋混凝土空心板钢模短向	m³	61.280	813.18	49831
27	489	钢筋混凝土单梁连续梁框架梁梁高 0.6m 内	m³	1.280	941.92	1206
28	491	钢筋混凝土圆弧形梁	m³	2.960	1066.56	3157
29	514	钢筋混凝土雨篷	m²	8.100	124.91	1012
30	517	钢筋混凝土挑檐天沟	m³	1.080	1320.18	1426
31	519	钢筋混凝土栏板混凝土	m³	6.110	1139.30	6961
32	512	钢筋混凝土普通整体楼梯	m²	134.320	180.08	24188
33	584	现浇构件钢筋调整Ⅰ级钢	t	35.121	2786.84	97877
34	585	现浇构件钢筋调整Ⅱ级钢	t	2.561	199.00	510
35	398	砌体钢筋加固	t	2.910	3261.13	9490
36	406	民用建筑及多层厂房综合脚手架 3.6m 以上	m²	2939.280	12.93	38005
37	589	预埋铁件制安	t	0.350	5843.75	2045
38	806	胶合板门制安	m²	211.680	16.07	3402
39	948	钢栅窗(护窗栏杆)	t	0.390	4190.22	1634
40	960	平开安全防盗门	m²	100.800	176.56	17797
41	1104	彩釉砖楼地面	m²	366.790	40.65	14910
42	1032	无筋混凝土垫层	m³	23.610	140.58	3319
43	1027	砾(碎)石灌浆垫层	m³	59.050	79.26	4680
44	1049	水泥砂浆地面带踢脚线	m²	26.860	7.89	212
45	1040	水泥砂浆找平层混凝土或硬基层面上厚度 20mm	m²	1704.900	5.35	9121
46	1045	细石混凝土找平层基本厚度 30mm	m²	129.050	7.02	906

（续）

序号	定额号	名　　称	单　位	工程量	价格/(元/工程量)	直接费/元
47	1046 × j2	细石混凝土找平层每增加5mm	m^2	129.050	2.24	289
48	1304换	聚氨酯涂膜二遍地面、其他面防潮	m^2	129.050	48.71	6287
49	1040	水泥砂浆找平层混凝土或硬基层面上厚度20mm	m^2	129.050	5.35	690
50	1050	水泥砂浆踢脚线	m	2177.640	1.79	3898
51	516	混凝土台阶	m^2	7.920	52.54	416
52	1027	砾(碎)石灌浆垫层	m^3	15.130	79.26	1199
53	1020	干铺砂垫层	m^3	30.270	33.30	1008
54	1058	砂散水并一次压光	m^2	92.960	15.84	1472
55	1038	基础垫层增挖运土	m^3	45.400	27.35	1242
56	1053	水泥砂浆抹台阶	m^2	9.240	8.66	80
57	1186	型钢栏杆木扶手	m	45.080	103.81	4680
58	1233	水泥瓦	m^2	516.530	16.57	8558
59	1031	钢筋混凝土垫层	m^3	20.660	261.69	5406
60	1224	聚苯乙烯泡沫板保温层	m^3	41.320	376.84	15571
61	1253	SBS改性沥青卷材屋面	m^2	516.530	33.68	17397
62	1040	水泥砂浆找平层混凝土或硬基层面上厚度20mm	m^2	516.530	5.35	2763
63	1017	屋面上人孔	个	1.000	209.67	210
64	1281	层面铸铁排气孔	个	8.000	13.93	111
65	1273	塑料水落管	m	133.600	14.53	1941
66	1276	镀锌铁皮水斗	个	8.000	30.49	244
67	1279	铸铁雨水口带铅丝球	个	8.000	45.08	361
68	2209	抹灰面满刮腻子二遍	m^2	4834.260	1.81	8750
69	1623	砂浆粘贴瓷砖墙面、墙裙	m^2	414.670	48.66	20178
70	1756	混凝土天棚混合砂浆	m^2	2361.900	7.63	18021
71	2208	混凝土天棚满刮腻子二遍	m^2	2361.900	2.08	4913
72	2164	墙、柱、梁面一塑三油大压花	m^2	1530.960	14.71	22520
73	1496	水泥砂浆抹灰砖墙面、墙裙	m^2	1530.960	8.12	12431
74	1496	水泥砂浆抹灰砖墙面、墙裙	m^2	414.670	8.12	3367
75	2199	大白浆三遍	m^2	-1394.490	1.28	-1785
76	1530	水泥砂浆砖墙勾缝	m^2	-2039.890	2.16	-4406
77	1544	水刷豆石墙面墙裙	m^2	50.850	20.49	1042
78	1502	水泥砂浆灰装饰线条	m	791.000	4.61	3647
79	1503	水泥砂浆抹灰阳台、雨篷	m^2	10.710	24.14	259
80	2167	墙、柱、梁面一塑三油平面	m^2	10.710	5.51	59
81	2662	完工清理及二次搬运(住宅楼、宿舍楼、教办楼)	m^2	2939.280	5.38	15813
82	2477	卷扬机垂直运输混合结构住宅	m^2	2939.280	17.47	51349
		合计				1415036

表10-3　材料价差调整表

工程名称：某住宅楼　　　　　　　　建筑面积：2939.28m^2

序号	材料名称	单位	数　量	预算价/(元/单位数量)	市场价/(元/单位数量)	调整额/(元/单位数量)	价差合计/元
1	普通硅酸盐水泥32.5级	t	41.667	289.70	260.00	-29.70	-1238
2	普通硅酸盐水泥42.5级	t	186.169	310.10	300.00	-10.10	-1880
3	普通硅酸盐水泥52.5级	t	142.617	340.70	330.00	-10.70	-1526
4	短向空心板(成品)钢模	m^3	61.280	550.00	450.00	-100.00	-6128
5	中粗砂	m^3	1275.070	16.40	18.00	1.60	2040
6	毛石	m^3	46.766	41.00	43.00	2.00	994
7	玻璃3mm	m^2	21.740	11.04	13.00	1.96	43
8	扇木材一等	m^3	3.738	1506.00	1300.00	-206.00	-770
9	钢板8mm	t	0.189	2869.00	3450.00	581.00	110
10	圆钢Ⅰ级Φ10以内	t	36.432	2634.00	3200.00	566.00	20620
11	圆钢Ⅰ级Φ10以上	t	36.145	2523.00	3100.00	577.00	20856
12	螺纹钢Ⅱ级Φ10以上	t	2.579	2722.00	3230.00	508.00	1310
13	对讲门	樘	2.000		3000.00	3000.00	6000
14	屋面瓦	m^2	808.550	0.80	22.00	21.20	17141
15	聚苯板	m^3	41.320	352.30	124.00	-228.30	-9433
	合计						48139

第四节　工程量清单的编制

为了适应我国社会主义市场经济发展的需要，规范建设工程造价及计价行为，统一建设工程量的编制和计价方法，维护发包人和承包人的合法权益，国家住房和城乡建设部制定了国家标准《建设工程工程量清单计价规范》（GB 50500—2008），计价规范总结了2003年《建设工程工程量清单计价规范》（GB 50500—2003）实施以来的经验，针对执行中存在的问题，主要修编了原规范不尽合理、可操作性差的条款及表格格式。

根据《建设工程工程量清单计价规范》（GB 50500—2008）的要求，将本章设计实例中建筑工程分部分项及装饰装修分部分项工程量清单部分项目列举如下：

一、建筑工程分部分项工程量清单（表10-4）

表10-4　建筑工程分部分项工程量清单

序号	项目编码	项　目　名　称	计量单位	工程量
		A.1土石方工程		
1	010101001001	平整场地、建筑物场地厚度±300mm以内的挖、填、运土、二类土	m^2	489.88
2	010101003002	挖带形基槽、二类土，槽宽1.4m，深1.9m，弃土运距5km	m^3	531.30
		A.3砌筑工程		
3	010305001003	毛石带形基础，M5水泥砌浆砌筑，深1.9m	m^3	442.75

（续）

序号	项目编码	项目名称	计量单位	工程量
4	010302001004	370mm 厚 MU10 红砖外墙，M10 混合砂浆砌筑，高度 2.8m，墙面需抹灰	m^3	379.82
5	010302001005	240mm 厚 MU10 红砖内墙，M10 混合砂浆砌筑，高度 2.8m，墙面需抹灰	m^3	380.91
6	010306002006	MU10 砖地沟，M10 水泥砂浆砌筑，墙高度 1.2m，宽 0.24m，砂垫层	m^3	59.51
		A.6 混凝土及钢筋混凝土工程		
7	010403001007	现浇混凝土带形基础梁，C20，截面 300mm×500mm 无底模	m^3	42.71
8	010403004008	现浇混凝土圈梁，C20，240mm×180mm 无底模	m^3	103.85
9	010405003009	现浇平板，C25，板厚 120mm，板底距楼面及地面高度 2.68m	m^3	149.57
10	010412002010	预制混凝土空心楼板，C30，3000mm×1200mm×120mm	m^3	61.28
		A.7 屋面及防水工程		
11	010701001011	红色水泥瓦，平瓦 387mm×238mm×15mm，背瓦 460mm×175mm×15mm，SBS，40mm 厚细石混凝土垫层		516.53
		A.8 防腐、隔热、保温工程		
12	010803001012	80mm 厚聚苯板屋面保温，采用地板胶粘剂错缝固定点粘结保温层	m^2	516.50

二、装饰装修分部分项工程量清单（表 10-5）

表 10-5 装饰装修分部分项工程量清单

序号	项目编码	项目名称	计量单位	工程量
		B.1 楼地面工程		
1	020101001002	C20 细石混凝土垫层 50mm，1:3 水泥砂浆找平层 20mm，1:2.5 水泥砂浆面层 20mm	m^2	1833.95
2	020102002002	250mm×250mm×10mm 红色彩釉砖，1:3 水泥砂浆找平层 20mm，C20 细石混凝土垫层 50mm	m^2	366.79
3	020107002003	木扶手带栏杆，栏板，扶手榉木，刨光，刷防火漆二遍，栏杆刷聚氨酯清漆二遍，扶手刷聚氨酯清漆二遍	m	45.08
		B.2 墙、柱面工程		
4	020201001004	砖墙面抹灰，1:3 石灰砂浆厚 18mm	m^2	5227.33

注：其他项目略。

第十一章　建筑工程施工质量验收实训

第一节　建筑工程施工质量验收实训任务书

一、实训题目

填写某砖混结构六层住宅楼施工质量验收报告

二、实训资料

1）某砖混结构六层住宅楼设计施工图样（见第十章图）。

2）《建筑工程施工质量验收统一标准》（GB 50300—2001）和相关专业验收规范。

3）单位工程、分部（子分部）工程、分项工程和检验批质量验收记录表。

三、实训内容

1）划分建筑工程分部（子分部）工程、分项工程。

2）填写检验批质量验收记录。

3）填写分项工程质量验收记录。

4）填写分部（子分部）工程质量验收记录。

5）填写施工现场质量管理检查记录。

6）填写质量控制资料检查记录。

7）填写安全和功能检查资料核查及抽查记录。

8）填写观感质量综合检查记录。

9）填写单位工程竣工质量验收记录。

四、实训要求

1. 建筑工程质量验收划分

建筑工程质量验收划分为单位（子单位）工程、分部（子分部）工程、分项工程和检验批。

（1）单位工程划分原则

1）具备独立施工条件并能形成独立使用功能的建筑物为一个单位工程。

2）建筑规模较大的单位工程，可将其能形成独立使用功能的部分作为一个子单位工程。

（2）分部工程划分原则

1）分部工程的划分应按专业性质、建筑部位确定。

2）当分部工程较大或较复杂时，可按材料种类、施工特点、施工程序、专业系统及类别等划分为若干子分部工程。

（3）分项工程划分原则　分项工程应按主要工种、材料、施工工艺、设备类别等进行划分。

（4）分项工程和检验批划分原则　分项工程可由一个或若干个检验批组成，检验批可根据施工及质量控制和专业验收需要按楼层、施工段、变形缝等进行划分。

2. 建筑工程施工质量验收要求

1）建筑工程施工质量应符合《建筑工程施工质量验收统一标准》（GB 50300—2001）和相关专业验收规范的规定。

2）建筑工程施工应符合工程勘察、设计文件的要求。

3）参加工程施工质量验收的各方人员应具备规定的资格。

4）工程质量的验收均应在施工单位自行检查评定合格的基础上进行。

5）隐蔽工程在隐蔽前应由施工单位通知有关单位进行验收，并应形成验收文件。

6）涉及结构安全的试块、试件以及有关材料，应按规定进行见证取样检测。

7）检验批的质量应按主控项目和一般项目验收。

8）对涉及结构安全和使用功能的重要分部工程应进行抽样检测。

9）承担见证取样检测及有关结构安全检测的单位应具有相应资质。

10）工程的观感质量应由验收人员通过现场检查并应共同确认。

第二节　建筑工程施工质量验收实训指导书

一、检验批质量验收记录

1）检验批由监理工程师或建设单位项目技术负责人组织项目专业质量检查员进行验收。

2）检验批表的编号按全部施工质量验收规范系列，分部（子分部）工程统编为8位数的数码编号，写在表的右上角，前6位数字均印在表上，后留两个空格，填写检查验收时检验批的顺序号。

3）单位（子单位）工程名称按合同文件上的单位工程名称填写，分部（子分部）工程名称按验收规范划定的分部（子分部）工程名称填写。

4）施工执行标准名称及编号，填写企业标准的名称及编号，不得写简称。

5）施工单位检查评定记录。

① 对定量项目直接填写检查数据。

② 对定性项目，当符合规范规定时，采用画“√”的方法标注；当不符合规范规定时，采用画“×”的方法标注。

③ 有混凝土、砂浆强度等级的检验批，按规定制取试件后，可填写试件编号，待试件试验报告出来后，对检验批进行判定，并在分项工程验收时进一步进行强度评定及验收。

④ 对既有定性又有定量的项目，各个子项目质量均符合规范规定时，采用画“√”来标注；否则采用画“×”来标注，无此项内容的画“/”来标注。

⑤ 对一般项目合格点有要求的项目，应是其中带有数据的定量项目；定性项目必须基本达到要求。定量项目中每个项目都必须有80%以上（混凝土保护层90%）检测点的实测

数值达到规范规定，其余20%按各专业施工质量验收规范规定进行。

⑥“施工单位检查评定记录”栏的填写。有数据的项目，将实际测量的数值填入格内，超企业标准的数据，而没有超过国家验收规范的用“○”将其圈住；对超过国家验收规范的数据用“△”将其圈住。

6）监理（建设）单位验收记录。在检验批验收时，对主控项目、一般项目应逐项进行验收。对符合验收规范规定的项目，填写“合格”或“符合要求”，对不符合验收规范规定的项目，暂不填写，待处理后再验收，但应做好标记。

7）施工单位检查评定结论。施工单位自行检查评定合格后，应注明“主控项目全部合格”，“一般项目满足规范规定”。专业工长（施工员）和施工班组长栏目由本人签字，以明确责任。专业质检员代表企业逐项检查评定，合格签字后交监理工程师或建设单位项目专业技术负责人验收。

8）监理（建设）单位验收结论。主控项目、一般项目验收合格，混凝土、砂浆试件强度待试验报告出来后判定，其余项目已全部验收合格，则可注明“同意验收”，专业监理工程师或建设单位的专业技术负责人签字。

二、分项工程质量验收记录

1）分项工程验收由监理工程师组织项目专业技术负责人进行。

2）分项工程验收记录在检验批验收的基础上进行，通常起一个归纳整理的作用，是一个统计表，没有实质性验收内容，但要注意以下三点：

① 检查检验批是否将整个工程覆盖，有没有漏掉的部位。

② 检查有混凝土、砂浆强度要求的检验批，到龄期后能否达到规范要求。

③ 将检验批的资料统一，依次进行登记管理。

3）表名填上所验收分项工程的名称，表头及检验批部位、区段，施工单位检查评定结果由施工单位项目专业质量检查员填写，由施工单位的项目专业技术负责人检查后给出评价并签字，交监理单位或建设单位验收。

4）监理单位的专业监理工程师（或建设单位的专业负责人）应逐项审查，同意项填写“合格”或“符合要求”，不同意项暂不填写，待处理后再验收，但应做标记。注明验收和不验收的意见，如同意验收则签字确认，不同意验收应指出存在问题，明确处理意见和完成时间。

三、分部（子分部）工程质量验收记录

1）分部（子分部）工程应由施工单位将自行检查评定合格的项目由项目经理交监理单位或建设单位验收，由总监理工程师组织施工项目经理及有关勘察、设计单位项目负责人进行验收，并按记录表的要求进行记录。

2）表名填上所验收分部（子分部）工程名称，填写要具体，并分别划掉子分部或分部。

3）表头部分的工程名称填写工程全称，与检验批、分项工程、单位工程验收表的工程名称一致。

4）分项工程。按分项工程第一个检验批施工的顺序，将分项工程填写上，在第二格栏内分别填写各分项工程实际的检验批数量。施工单位检查评定栏内，填写施工单位自行检查评定的结果，检查各分项工程是否都通过验收，有龄期试件的合格评定是否达到要求；有全高垂直度或总标高的检验项目应进行检查验收，自检符合要求的可用“√”标注，否则用“×”标注。有“×”的项目不能交给监理单位或建设单位验收，应进行返修达到合格后再提交验收。监理单位或建设单位由总监理工程师或建设单位项目专业技术负责人组织审查，符合要求后，在验收意见栏内签注“同意验收”。

5）质量控制资料。应按验收表单位（子单位）工程质量控制资料检查记录中的相关内容来确定所验收的分部（子分部）工程的质量控制资料项目，按资料核查的要求逐项进行核查，能基本反映工程质量情况，达到保证结构安全和使用功能的要求，即可通过验收。全部项目都通过即可在施工单位检查评定栏内用“√”标注。

6）安全和功能检验（检测）报告。应按验收表单位（子单位）工程安全和功能检验资料核查，并按主要功能抽查记录中相关内容确定抽查项目。在核查时要注意，在开工之前确定的项目是否都进行了检测；逐一检查每个检测报告，核查检测结果是否达到规范的要求，检测报告的审批程序签字是否完整。每个检测项目都通过审查，即可在施工单位检查评定栏内用“√”标注。

7）观感质量验收。由施工单位项目经理组织进行现场检查，经检查合格后，将施工单位应填写的内容填写好后，由项目经理签字后交监理单位或建设单位验收。监理单位由总监理工程师或建设单位项目专业负责人组织验收，在听取参加检查人员意见的基础上，以总监理工程师或建设单位项目专业负责人为主导共同确定质量评价等级，其等级标准为好、一般、差。由施工单位的项目经理和总监理工程师或建设单位项目专业负责人共同签认并由验收单位签字认可。

四、单位（子单位）工程质量竣工验收记录

1）单位（子单位）工程质量验收由五部分内容组成，每一项内容都有专门的验收记录表，而单位（子单位）工程质量竣工验收记录表是一个综合性的表，是各项目验收合格后填写的。

2）单位（子单位）工程由建设单位（项目）负责人组织施工、设计、监理等单位（项目）负责人进行验收。验收记录由施工单位填写，验收结论由监理（建设）单位填写，综合验收结论由参加验收各方共同商定，建设单位填写，应对工程质量是否符合设计和规范要求及总体质量水平做出评价。

3）验收内容之一是“分部工程”，对所含分部工程逐项检查。首先由施工单位的项目经理组织有关人员逐个分部（子分部）进行检查评定。所含分部（子分部）工程检查合格后，由项目经理提交验收。经验收成员验收后，由施工单位填写“验收记录”栏。注明共验收几个分部，经验收符合标准及设计要求的几个分部。审查验收的分部工程全部符合要求，由监理单位在验收结论栏内写上“同意验收”的结论。

4）验收内容之二是“质量控制资料核查”。先由施工单位检查，合格后，再提交监理单位验收。其全部内容在分部（子分部）工程已经审查。通常单位（子单位）工程质量控制资料核查，也是按分部（子分部）工程逐项检查和审查，经审查也应都符合要求。由监理单位在验收结论栏内，写上“同意验收”的结论。

5）验收内容之三是“安全和主要使用功能核查及抽查结果”。这个项目包括两个方面的内容。一是在分部（子分部）工程中进行的安全和功能检测的项目，要核查其检测报告结论是否符合设计要求。二是在单位工程中进行的安全和功能抽测项目，要核查其项目是否与设计内容一致，抽测的程序、方法是否符合有关规定，抽测报告的结论是否达到设计要求和规范规定。这个项目也是由施工单位检查评定合格后再提交监理单位验收。由总监理工程

师或建设单位项目负责人组织审查，按项目逐个进行检查验收。全部合格后由总监理工程师或建设单位项目负责人在验收结论栏内填写“同意验收”的结论。

6）验收内容之四是“观感质量验收”。观感质量检查的方法同分部（子分部）工程，单位工程观感质量检查验收与分部工程不同的是项目比较多，是一个综合性验收。这个项目也是先由施工单位检查评定合格，提交监理单位验收，由总监理工程师或建设单位项目负责人组织审查，按检查的项目数及符合要求的项目数填写在验收记录栏内，如果没有影响结构安全和使用功能的项目，由总监理工程师或建设单位项目负责人为主导共同确定质量评价等级，其等级标准为好、一般、差。

第三节　实训成果

本实训表格见表11-1～表11-6。

表11-1　砖砌体（混水）工程检验批质量验收记录

020301 0 1

<table>
<tr><td colspan="3">单位(子单位)工程名称</td><td colspan="12">×××××××××</td></tr>
<tr><td colspan="3">分部(子分部)工程名称</td><td colspan="5">主体分部工程</td><td colspan="4">验收部分</td><td colspan="3">一层砌体</td></tr>
<tr><td colspan="3">施工单位</td><td colspan="5">××××××××</td><td colspan="4">项目经理</td><td colspan="3">×××</td></tr>
<tr><td colspan="3">施工执行标准名称及编号</td><td colspan="12">QJ006—2002 砌砖工艺标准</td></tr>
<tr><td colspan="4">《建筑工程施工质量验收统一标准》的规定</td><td colspan="10">施工单位检查评定记录</td><td>监理(建设)单位验收记录</td></tr>
<tr><td rowspan="7">主控项目</td><td>1</td><td>砖强度等级</td><td>设计要求 MU10</td><td colspan="10">达到 MU10</td><td rowspan="7">符合要求</td></tr>
<tr><td>2</td><td>砂浆强度等级</td><td>设计要求 M10</td><td colspan="10">试块编号×月×日，达到 M10</td></tr>
<tr><td>3</td><td>水平灰缝砂浆饱满度</td><td>≥80%</td><td colspan="10">85、90、95、83、90、96</td></tr>
<tr><td>4</td><td>斜槎留置</td><td>第5.2.3条</td><td colspan="10">√</td></tr>
<tr><td>5</td><td>直槎拉结筋及接槎处理</td><td>第5.2.4条</td><td colspan="10">√</td></tr>
<tr><td>6</td><td>轴线位移</td><td>≤10mm</td><td colspan="10">20处平均5mm，最大8mm</td></tr>
<tr><td>7</td><td>垂直度(每层)</td><td>≤5mm</td><td colspan="10">5处平均4mm，最大5mm</td></tr>
<tr><td rowspan="7">一般项目</td><td>1</td><td>组砌方法</td><td>第5.3.1条</td><td colspan="10">√</td><td rowspan="7">符合要求</td></tr>
<tr><td>2</td><td>水平灰缝厚度</td><td>8～12mm</td><td colspan="10">√</td></tr>
<tr><td>3</td><td>基础顶面、楼面标高</td><td>±15mm</td><td>6</td><td>5</td><td>3</td><td>8</td><td>5</td><td>7</td><td>5</td><td>9</td><td>6</td><td>5</td></tr>
<tr><td>4</td><td>表面平整度(混水)</td><td>8mm</td><td>3</td><td>3</td><td>4</td><td>6</td><td>3</td><td>5</td><td>2</td><td>5</td><td>3</td><td>6</td></tr>
<tr><td>5</td><td>门窗洞口高度、宽度</td><td>±5mm</td><td>2</td><td>3</td><td>⑤</td><td>3</td><td>2</td><td>4</td><td>1</td><td>⑤</td><td>3</td><td>3</td></tr>
<tr><td>6</td><td>外墙上下窗口偏移</td><td>20mm</td><td>10</td><td>8</td><td>6</td><td>10</td><td>5</td><td>5</td><td>8</td><td>6</td><td>11</td><td>7</td></tr>
<tr><td>7</td><td>水平灰缝平直度</td><td>10mm</td><td>5</td><td>8</td><td>△12</td><td>7</td><td>5</td><td>6</td><td>8</td><td>5</td><td>7</td><td>5</td></tr>
<tr><td colspan="3" rowspan="2">施工单位检查评定结果</td><td>专业工长
(施工员)</td><td colspan="5">×××</td><td colspan="4">施工班组长</td><td colspan="2">×××</td></tr>
<tr><td colspan="12">检查评定合格
项目专业质量检查员：×××　　　×年×月×日</td></tr>
<tr><td colspan="3">监理(建设)单位验收结论</td><td colspan="12">同意验收
专业监理工程师：×××
(建设单位项目专业技术负责人)：×××　　　×年×月×日</td></tr>
</table>

表11-2　砖砌体分项工程质量验收记录

<table>
<tr><td>工程名称</td><td>×××住宅楼</td><td>结构类型</td><td>砖混六层</td><td>检验批数</td><td>6</td></tr>
<tr><td>施工单位</td><td>×××建筑工程公司</td><td>项目经理</td><td>×××</td><td>项目技术负责人</td><td>×××</td></tr>
<tr><td>分包单位</td><td>/</td><td>分包单位负责人</td><td>/</td><td>分包项目经理</td><td>/</td></tr>
<tr><td>序号</td><td>检验批部位、区段</td><td colspan="2">施工单位检查评定结果</td><td colspan="2">监理(建设)单位验收结论</td></tr>
<tr><td>1</td><td>一层墙体</td><td colspan="2">√</td><td colspan="2">合格</td></tr>
<tr><td>2</td><td>二层墙体</td><td colspan="2">√</td><td colspan="2">合格</td></tr>
<tr><td>3</td><td>三层墙体</td><td colspan="2">√</td><td colspan="2">合格</td></tr>
<tr><td>4</td><td>四层墙体</td><td colspan="2">√</td><td colspan="2">合格</td></tr>
<tr><td>5</td><td>五层墙体</td><td colspan="2">√</td><td colspan="2">合格</td></tr>
<tr><td>6</td><td>六层墙体</td><td colspan="2">√</td><td colspan="2">合格</td></tr>
<tr><td>7</td><td></td><td colspan="2"></td><td colspan="2"></td></tr>
<tr><td>8</td><td></td><td colspan="2"></td><td colspan="2"></td></tr>
<tr><td>9</td><td></td><td colspan="2"></td><td colspan="2"></td></tr>
<tr><td>10</td><td></td><td colspan="2"></td><td colspan="2"></td></tr>
<tr><td>11</td><td></td><td colspan="2"></td><td colspan="2"></td></tr>
<tr><td>12</td><td></td><td colspan="2"></td><td colspan="2"></td></tr>
<tr><td>13</td><td></td><td colspan="2"></td><td colspan="2"></td></tr>
<tr><td>14</td><td></td><td colspan="2"></td><td colspan="2"></td></tr>
<tr><td>15</td><td></td><td colspan="2"></td><td colspan="2"></td></tr>
<tr><td>16</td><td></td><td colspan="2"></td><td colspan="2"></td></tr>
<tr><td>检查结论</td><td colspan="2">合格
项目专业质量检查员签字：×××
×年×月×日
工长　×××　班长　×××</td><td>验收结论</td><td colspan="2">同意验收
监理工程师
(建设单位项目专业技术负责人)
签字：×××
×年×月×日</td></tr>
</table>

表 11-3　主体分部（子分部）工程质量验收记录

工程名称	×××住宅楼	结构类型	砖混	层数	六层
施工单位	×××建筑工程公司	技术部门负责人	×××	质量部门负责人	×××
分包单位	/	分包单位负责人	/	分包技术负责人	/
序号	分项工程名称	检验批数	施工单位检查评定	监理（建设）单位验收意见	
1	砖砌体分项工程	6	√	同意验收	
2	模板分项工程	6	√	同意验收	
3	钢筋分项工程	6	√	同意验收	
4	混凝土分项工程	6	√	同意验收	
5					
6					
质量控制资料			√	同意验收	
安全和功能检验（检测）报告			√	同意验收	
观感质量验收			好	同意验收	
验收单位	分包单位	项目经理　/			年　月　日
	施工单位	项目经理　×××			×年×月×日
	勘察单位	项目负责人　×××			×年×月×日
	设计单位	项目负责人　×××			×年×月×日
	监理（建设）单位	总监理工程师　××× （建设单位项目专业负责人）			×年×月×日

表 11-4　单位（子单位）工程质量控制资料核查记录

工程名称		××××××住宅楼	施工单位	×××建筑公司	
序号	项目	资　料　名　称	份数	核查意见	核查人
1	建筑与结构	图样会审、设计变更、洽商记录	16	齐全、有效	×××
2		工程定位测量、放线记录	10	齐全、有效	
3		原材料出厂合格证书及进场检（试）验报告	46	齐全、有效	
4		施工试验报告及见证检测报告	68	齐全、有效	
5		隐蔽工程验收记录	46	齐全、有效	
6		施工记录	98	齐全、有效	
7		预制构件、预拌混凝土合格证	16	齐全、有效	
8		地基基础、主体结构检验及抽样检测资料	6	齐全、有效	
9		分项、分部工程质量验收记录	56	齐全、有效	
10		工程质量事故及事故调查处理资料	3	齐全、有效	
11		新材料、新工艺施工记录	43	齐全、有效	

（续）

工程名称		××××××住宅楼	施工单位	×××建筑公司	
序号	项目	资　料　名　称	份数	核查意见	核查人
1	给排水与采暖	图样会审、设计变更、洽商记录	1	齐全、有效	×××
2		材料、配件出厂合格证书及进场检（试）验报告	28	齐全、有效	
3		管道、设备强度试验、严密性试验记录	4	齐全、有效	
4		隐蔽工程验收记录	7	齐全、有效	
5		系统清洗、灌水、通水、通球试验记录	4	齐全、有效	
6		施工记录	20	齐全、有效	
7		分项、分部工程质量验收记录	26	齐全、有效	
1	建筑电气	图样会审、设计变更、洽商记录	1	齐全、有效	×××
2		材料、设备出厂合格证书及进场检（试）验报告	12	齐全、有效	
3		设备调试记录	4	齐全、有效	
4		接地、绝缘电阻测试记录	4	齐全、有效	
5		隐蔽工程验收记录	15	齐全、有效	
6		施工记录	26	齐全、有效	
7		分项、分部工程质量验收记录	19	齐全、有效	
1	通风与空调	图样会审、设计变更、洽商记录			
2		材料、设备出厂合格证书及进场检（试）验报告			
3		制冷空调、水管道强度试验、严密性试验记录			
4		隐蔽工程验收记录			
5		制冷、设备运行调试记录			
6		通风、空调系统调试记录			
7		施工记录			
8		分项、分部工程质量验收记录			
1	电梯	土建布置图样会审、设计变更、洽商记录			
2		设备出厂合格证书及开箱检验记录			
3		隐蔽工程验收记录			
4		施工记录			
5		接地、绝缘电阻测试记录			
6		负荷试验、安全装置检查记录			
7		分项、分部工程质量验收记录			
1	建筑智能化	图样会审、设计变更、洽商记录，竣工图及设计说明			
2		材料、设备出厂合格证及技术文件及进场检（试）验报告			
3		隐蔽工程验收记录			
4		系统功能测定及设备调试记录			
5		系统技术、操作和维护手册			
6		系统管理、操作人员培训记录			
7		系统检测报告			
8		分项、分部工程质量验收记录			

结论：

齐全、有效、符合要求

施工单位技术负责人：×××　　　　总监理工程师：×××

施工单位项目经理：×××　　　　（建设单位项目负责人）

×年×月×日　　　　×年×月×日

表 11-5　单位（子单位）工程观感质量检查记录

工程名称		××××××住宅楼					施工单位		××××××建筑公司						
序号		项　目	抽查质量状况										质量评价		
													好	一般	差
1	建筑与结构	室外墙面	√	○	√	√	√	√	√	√	√	√	√		
2		变形缝	√	√	√	○	√	√	√	√	√	√	√		
3		水落管、屋面	√	√	√	√	√	√	√	○	√	√	√		
4		室内墙面	√	√	○	√	√	√	√	√	√	√	√		
5		室内顶棚	√	√	√	√	√	√	○	√	√	√	√		
6		室内地面	√	√	√	√	√	√	√	√	○	√	√		
7		楼梯、踏步、护栏	○	√	○	√	√	○	√	○	√	○		√	
8		门窗	√	√	√	○	√	√	○	√	√	√	√		
1	给排水与采暖	管道接口、坡度、支架	√	○	√	√	√	√	√	√	√	√	√		
2		卫生口、支架、阀门	√	√	√	○	√	√	√	√	√	√	√		
3		检查口、扫除口、地漏	○	√	○	√	√	○	√	○	√	√		√	
4		散热器、支架	√	√	√	√	√	√	√	√	√	√	√		
1	建筑电气	配电箱、盘、板、接线盒	√	√	√	√	○	√	√	√	√	√	√		
2		设备器具、开关、插座	√	√	○	√	√	√	√	√	√	√	√		
3		防雷、接地	√	√	√	√	√	√	○	√	√	√	√		
1	通风与空调	风管、支架													
2		风口、风阀													
3		风机、空调设备													
4		阀门、支架													
5		水泵、冷却塔													
6		绝热													
1	电梯	运行、平层、开关门													
2		层门、信号系统													
3		机房													
1	智能建筑	机房设备安装及布局													
2		现场设备安装													
观感质量综合评价(各方商定)			好												
检查结论	观感质量综合评价:好 施工单位项目经理:××× ×年×月×日				同意验收 总监理工程师:××× (建设单位项目负责人) ×年×月×日										

表 11-6　×××住宅楼工程质量竣工验收记录

工程名称	×××住宅楼	结构类型	砖混	层数/建筑面积	6 层/4860m²
施工单位	×××建筑公司	技术负责人	×××	开工日期	×年×月×日
项目经理	×××	项目技术负责人	×××	竣工日期	×年×月×日

序号	项　目	验收记录(施工单位填写)	验收结论（监理或建设单位填写）
1	分部工程	共 6 分部,经查 6 分部符合标准及设计要求 6 分部	符合施工质量验收规范和设计要求
2	质量控制资料核查	共 25 项,经审查符合要求 25 项经核定符合规范要求 25 项	符合施工质量验收规范和设计要求
3	安全和主要使用功能核查及抽查结果	共核查 15 项,符合要求 15 项共抽查 15 项,符合要求 15 项经返工处理符合要求 0 项	符合施工质量验收规范和设计要求
4	观感质量验收	共抽查 15 项,符合要求 15 项,不符合要求 0 项	符合施工质量验收规范和设计要求
5	综合验收结论（建设单位填写）	同意验收	

参加验收单位	建设单位	勘察单位	设计单位	施工单位	监理单位
	（公章） 单位(项目)负责人:××× ×年×月×日	（公章） 单位(项目)负责人:××× ×年×月×日	（公章） 单位(项目)负责人:××× ×年×月×日	（公章） 单位(项目)负责人:××× ×年×月×日	（公章） 单位(项目)负责人:××× ×年×月×日

附录　等截面等跨连续梁在常用荷载作用下的内力系数

1. 在均布及三角形荷载作用下：

M = 表中系数 × ql^2

V = 表中系数 × ql

2. 在集中荷载作用下：

M = 表中系数 × Pl

V = 表中系数 × P

3. 内力正负号规定：

M——使截面上部受压、下部受拉为正；

V——对邻近截面所产生的力矩沿顺时针方向者为正。

附表 1　两　跨　梁

荷载图	跨内最大弯矩		支座弯矩	剪　力		
	M_1	M_2	M_B	V_A	V_{Bl} V_{Br}	V_C
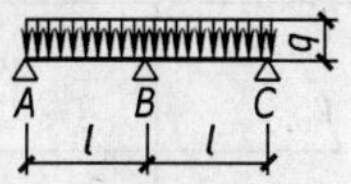	0.070	0.070	-0.125	0.375	-0.625 0.625	-0.375
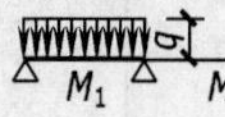	0.096	-0.025	-0.063	0.437	-0.563 0.063	0.063
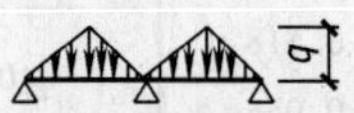	0.048	0.048	-0.078	0.172	-0.328 0.328	-0.172
	0.064	—	-0.039	0.211	-0.289 0.039	0.039
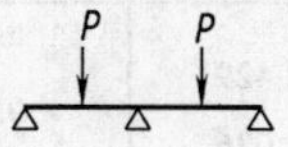	0.156	0.156	-0.188	0.312	-0.688 0.688	-0.312
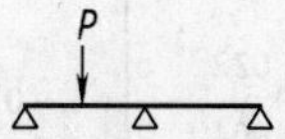	0.203	-0.047	-0.094	0.406	-0.594 0.094	0.094
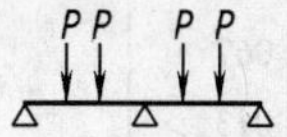	0.222	0.222	-0.333	0.667	-1.333 1.333	-0.667
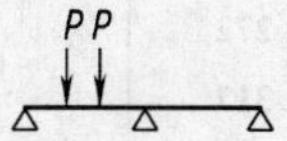	0.278	-0.056	-0.167	0.833	-1.167 0.167	0.167

附表 2　三　跨　梁

荷载图	跨内最大弯矩		支座弯矩		剪　力			
	M_1	M_2	M_B	M_C	V_A	V_{Bl} V_{Br}	V_{Cl} V_{Cr}	V_D
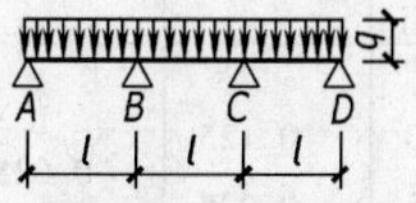	0.080	0.025	-0.100	-0.100	0.400	-0.600 0.500	-0.500 0.600	-0.400
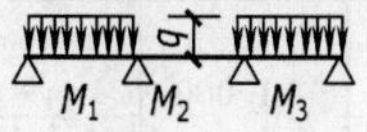	0.101	-0.050	-0.050	-0.050	-0.450	-0.550 0	0 0.550	-0.450
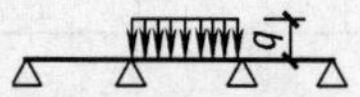	-0.025	0.075	-0.050	-0.050	-0.050	-0.050 0.500	-0.500 0.050	0.050
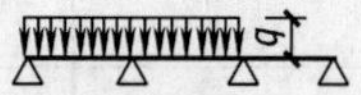	0.073	0.054	-0.117	-0.033	0.383	-0.617 0.583	-0.417 0.033	0.033
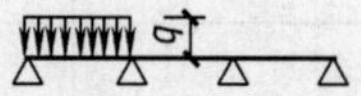	0.094	—	-0.067	0.017	0.433	-0.567 0.083	0.083 -0.017	-0.017
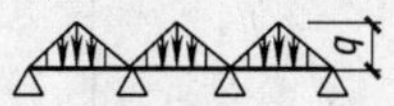	0.054	0.021	-0.063	-0.063	0.188	-0.313 0.250	-0.250 0.313	-0.188
	0.068	—	-0.031	-0.031	0.219	-0.281 0	0 0.281	-0.219
	—	0.052	-0.031	-0.031	-0.031	-0.031 0.250	-0.250 0.031	0.031
	0.050	0.038	-0.073	-0.021	0.177	-0.323 0.302	-0.198 0.021	0.021
	0.063	—	-0.042	0.010	0.208	-0.292 0.052	0.052 -0.010	-0.010
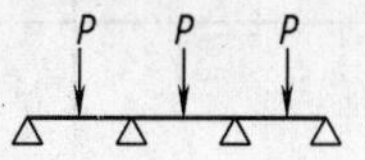	0.175	0.100	-0.150	-0.150	0.350	-0.650 0.500	-0.500 0.650	-0.350
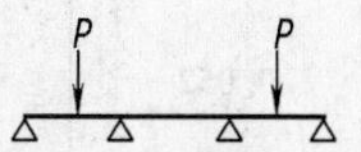	0.213	-0.075	-0.075	-0.075	0.425	-0.575 0	0 0.575	-0.425

(续)

荷载图	跨内最大弯矩		支座弯矩		剪力			
	M_1	M_2	M_B	M_C	V_A	V_{Bl} V_{Br}	V_{Cl} V_{Cr}	V_D
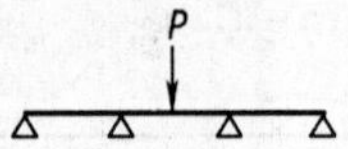	-0.038	0.175	-0.075	-0.075	-0.075	-0.075 0.500	-0.500 0.075	0.075
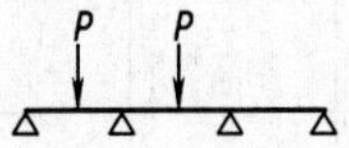	0.162	0.137	-0.175	-0.050	0.325	-0.675 0.625	-0.375 0.050	0.050
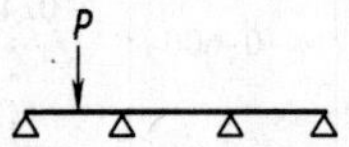	0.200	—	-0.100	0.025	0.400	-0.600 0.125	0.125 -0.025	-0.025
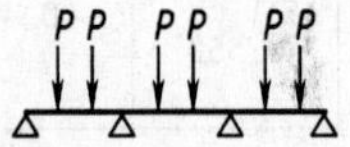	0.244	0.067	-0.267	-0.267	0.733	-1.267 1.000	-1.000 1.267	-0.733

(续)

荷载图	跨内最大弯矩		支座弯矩		剪力			
	M_1	M_2	M_B	M_C	V_A	V_{Bl} V_{Br}	V_{Cl} V_{Cr}	V_D
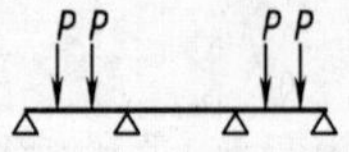	0.289	-0.133	-0.133	-0.133	0.866	-1.134 0	0 1.134	-0.866
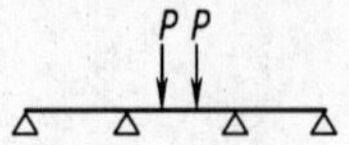	-0.044	0.200	-0.133	-0.133	-0.133	-0.133 1.000	-1.000 0.133	0.133
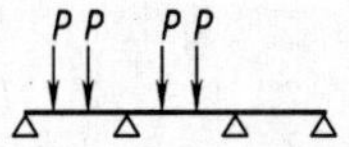	0.229	0.170	-0.311	-0.089	0.689	-1.311 1.222	-0.778 0.089	0.089
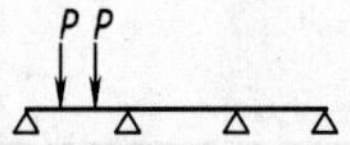	0.274	—	-0.178	0.044	0.822	-1.178 0.222	0.222 -0.044	-0.044

附表3 四跨梁

荷载图	跨内最大弯矩				支座弯矩			剪力				
	M_1	M_2	M_3	M_4	M_B	M_C	M_D	V_A	V_{Bl} V_{Br}	V_{Cl} V_{Cr}	V_{Dl} V_{Dr}	V_E
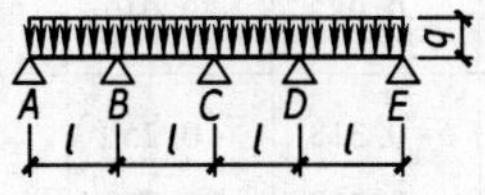	0.077	0.036	0.036	0.077	-0.107	-0.071	-0.107	0.393	-0.607 0.536	-0.464 0.464	-0.536 0.607	-0.393
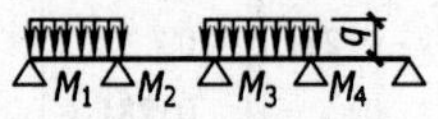	0.100	-0.045	0.081	-0.023	-0.054	-0.036	-0.054	0.446	-0.554 0.018	0.018 0.482	-0.518 0.054	0.054
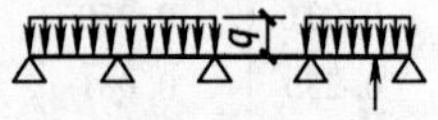	0.072	0.061		0.098	-0.121	-0.018	-0.058	0.380	-0.620 0.603	-0.397 -0.040	-0.040 0.558	-0.442
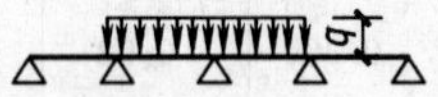		0.056	0.056		-0.036	-0.107	-0.036	-0.036	-0.036 0.429	-0.571 0.571	-0.429 0.036	0.036
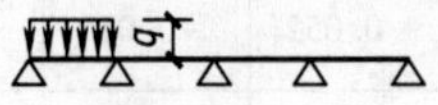	0.094	—	—	—	-0.067	0.018	-0.004	0.433	-0.567 0.085	0.085 -0.022	-0.022 0.004	0.004
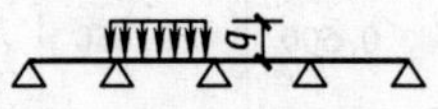		0.071			-0.049	-0.054	0.013	-0.049	-0.049 0.496	-0.504 0.067	0.067 -0.013	-0.013
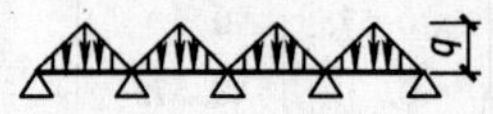	0.052	0.028	0.028	0.052	-0.067	-0.045	-0.067	0.183	-0.317 0.272	-0.228 0.228	-0.272 0.317	-0.183

（续）

荷载图	跨内最大弯矩				支座弯矩			剪力				
	M_1	M_2	M_3	M_4	M_B	M_C	M_D	V_A	V_{Bl} V_{Br}	V_{Cl} V_{Cr}	V_{Dl} V_{Dr}	V_E
	0.067		0.055	—	-0.034	-0.022	-0.034	0.217	-0.284 0.011	0.011 0.239	-0.261 0.034	0.034
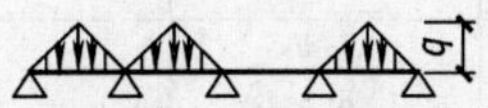	0.049	0.042		0.066	-0.075	-0.011	-0.036	0.175	-0.325 0.314	-0.186 0.025	-0.025 0.286	-0.214
		0.040	0.040		-0.022	-0.067	-0.022	-0.022	-0.022 0.205	-0.295 0.295	-0.205 0.022	0.022
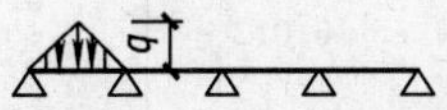	0.063				-0.042	0.011	-0.003	0.208	-0.292 0.053	0.053 -0.014	-0.014 0.003	0.003
	—	0.051			-0.031	-0.034	0.008	-0.031	-0.031 0.247	-0.253 0.042	0.042 -0.008	-0.008
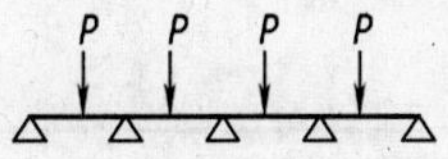	0.169	0.116	0.116	0.169	-0.161	-0.107	-0.161	0.339	-0.661 0.554	-0.446 0.446	-0.554 0.661	-0.339
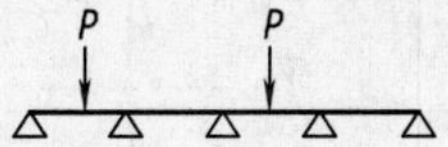	0.210	-0.067	0.183	-0.040	-0.080	-0.054	-0.080	0.420	-0.580 0.027	0.027 0.473	-0.527 0.080	0.080
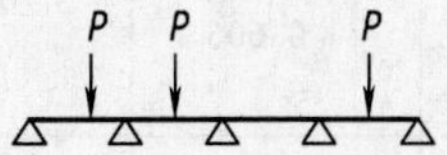	0.159	0.146		0.206	-0.181	-0.027	-0.087	0.319	-0.681 0.654	-0.346 0.060	-0.060 0.587	-0.413
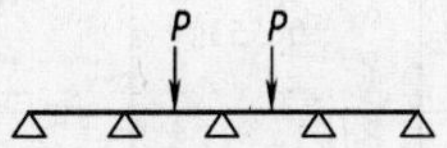		0.142	0.142		-0.054	-0.161	-0.054	0.054	-0.054 0.393	-0.607 0.607	-0.393 0.054	0.054
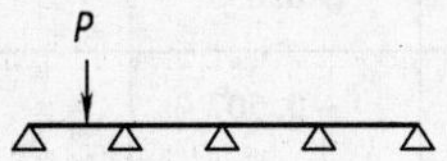	0.200	—	—	—	-0.100	0.027	-0.007	0.400	-0.600 0.127	0.127 -0.033	-0.033 0.007	0.007
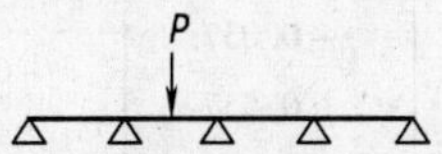		0.173			-0.074	-0.080	0.020	-0.074	-0.074 0.493	-0.507 0.100	0.100 -0.020	-0.020
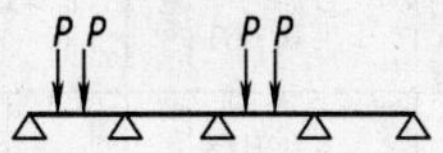	0.238	0.111	0.111	0.238	-0.286	-0.191	-0.286	0.714	-1.286 1.095	-0.905 0.905	-1.095 1.286	-0.714
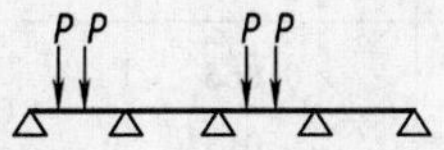	0.286	-0.111	0.222	-0.048	-0.143	-0.095	-0.143	0.857	-1.143 0.048	0.048 0.952	-1.048 0.143	0.143

（续）

荷载图	跨内最大弯矩				支座弯矩			剪力				
	M_1	M_2	M_3	M_4	M_B	M_C	M_D	V_A	V_{Bl} V_{Br}	V_{Cl} V_{Cr}	V_{Dl} V_{Dr}	V_E
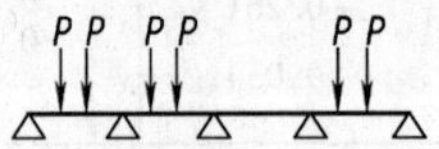	0.226	0.194		0.282	-0.321	-0.048	-0.155	0.679	-1.321 1.274	-0.726 -0.107	-0.107 1.155	-0.845
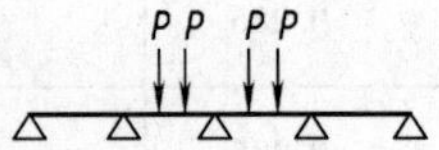		0.175	0.175	—	-0.095	-0.286	-0.095	-0.095	-0.095 0.810	-1.190 1.190	-0.810 0.095	0.095
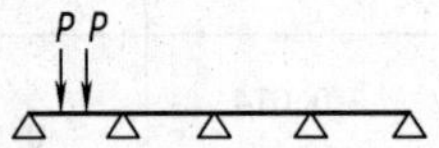	0.274	—	—	—	-0.178	0.048	-0.012	0.822	-1.178 0.226	0.226 -0.060	-0.060 0.012	0.012
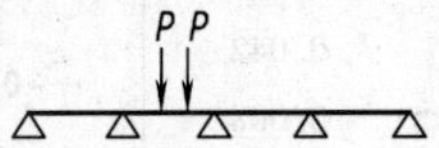	—	0.198	—	—	-0.131	-0.143	0.036	-0.131	-0.131 0.988	-1.012 0.178	0.178 -0.036	-0.036

附表4 五跨梁

荷载图	跨内最大弯矩			支座弯矩				剪力					
	M_1	M_2	M_3	M_B	M_C	M_D	M_E	V_A	V_{Bl} V_{Br}	V_{Cl} V_{Cr}	V_{Dl} V_{Dr}	V_{El} V_{Er}	V_F
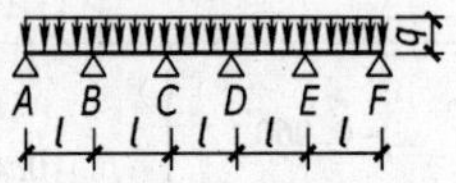	0.078	0.033	0.046	-0.105	-0.079	-0.079	-0.105	0.394	-0.606 0.526	-0.474 0.500	-0.500 0.474	-0.526 0.606	-0.394
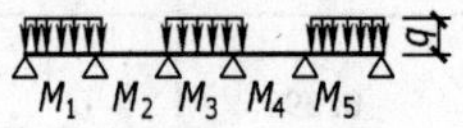	0.100	-0.0461	0.085	-0.053	-0.040	-0.040	-0.053	0.447	-0.553 0.013	0.013 0.500	-0.500 -0.013	-0.013 0.553	-0.447
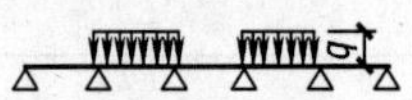	-0.0263	0.079	-0.0395	-0.053	-0.040	-0.040	-0.053	-0.053	-0.053 0.513	-0.487 0	0 0.487	-0.513 0.053	0.053
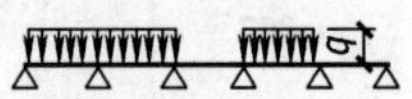	0.073	②0.059 0.078	—	-0.119	-0.022	-0.044	-0.051	0.380	-0.620 0.598	-0.402 -0.023	-0.023 0.493	-0.507 0.052	0.052
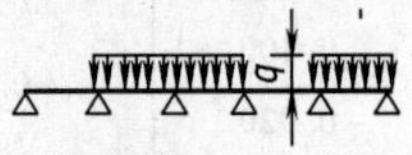	①— 0.098	0.055	0.064	-0.035	-0.111	-0.020	-0.057	-0.035	-0.035 0.424	-0.576 0.591	-0.409 -0.037	-0.037 0.557	-0.443
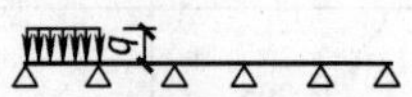	0.094	—	—	-0.067	0.018	-0.005	0.001	0.433	-0.567 0.085	0.085 -0.023	-0.023 0.006	0.006 -0.001	-0.001
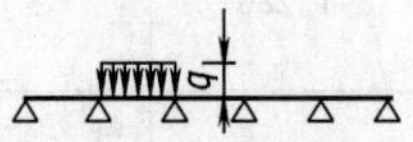	—	0.074	—	-0.049	-0.054	0.014	-0.004	0.019	-0.049 0.495	-0.505 0.068	0.068 -0.018	-0.018 0.004	0.004
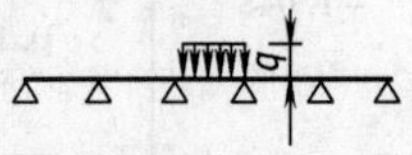	—	—	0.072	0.013	-0.053	-0.053	0.013	0.013	0.013 -0.066	-0.066 0.500	-0.500 0.066	0.066 -0.013	-0.013

（续）

荷载图	跨内最大弯矩			支座弯矩				剪力					
	M_1	M_2	M_3	M_B	M_C	M_D	M_E	V_A	V_{Bl} V_{Br}	V_{Cl} V_{Cr}	V_{Dl} V_{Dr}	V_{El} V_{Er}	V_F
	0.053	0.026	0.034	-0.066	-0.049	-0.049	-0.066	0.184	-0.316 0.266	-0.234 0.250	-0.250 0.234	-0.266 0.316	-0.184
	0.067	—	0.059	-0.033	-0.025	-0.025	-0.033	0.217	-0.283 0.008	0.008 0.250	-0.250 -0.008	-0.008 0.283	-0.217
	—	0.055	—	-0.033	-0.025	-0.025	-0.033	0.033	-0.033 0.258	-0.242 0	0 0.242	-0.258 0.033	0.033
	0.049	②0.041 0.053	—	-0.075	-0.014	-0.028	-0.032	0.175	0.325 0.311	-0.189 -0.014	-0.014 0.246	-0.255 0.032	0.032
	①— 0.066	0.039	0.044	-0.022	-0.070	-0.013	-0.036	-0.022	-0.022 0.202	-0.298 0.307	-0.193 -0.023	-0.023 0.286	0.214
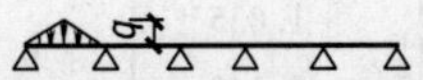	0.063	—	—	-0.042	0.011	-0.003	0.001	0.208	-0.292 0.053	0.053 -0.014	-0.014 0.004	0.004 -0.001	-0.001
	—	0.051	—	-0.031	-0.034	0.009	-0.002	-0.031	-0.031 0.247	-0.253 0.043	0.043 -0.011	-0.011 0.002	0.002
	—	—	0.050	0.008	-0.033	-0.033	0.008	0.008	0.008 -0.041	-0.041 0.250	-0.250 0.041	0.041 -0.008	-0.008
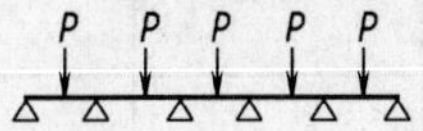	0.171	0.112	0.132	-0.158	-0.118	-0.118	-0.158	0.342	-0.658 0.540	-0.460 0.500	-0.500 0.460	-0.540 0.658	-0.342
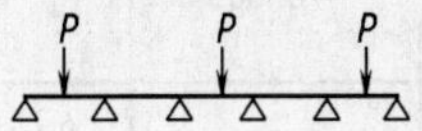	0.211	-0.069	0.191	-0.079	-0.059	-0.059	-0.079	0.421	-0.579 0.020	0.020 0.500	-0.500 -0.020	-0.020 0.579	-0.421
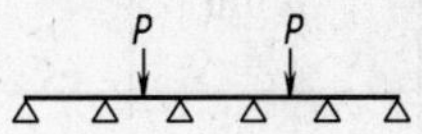	-0.039	0.181	-0.059	-0.079	-0.059	-0.059	-0.079	-0.079	-0.079 0.520	-0.480 0	0 0.480	-0.520 0.079	0.079
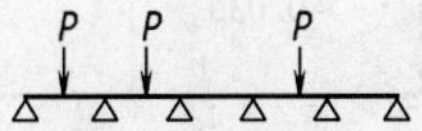	0.160	②0.144 0.178	—	-0.179	-0.032	-0.066	-0.077	0.321	-0.679 0.647	-0.353 -0.034	-0.034 0.489	-0.511 0.077	0.077
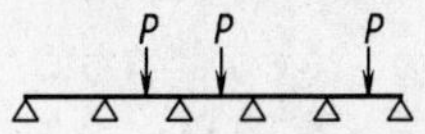	①— 0.207	0.140	0.151	-0.052	-0.167	-0.031	-0.086	-0.052	-0.052 0.385	-0.615 0.637	-0.363 -0.056	-0.056 0.586	-0.414
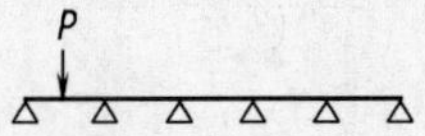	0.200	—	—	-0.100	0.027	-0.007	0.002	0.400	-0.600 0.127	0.127 -0.031	-0.034 0.009	0.009 -0.002	-0.002

（续）

荷载图	跨内最大弯矩			支座弯矩				剪力					
	M_1	M_2	M_3	M_B	M_C	M_D	M_E	V_A	V_{Bl} V_{Br}	V_{Cl} V_{Cr}	V_{Dl} V_{Dr}	V_{El} V_{Er}	V_F
P	—	0.173	—	-0.073	-0.081	0.022	-0.005	-0.073	-0.073 0.493	-0.507 0.102	0.102 -0.027	-0.027 0.005	0.005
P	—	—	0.171	0.020	-0.079	-0.079	-0.020	0.020	0.020 -0.099	-0.099 0.500	-0.500 0.099	0.099 -0.020	-0.020
PP PP PP PP PP	0.240	0.100	0.122	-0.281	-0.211	-0.211	-0.281	0.719	-1.281 1.070	-0.930 1.000	-1.000 0.930	-1.070 1.281	-0.719
PP PP PP	0.287	-0.117	0.228	-0.140	-0.105	-0.105	-0.140	0.860	-1.140 0.035	0.035 1.000	-1.000 -0.035	-0.035 1.140	-0.860
PP PP	-0.047	0.216	-0.105	-0.140	-0.105	-0.105	-0.140	-0.140	-0.140 1.035	-0.965 0	0.000 0.965	-1.035 0.140	0.140
PP PP PP	0.227	②0.189 0.209	—	-0.319	-0.057	-0.118	-0.137	0.681	-1.319 1.262	-0.738 -0.061	-0.061 0.981	-1.019 0.137	0.137
PP PP PP	①— 0.282	0.172	0.198	-0.093	-0.297	-0.054	-0.153	-0.093	-0.093 0.796	-1.204 1.243	-0.757 -0.099	-0.099 1.153	-0.847
PP	0.274	—	—	-0.179	0.048	-0.013	0.003	0.821	-1.179 0.227	0.227 -0.061	-0.061 0.016	0.016 -0.003	-0.003
PP	—	0.198	—	-0.131	-0.144	0.038	-0.010	-0.131	-0.131 0.987	-1.013 0.182	0.182 -0.048	-0.048 0.010	0.010
PP	—	—	0.193	0.035	-0.140	-0.140	0.035	0.035	0.035 -0.175	-0.175 1.000	-1.000 0.175	0.175 -0.035	-0.035

① 分子及分母分别为 M_1 及 M_5 的弯矩系数。

② 分子及分母分别为 M_2 及 M_4 的弯矩系数。